愛花人必學

67種 庭園花木修剪技法

妻鹿加年雄◎著

要讓庭園裡的花木開得繁盛又漂亮，如何修剪是關鍵學問！

Garden

愛花人必學
67種庭園花木修剪技法

Contents

銀芽柳

春天開花的花木 13

杜鵑花……14
馬醉木……16
金雀花……18
迎春花……20
蝴蝶戲珠花……22
山月桂……24
金鏈花……26
久留米杜鵑……28
麻葉繡線菊……30
櫻花……32
山楂……34
石楠花……36
加拿大唐棣……38
瑞香……40
備中莢蒾……42
繼木……44
蠟瓣花……46
珍珠梅……48
銀芽柳……50
日本山梅花……52
海仙花……54
垂絲海棠……56
紫荊……58
山茱萸……60
碧桃……62
薔薇……64
十大功勞……70
吊鐘藤……72
山荊子……74
多花紫藤……76
錦帶花……78
牡丹……80
木蘭花……82
線葉金合歡……84
棣棠……86
四照花……88
噴雪花……90
歐洲丁香……92
連翹……94
日本杜鵑……96

加拿大唐棣的果實

備中莢蒾

線葉金合歡

櫻花
【陽光】

夏天開花的花木 99

芙蓉

八仙花…100
青麻…102
大花六道木…104
傘房決明…106
曼陀羅…108
紅瓶刷樹…110
夾竹桃…112
金絲梅…114
梔子花…116
黃櫨…118
石榴…120
皋月杜鵑…122
紫薇…124
貫月忍冬…126
紫葳…128
芙蓉…130
三角梅…132
大葉醉魚草…134
木槿…136

九重葛

秋冬開花的花木 139

茶梅、山茶…140
胡枝子…142
荔莓…144
桂花…146
梅花…148
木瓜…152
金縷梅…154
臘梅…156

山茶【太郎冠者】（上）
梅花【白瀧枝垂】（下）

本書的使用方法…8
花木・修剪的基礎知識…10
小知識 修剪是不得已而進行的作業，最美還是自然樹形…39
小知識 棣棠與白棣棠往往容易混淆…87
小知識 修剪以後枝條的生長方式…98
小知識 修剪時的必要工具…138
植物名索引…I

書名頁圖片・梅花【月影】

多花紫藤 ▶

春天開花的花木

▲ 備中莢蒾
▼ 山月桂【Osbo Red】

▲ 黃杜鵑 ▼ 紫荊

▲ 線葉金合歡　▼ 紫玉蘭

▲ 緋寒櫻

▲ 久留米杜鵑
◀ 牡丹　▼ 石楠花

▲ 貫月忍冬 ▼ 花石榴

▲ 梔子花 ▼ 八仙花

夏天開花的花木

◀ 黃櫨 ▲ 大葉醉魚草 ▼ 皋月杜鵑【大杯】

秋冬開花的花木

▲ 日本胡枝子

▼ 立寒椿（茶梅【勘次郎】）

▲ 梅花【八重寒紅】 ▼ 金縷梅

▲ 金桂

垂枝梅 ▶

本書的使用方法

「由於枝條沒有剪好，第二年春天根本就不開花。」我們經常會聽到這樣的失敗之談。

與一般的庭木不同，對待花木必須以不失去花芽為原則進行修剪，而根據樹種的不同，花芽的生發方式也各自有別，因此，不能說想怎麼剪就怎麼剪（雖然其中也有無論怎麼剪都會開花的品種）。

「花木的修剪好難喲！什麼時候剪？剪哪裡？如何剪好呢？完全不知道。」彷彿為此而煩惱的人不在少數。本書的目的就在解除這樣的疑問和煩惱，實踐性地、深入淺出地介紹修剪時的要領。

植物的選定

從一般家庭所栽培的花木當中，選出具有代表性——春天開花的花木40種，夏天開花的花木19種，秋、冬開花的花木8種，共計67種。

植物的排列

按季節來劃分各種花木，花木的基本資料分別說明如下：

❶**植物名** 多數情況下為屬名和種名的日本名稱，還有一部分採用的是通稱（流通名）。另外，也有將數種植物總括起來，作為一組賦予名稱的情況。

❷**學名** 即根據國際上制定的規約命名的生物名稱，以拉丁語表記。遇到分類學家對其學名存在分歧的植物，本書則以《園藝植物大事典》（小學館）為準。

❸**別名** 存在別名的植物，本書盡可能做了標明。

❹**植物分類** 標明該植物所屬的科和屬。原則上與學名一樣，以《園藝植物大事典》（小學館）為準。

❺**常綠、落葉** 不一定就是固定不變的，根據所處地域的溫度等也會產生變化。本書是作者以親身體驗的關西地區的狀態為例而寫成。喬木指的是主幹明顯，高度在3公尺以上；灌木指的是高度在3公尺以下的。主幹非直立，呈攀緣狀伸展的為木本攀緣植物。

❻**原產地** 以及欣賞方法、栽培特性等，植物的簡單檔案，本書均做了介紹。

❼**栽培環境** 記載了最適宜植物生長的環境。盆栽植物以將苗木種植於10號（直徑30公分）以下的花盆，且於較短時間開花為前提。「用土」並不是說不這樣的話就無法生長，請將它當作一個例子看待。

❽**至開花所需時間** 基本上指的是將市面上買到的最普通大小的苗木種下後，直至開花的標準時間。而根據栽培地的氣候、栽培條件，時間會有所變化。

❾**不開花的主要原因** 除了因修剪不當造成以外，放置場所、澆水、肥料、病蟲害等，大體上能考慮到的原因俱已列出。這當中哪些是適用的呢？讀者應適當地判斷和處理。

關於花芽的生發方式、修剪的基本方法、庭園樹木的修剪、盆栽的修剪

採用模式化的示意圖，花芽為紅色圓圈，葉芽為綠色三角形，切除位置用紅色線表示。與實際植物聯繫在一起看則更易於理解。

花芽的生發方式，全部是基於作者的觀察及經驗。修剪的基本方法是基於「花芽的生發方式」，展示了該花木基本的修剪考量。只有理解了上述內容，遇到解說過、實際的庭園樹木和盆栽，才能理解為什麼要用那樣的方法修剪。

【關於年間作業日曆】

以關西地區為基準製作的表格，除去北海道、東北、北陸地區等寒冷地帶，其他的地方與表格所列並無太大差異。不過，表格始終只是大體的推測。

無法清楚知道花芽分化開始期的以（?）表示。種植、移植、施肥、表格橫向所寫的繁殖方法，均表示在最妥當的時期裡。而種植於地面卻沒有記載移植方法的，不是由於移植困難，就是成長過快，憑藉家庭勞力很難進行移植的緣故。

❶ **紫荊**

春天開花的花木 ❹❺

Cercis chinensis ❷

別名：滿條紅 ❸

豆科紫荊屬的落葉灌木 ❹❺

分佈於中國中部至東北部。通常作為樹高3公尺以下的庭木，也可作為大型盆栽。枝幅大，不適宜狹窄庭園。移植、修剪容易。透過播種、扦插、分株繁殖。❻

紫荊

肥料 ①、②、③為含氮元素少的化學合成肥料。
繁殖方法 3月中旬～4月中旬播種（10月採種）。

	1 2 3 4 5 6 7 8 9 10 11 12
生長	開花 / 花芽分化～花芽存在期
庭園樹木	修剪 / 除去蘖生枝 / 修剪；①施肥（1次）；種植、移植 / 種植、移植
盆栽	修剪 / 除去蘖生枝 / 修剪；②施肥（1次） ③施肥（1次）；種植、移植 / 種植、移植

栽培環境 ❼

庭園樹木 適合能接受半日以上陽光的地方。對土質不挑剔，避免多濕地。

盆栽 放置場所 日照好的地方。

用土 園土5～7、砂3～5的混合土。

至開花所需時間 ❽ 小苗種下後需花費3年以上的時間。

不開花的主要原因 ❾ 應考慮嚴重的日照不足。

修剪的基本方法

由於生出花芽的節上沒有葉芽，所以一定要在上部有葉芽的部分切除。在枝端附近切除或者在下方切除，會改變枝條的姿態。

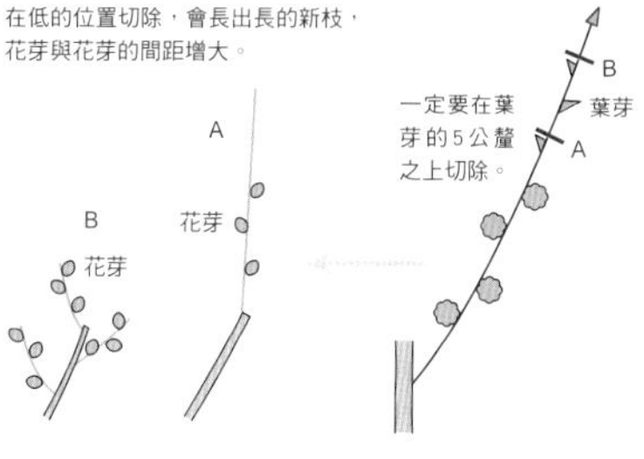
在低的位置切除，會長出長的新枝，花芽與花芽的間距增大。
A
B
花芽
花芽
一定要在葉芽的5公釐之上切除。
B
葉芽
A

花芽的生發方式

新枝下部的節上生出花芽，2～3年枝上偶爾也會生出花芽。1節會有1～3個花芽，且不與葉芽共存。

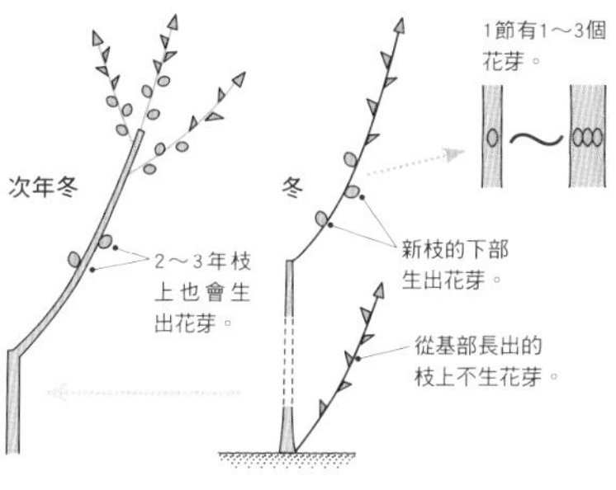
次年冬
2～3年枝上也會生出花芽。
冬
新枝的下部生出花芽。
從基部長出的枝上不生花芽。
1節有1～3個花芽。

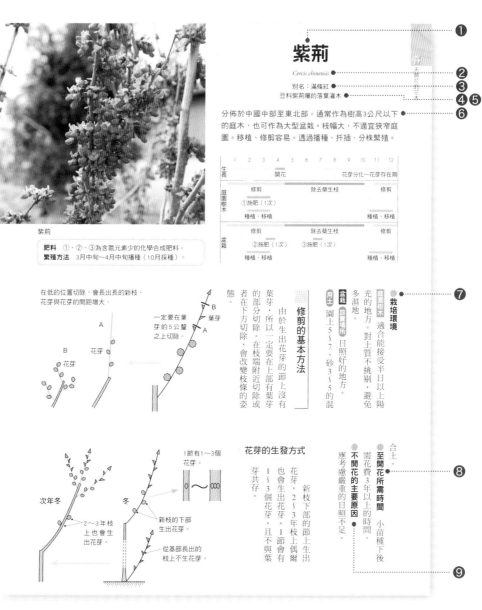

花木・修剪的基礎知識

剛開始進行花木栽培的人，大體上總會持有這樣的疑問：何時？怎樣進行修剪好呢？

聽聽這些話，就會發現，「凡植樹必定得進行修剪」、「花木只有修剪得好才會開花」等，持有這樣固定觀念的人非常多。另外，惶惶不安地認為「修剪得不好的話，樹木不是會完全枯萎嗎？」的人也很多。

雖然都稱作花木，但是由於種類非常多，各自的花芽生發方式（著花習性）也稍有不同，確實不是簡單幾句就能說得清楚的。

讀書也好，聽別人講也好，還是很難具體地理解修剪的方法，無論如何都要親身體驗，自己試著去修剪才是最重要的。

本書所介紹的各種花木，由於用圖示來解說花芽的生發方式，即使是初學者，也能理解為什麼要用那樣的方法修剪。

沒有「不修剪就不開花」這回事

首先，應該糾正這樣的誤解，認為不修剪就不開花，其實並沒有這回事。

不只限於花木，植物開花是為了透過開花、結果而留下子孫後代，這是生殖活動的重要一環。植物體在年幼時期，僅僅只顧伸長枝葉，是不進行生殖活動的。然而，隨著植物體的成熟，在要出現老化的徵象時，便開花、結果留下子孫後代。

也就是說，到了開花的年齡，即使放任不管也會開花的。如果修剪不當，樹木返老還童，反而有可能妨礙開花。如果想早些看到花，什麼都不做，馬馬虎虎對待便能如願以償啦！

不過，庭園樹木也好，盆栽也好，由於空間有限，不能無限制地任其樹枝、樹幹不斷伸展。有時必須要維持一定的樹形，或是想讓樹木造就出好看的姿態、美麗的枝條，在這些情況下，就有必要進行修剪。

所以，並不是說對花木進行修剪就會產生令其開花的效果。維持樹形的同時，盡可能不妨礙開花，所以修剪的時候，時時想著怎樣才能剪好是非常重要的。

修剪的基本方法與一般的庭木相同，學著掌握正確的剪枝方法吧！

保留花芽的修剪方法，在各樹種的條目中均有詳細的介紹。不過，在這之前，有必要了解正確的剪枝方法。不只限於花木，由於「修剪的基本方法」對全體樹木的整枝是共通的，請務必要記住。

一定要從外芽之上切除

對有芽的枝條進行修剪時，一定要將相對於樹幹而言朝外側生長的芽（這裡稱之為外芽）保留，並從其正上方切除，這非常重要。若錯誤地將朝內側生長的芽（內芽）保留，由於枝條會向樹木內側伸展，從而有損樹形。

修剪時得觀察每個芽點的朝向是比較麻煩，不過隨著經驗的積累，一旦習慣養成，不必特別注意，也會從外芽之上切除。

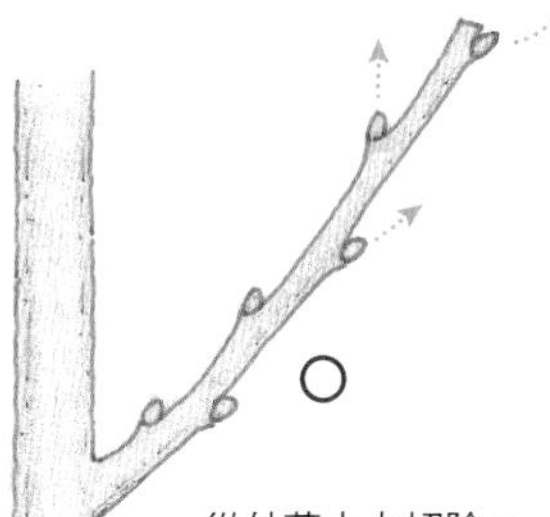
○

從外芽之上切除。

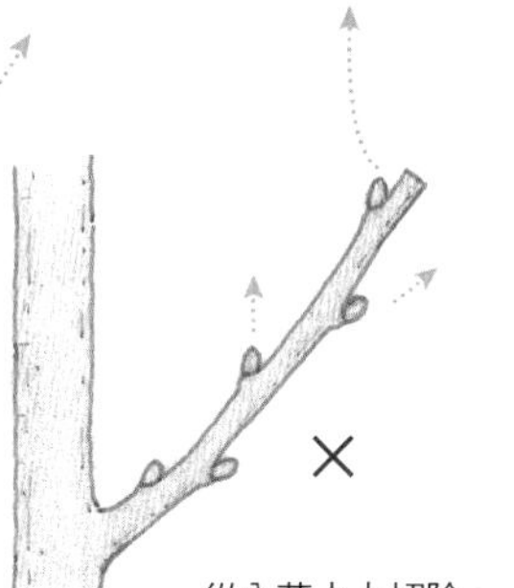
×

從內芽之上切除，會伸出內向枝，破壞樹形。

將不需要的枝條從杈根切除時

將不需要的枝條從杈根切除時，應注意要切除乾淨。務必從杈根處完全切除，可以的話，用鋒利的刀片等將切口削平。假如用的是園藝剪，因為刀刃較厚，很容易切除不淨。

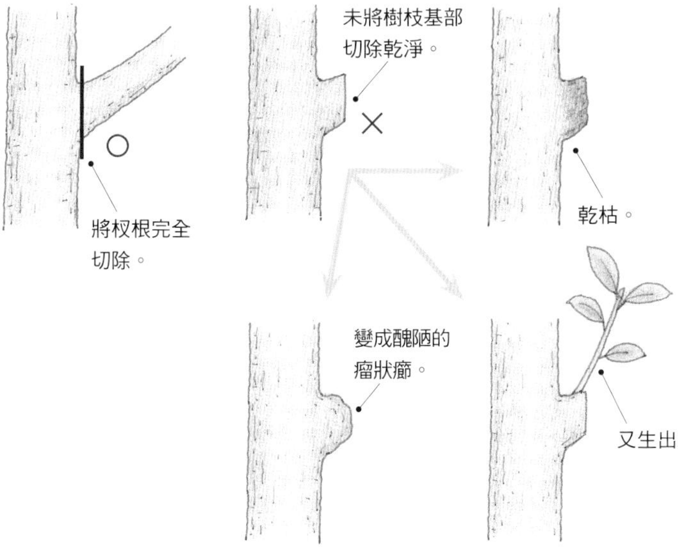
○
將杈根完全切除。
未將樹枝基部切除乾淨。
×
乾枯。
變成醜陋的瘤狀癤。
又生出新枝。

將有芽的枝條從中段切除時

通常是從想保留的芽點的正上方切除，但如果切得過深，芽很難伸長，好不容易開始生長的芽也很容易折斷。相反的，切得過淺，芽上方留得太長，這部分不是乾枯，就是從上部長出不定芽，容易產生預期之外的結果。

一定要從芽的上方（本書各條目的解說記為芽的5公釐之上），如圖片所示沿著芽點稍稍傾斜地切除。

想保留此芽的修剪情況。

○

正確的剪除方法。將節上部保留少許為佳。

×

切得過淺。不必將節上部毫無必要地留得過長。

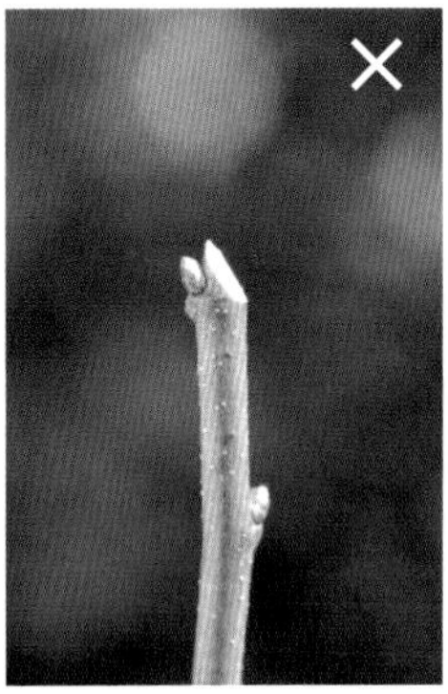
×

切得過深。不要切過節以下。

實例：蝴蝶戲珠花的粗枝修剪

1

對於想去除的樹枝，首先從下側開始鋸開。

2

在其稍微前端部分，從上側鋸開。

3

樹枝折斷掉落。

4

再次以鋸修除。之後在切口塗上癒合劑。

修剪粗枝及枝頭重的樹枝時，不要一口氣切掉，應分成2～3次切除

將不需要的粗枝、長而重的樹枝用鋸子從上面一次切除的話，就會像左圖所示那樣因重量致使樹幹撕裂。所以一定要分2～3次切除，以免樹幹開裂。

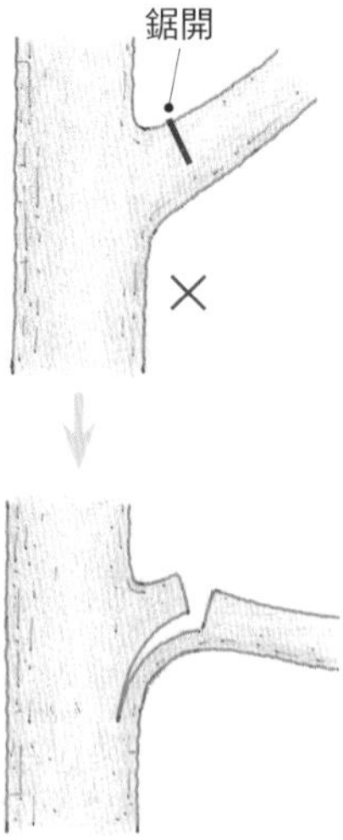
鋸開
×

從上面一口氣鋸開的話，樹枝會因重量而向樹幹方向開裂。

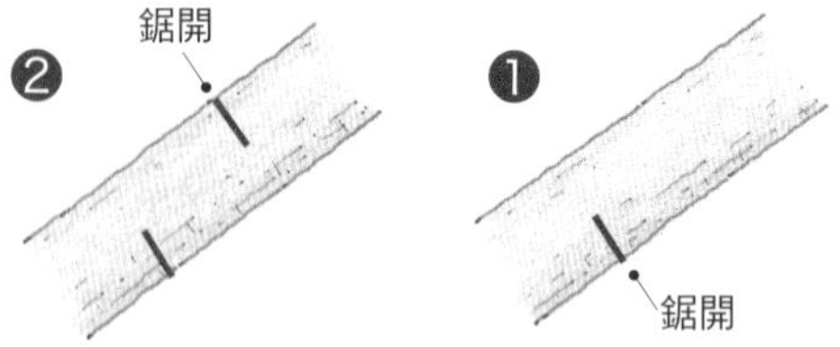
❷
鋸開
❶
鋸開

在離斷痕處不遠的前端部分，從上面鋸開。

首先，從下面鋸開少許（大約是枝條直徑的1/3）。

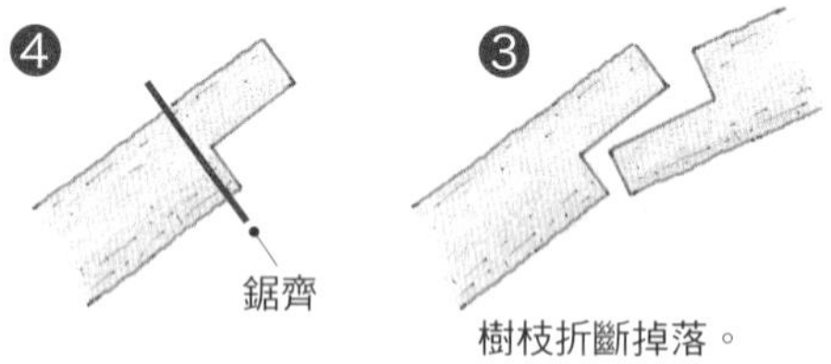
❹
鋸齊
❸

再次將鋸口修除乾淨。最好將癒合劑塗在粗枝切除後的傷口上，以發揮保護作用。

樹枝折斷掉落。

鎖定為修剪目標的不需要樹枝（忌枝）

如果能了解一般哪些是修剪目標的不需要樹枝（也稱為忌枝），那麼因為不會判斷哪些枝條該切除而引起的煩惱就會少很多。

這樣的樹枝，從樹木的生理上來說幾乎是不需要的，對它們進行整理，可令樹形自然而協調，還能有助於樹木健康地成長。主要的不需要樹枝如圖所示：

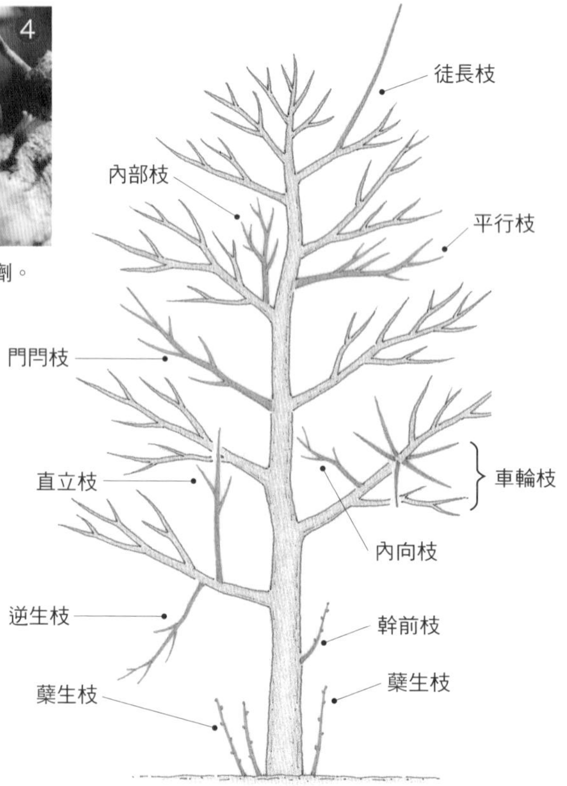
徒長枝
內部枝
平行枝
門閂枝
直立枝
車輪枝
內向枝
逆生枝
幹前枝
蘖生枝
蘖生枝

春

天開花的花木

【Ellie】

肥料 ①、②、③為油渣2：骨粉1。
繁殖方法 3月、5～9月上旬進行扦插。

杜鵑花

Rhododendron

別名：映山紅、山石榴等
杜鵑花科杜鵑花屬的常綠灌木

有各種各樣杜鵑花類的交配種，園藝品種很多。原本用於盆栽，栽植於庭園亦樂趣無窮。即使是粗枝，修剪過後也經常會萌芽，並容易扦插繁殖。

	1	2	3	4	5	6	7	8	9	10	11	12
生長				開花						花芽分化～花芽存在期		
庭園樹木					修剪							
			①施肥（1次）		②施肥（1次）							
			種植、移植		移植					種植、移植		
盆栽					修剪							
				③施肥（1次）	液體肥料（一週1次）				液體肥料（一週1次）			
			種植、移植		移植					種植、移植		

●栽培環境

庭園樹木 通常不作為庭園樹木，但在溫暖的地區也有可能。需日照好，夏天能夠遮蔽住午後陽光的地方。適合於排水良好、有機質多的砂質土壤。

盆栽 **放置場所** 日照好的地方，夏天時應有半天置於陰涼處。寒冷的地方，冬天時應置於室內。

用土 單用鹿沼土，或用鹿沼土7、纖維草炭3的混合土種植。

●至開花所需時間

購入的苗木種下後1～2年。

●不開花的主要原因

❶極度的發育不良。
❷由玫斑鑽夜蛾幼蟲引起的枝端乾枯和花蕾的蟲害。

修剪的基本方法

不論從哪兒修剪往往都會生出不定芽。從花後開始到5月的期間進行修剪，之後伸出的新梢前端，直到秋天都會生出花芽。切記，夏天以後不要進行修剪。

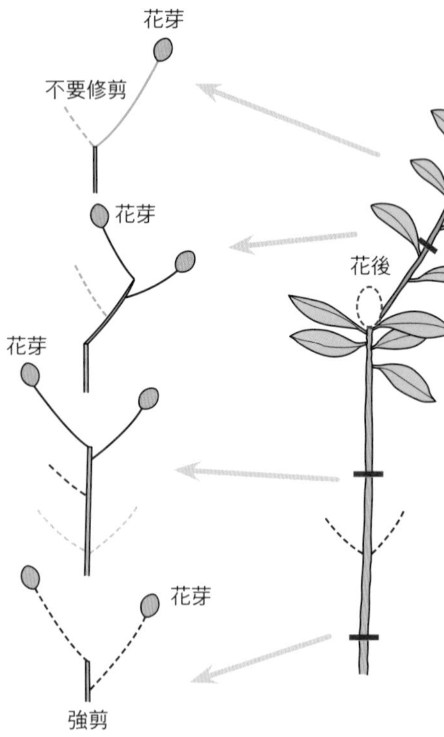

庭園樹木的修剪

花後開始直到5月，不斷地修剪以修整成圓形。

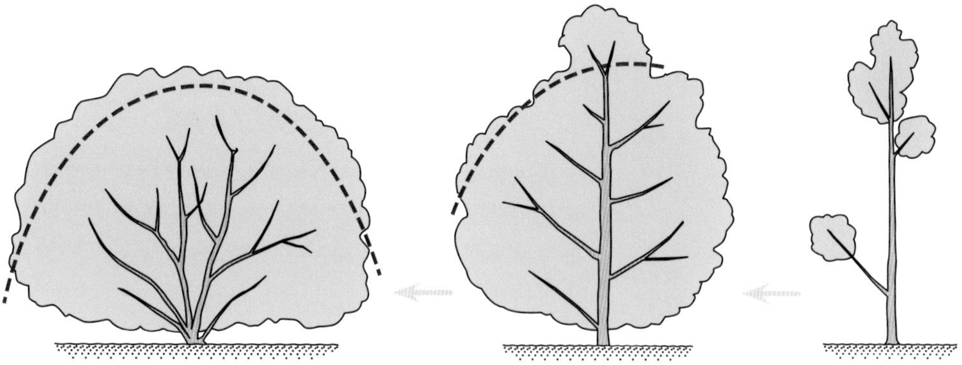

苗木的種植。

喜好的樹高、枝形基本形成後，只需將超出預想形狀之外的枝條剪去。

以後每年在花後至5月修剪。對整個植株進行修剪，以修整成半球形。

盆栽的修剪

樹高、枝形超過預想之外，則一齊修剪、整枝。

●樹苗高度矮的情況下

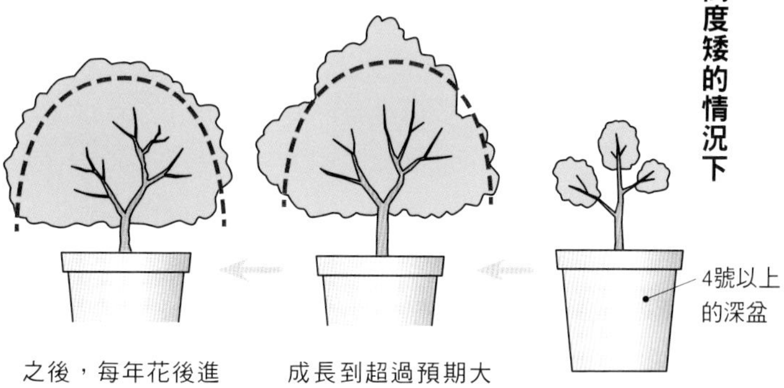

種植苗木。

成長到超過預期大小之後，一口氣修剪成半球狀。

之後，每年花後進行修剪整形。

●樹苗高度高的情況下

種植苗木，同時將樹幹截短。

長出若干樹枝之後，每年將超出範圍的樹枝剪除，逐步修整成圓形。

形成半球形的姿態之後，以後每年都進行全面修整，以維持形狀。

花芽的生發方式

夏天，在新梢的前端生發花芽。花芽經過一定程度的低溫期以後開花。

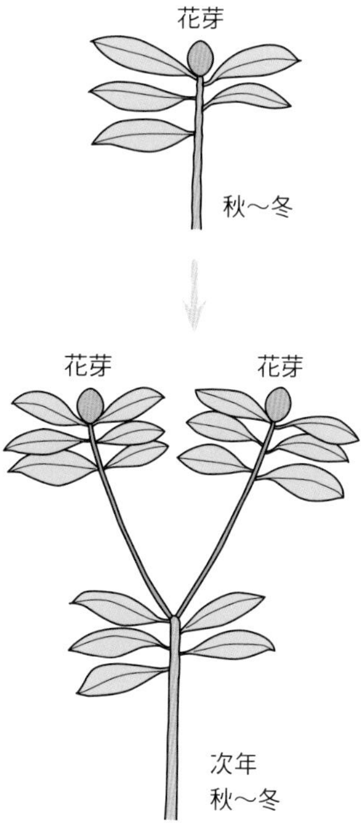

馬醉木

Pieris japonica

別名：梫木、臺灣馬醉木
杜鵑花科馬醉木屬的常綠灌木

除日本東北地區以南的野生馬醉木外，還有中國雲南省所產的品種與日本所產品種的雜交種等，園藝品種很多。庭木、樹籬維持在樹高2公尺以下。易於修剪、移植、扦插。

紅花馬醉木

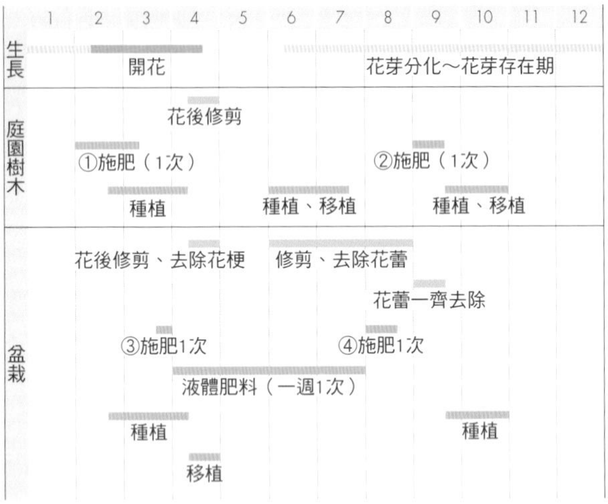

1 2 3 4 5 6 7 8 9 10 11 12
生長
開花
花芽分化～花芽存在期
庭園樹木
花後修剪
①施肥（1次）
②施肥（1次）
種植
種植、移植
種植、移植
盆栽
花後修剪、去除花梗
修剪、去除花蕾
花蕾一齊去除
③施肥1次
④施肥1次
液體肥料（一週1次）
種植
種植
移植

肥料　①為含氮元素多的化學合成肥料。②為含氮元素少的化學合成肥料。③為油渣。④為油渣2：骨粉1。
繁殖方法　3月中旬～9月上旬扦插。

栽培環境

庭園樹木　寒冷地區冬季期間應注意防寒。適合植於日照好或明亮的背陰處，排水良好、有機質多的土壤為佳。

盆栽 **放置場所**　夏日避開午後的陽光。

用土　單用鹿沼土，或鹿沼土7、纖維草炭3的混合土種植。

至開花所需時間

快的話扦插之後第二年，最遲第三年開花。

不開花的主要原因

❶不冒花蕾：日照不足，或入秋後進行了修剪。
❷冒出的花蕾枯萎了：高溫、濕度大、通風不良。
❸未抽新枝，花也沒有開：結過子實的枝條不易冒芽，最好在花後盡早去除花房。

修剪的基本方法

由於易生不定芽，從哪裡修剪都無所謂。想要生出花芽，夏天時停止修剪非常重要。

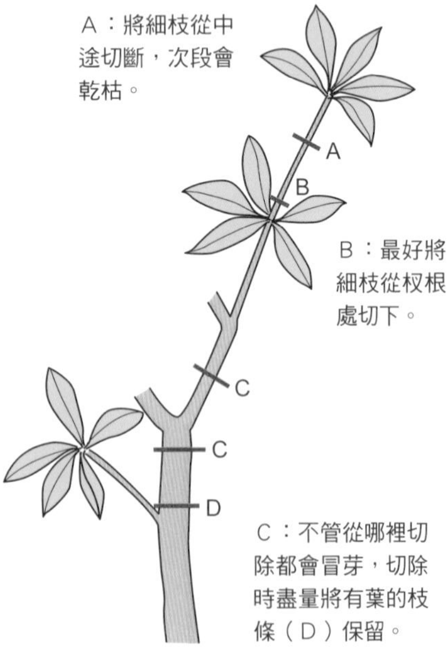

A：將細枝從中途切斷，次段會乾枯。
B：最好將細枝從杈根處切下。
C：不管從哪裡切除都會冒芽，切除時盡量將有葉的枝條（D）保留。
A
B
C
C
D

庭園樹木的修剪

馬醉木即使不修剪，樹形也不會亂。只需將突出樹冠的枝條剪除。

不過，若想對樹枝張開的幅度和厚度進行限制的話，有必要在花後進行修剪。

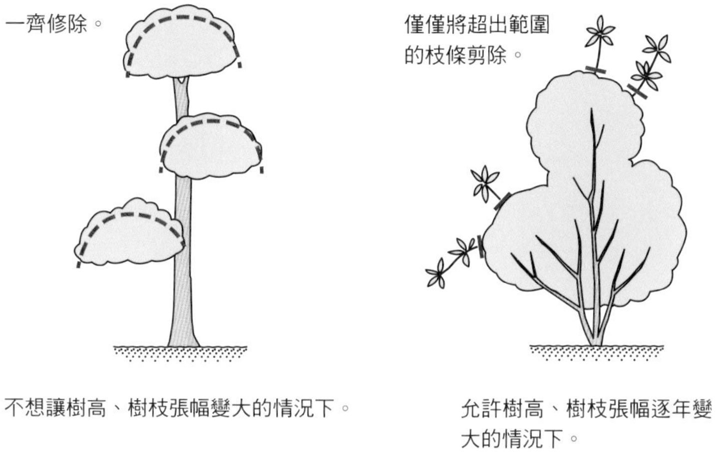
一齊修除。
僅僅將超出範圍的枝條剪除。
不想讓樹高、樹枝張幅變大的情況下。
允許樹高、樹枝張幅逐年變大的情況下。

盆栽的修剪

基本上與庭園樹木相同，但要更加注意樹形、樹枝的狀態。盆栽植株早期生出的花蕾，在高溫期容易乾枯，所以在8月底應除去全部的花蕾，讓花蕾再次冒出。

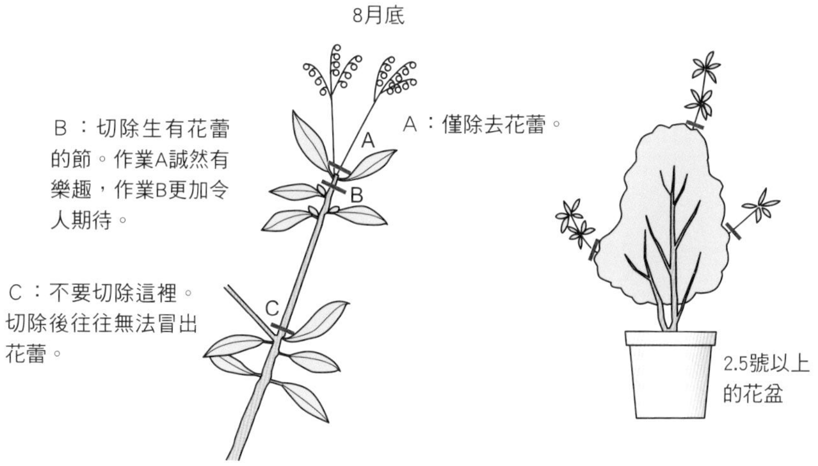
8月底
A：僅除去花蕾。
B：切除生有花蕾的節。作業A誠然有樂趣，作業B更加令人期待。
C：不要切除這裡。切除後往往無法冒出花蕾。
A
B
C
2.5號以上的花盆

花芽的生發方式

會在新梢的前端生出花芽。從春天開始抽出的新梢在4～5月停止伸長，之後，一直到秋天的期間，會數次反覆伸長、停止。花芽（花蕾）可能在6～10月形成。花芽冒出後，該枝條便不會再萌芽、伸長了。

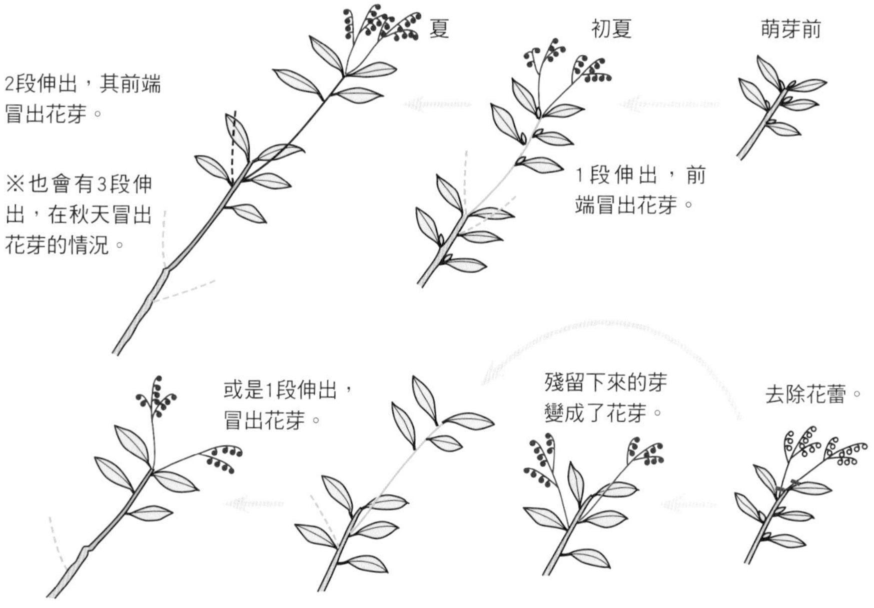
萌芽前
初夏
夏
1段伸出，前端冒出花芽。
2段伸出，其前端冒出花芽。
※也會有3段伸出，在秋天冒出花芽的情況。
去除花蕾。
殘留下來的芽變成了花芽。
或是1段伸出，冒出花芽。

金雀花

金雀花

Cytisus scoparius

別名：錦雞兒
豆科金雀花屬的常綠或落葉灌木

原產歐洲。有常綠種和落葉種，品種不多。一般作為庭園樹木栽培且樹高2公尺以下。易於修剪、扦插，移植稍嫌困難。

	1	2	3	4	5	6	7	8	9	10	11	12
生長					開花				花芽分化～花芽存在期			
庭園樹木			施肥（1次）			修剪	施肥（1次）					
			種植							種植		

肥料　含氮元素少的化學合成肥料。
繁殖方法　3月中旬～4月上旬和6～7月上旬扦插。

●栽培環境
庭園樹木　適合於比較溫暖、日照好的地方。喜好排水良好的砂質土，不適宜濕度大的土地。
盆栽　**放置場所**　可種植在10號以上的大盆，置於日照好的地方。
用土　單用赤玉土。

●至開花所需時間　扦插後3～4年。

●不開花的主要原因
❶日照不足。
❷從秋天到冬天，枝條都一齊剪短的情況下。

修剪的基本方法

將老枝、樹幹在非分枝處切除會導致乾枯，是以應在分枝點的正上方切除。

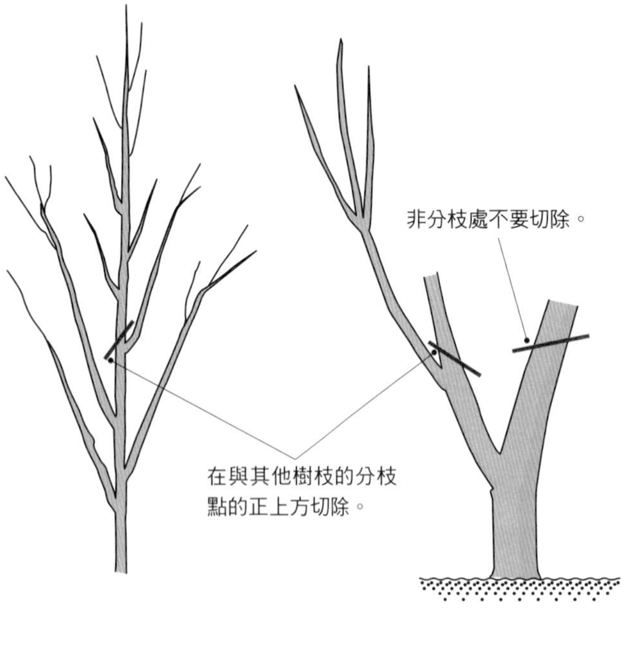
非分枝處不要切除。
在與其他樹枝的分枝點的正上方切除。

庭園樹木的修剪A

任其生長，僅僅將特別亂、伸得過長的枝條剪除。

●枝條下垂的優美樹形

任其生長，樹木長得過大再修剪。

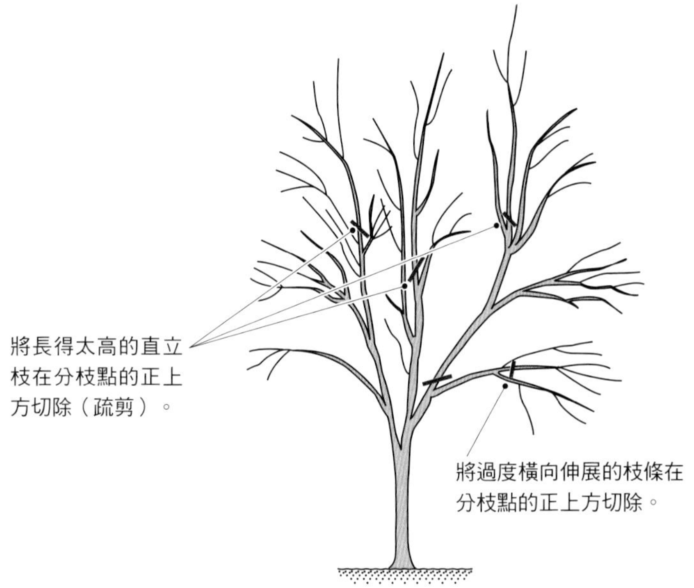
將長得太高的直立枝在分枝點的正上方切除（疏剪）。
將過度橫向伸展的枝條在分枝點的正上方切除。

庭園樹木的修剪B

每1～2年將1～2年枝剪掉，以保持緊密的樹形。

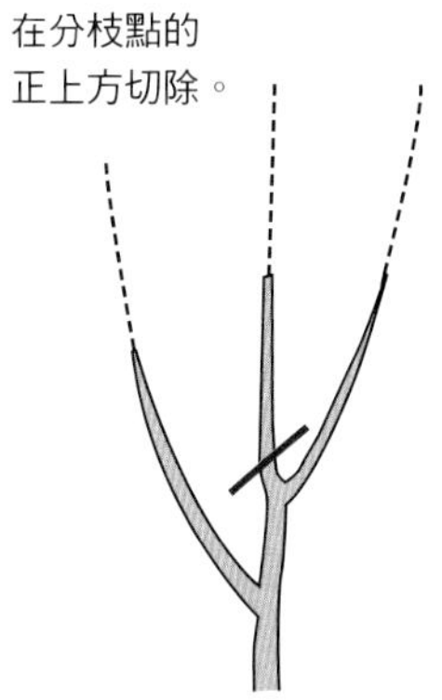
在分枝點的正上方切除。

●樹枝直立的樹形（適合狹窄的庭園）

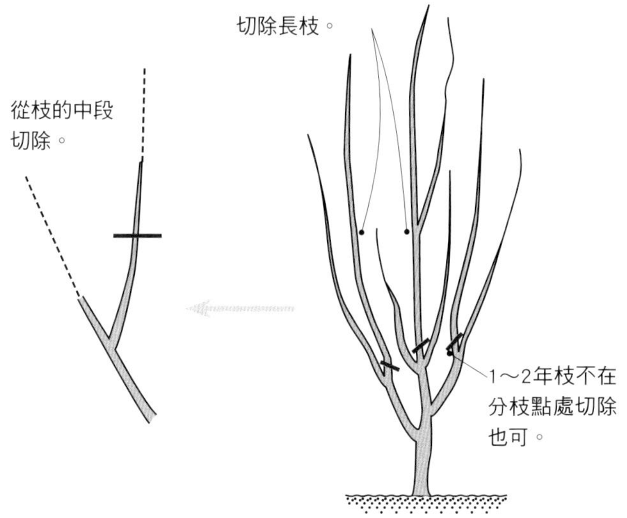
切除長枝。
1～2年枝不在分枝點處切除也可。
從枝的中段切除。

花芽的生發方式

從秋天直至冬天，在新枝的節（葉腋）處生出花芽。

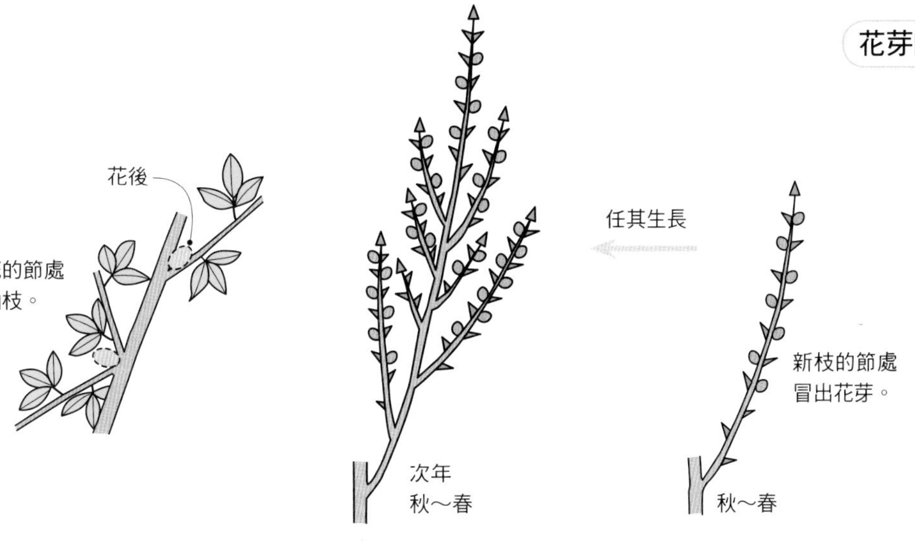
新枝的節處冒出花芽。
秋～春
任其生長
次年
秋～春
花後
從開花的節處也會抽枝。

迎春花

迎春花

Jasminum nudiflorum

木樨科茉莉花屬的落葉灌木

原產中國北部。除了攀附於籬笆、圍牆之上，還可作為盆栽。萌芽力強，易於移植、扦插。近緣種南迎春（雲南迎春）為常綠。

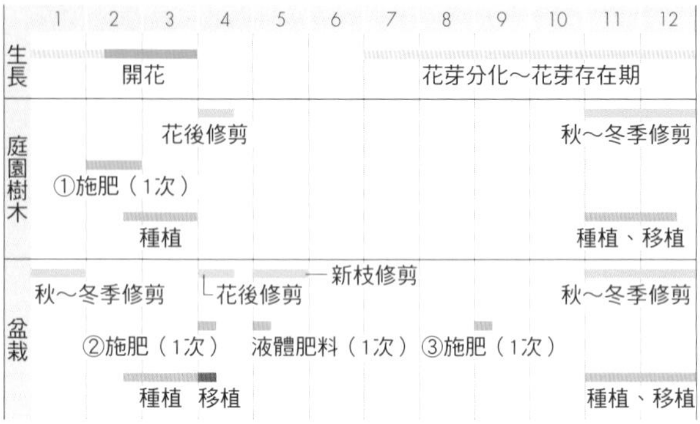
1 2 3 4 5 6 7 8 9 10 11 12
生長
開花
花芽分化～花芽存在期
庭園樹木
花後修剪
秋～冬季修剪
①施肥（1次）
種植
種植、移植
盆栽
新枝修剪
秋～冬季修剪
花後修剪
秋～冬季修剪
②施肥（1次）
液體肥料（1次）
③施肥（1次）
種植　移植
種植、移植

肥料　①、②為含氮元素多的化學合成肥料。③為含氮元素少的化學合成肥料。
繁殖方法　3～4月上旬，5月中旬～9月上旬扦插。11～12月上旬分株。

栽培環境

庭園樹木　盡量植於日照好的地方，適宜於不乾燥的砂質土。

盆栽 **放置場所**　日照好的地方。

用土　園土5、砂3、腐葉土2的混合土。單用直徑1～3公釐的顆粒桐生砂、赤玉土也可。

至開花所需時間

購入的苗木種植以後1～2年。

不開花的主要原因

❶日照不足。
❷對新枝的修剪晚了。
❸沒有對花芽好好進行疏理，秋天開始至冬天進行了修剪。

修剪的基本方法

在節間切除，會致使接下來的枝節乾枯，不生不定芽。如果新枝的修剪在5月下旬～6月上旬左右還沒有完成，花芽便很難冒出。

花後修剪

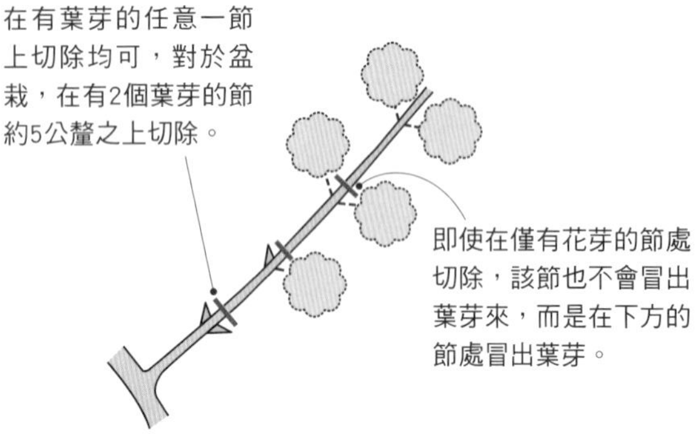
在有葉芽的任意一節上切除均可，對於盆栽，在有2個葉芽的節約5公釐之上切除。
即使在僅有花芽的節處切除，該節也不會冒出葉芽來，而是在下方的節處冒出葉芽。

新枝的修剪

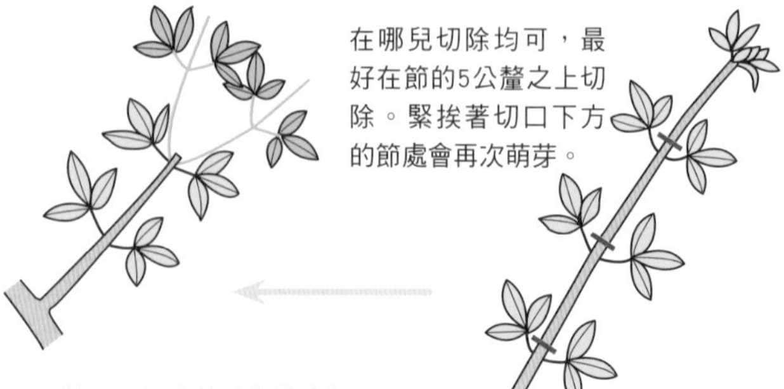
在哪兒切除均可，最好在節的5公釐之上切除。緊挨著切口下方的節處會再次萌芽。

※然而，在強剪（指過度仔細的修剪）過的盆栽老株上很難再萌芽。

庭園樹木的修剪A

不修剪而任其生長。樹枝過分凌亂的話，秋天稍微對枝端進行修剪即可。

庭園樹木的修剪B

為了將樹枝張幅維持在每年差不多的程度，則於花後對植株整體進行修剪。

●花後修剪

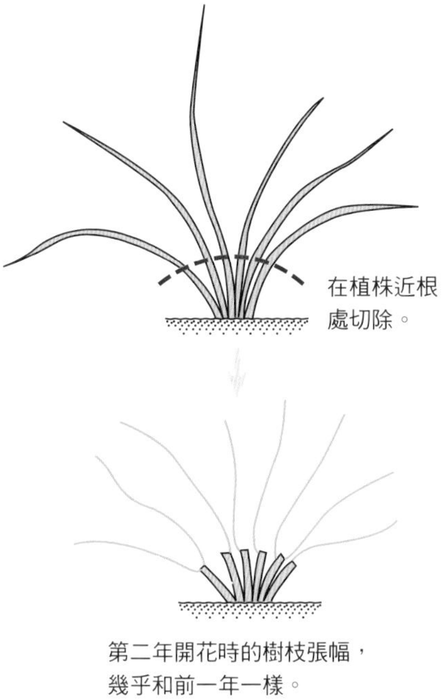
在植株近根處切除。
第二年開花時的樹枝張幅，幾乎和前一年一樣。

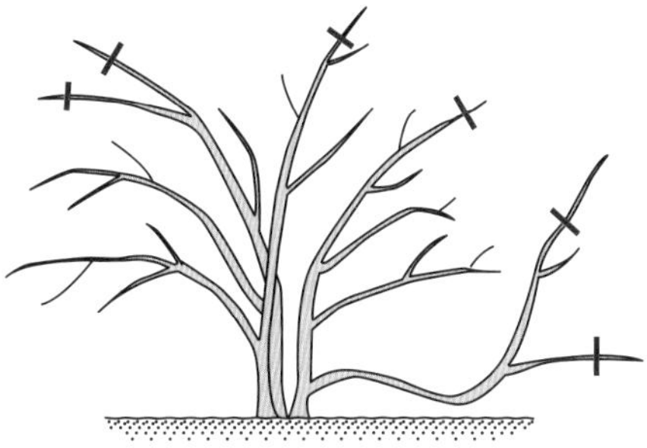

盆栽的修剪

最簡單的修剪方法，是以庭園樹木的修剪B為基準，把花後修剪作為主體。適當修剪後，還可以養在吊盆中。不過，想調整樹形以形成盆栽風格，在花後修剪之後，須將萌芽的新枝更進一步修剪，只留下1～2節。

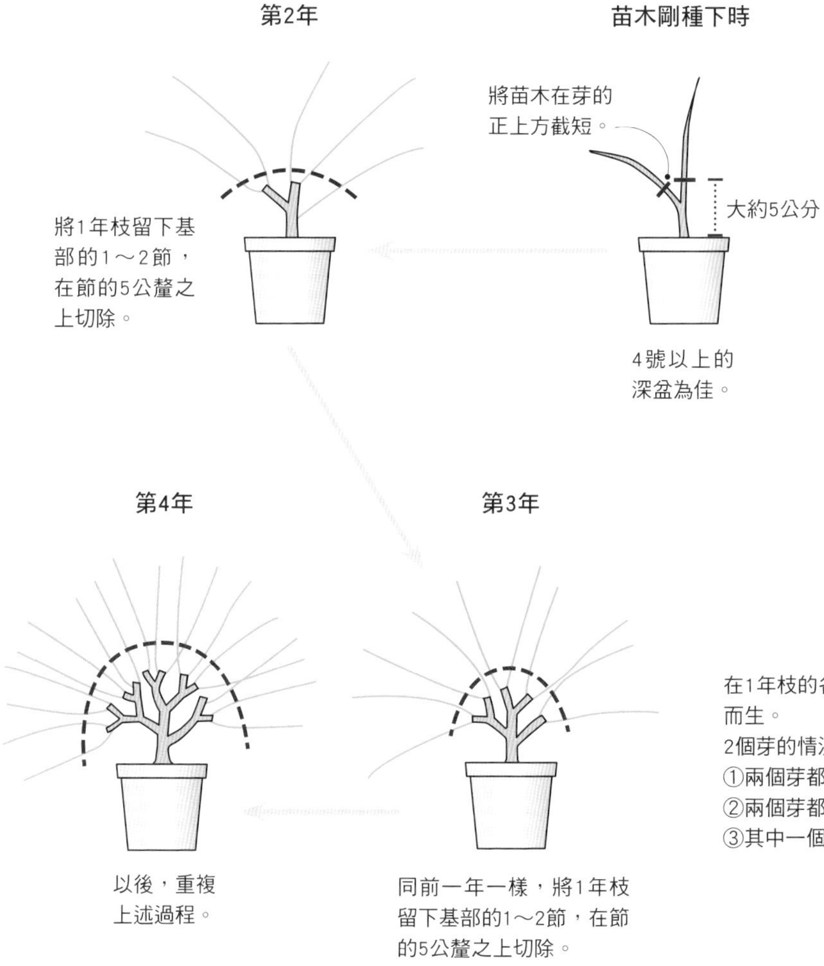
苗木剛種下時
將苗木在芽的正上方截短。
大約5公分
4號以上的深盆為佳。
第2年
將1年枝留下基部的1～2節，在節的5公釐之上切除。
第3年
同前一年一樣，將1年枝留下基部的1～2節，在節的5公釐之上切除。
第4年
以後，重複上述過程。

花芽的生發方式

1年枝的節上，從夏天開始生出花芽。

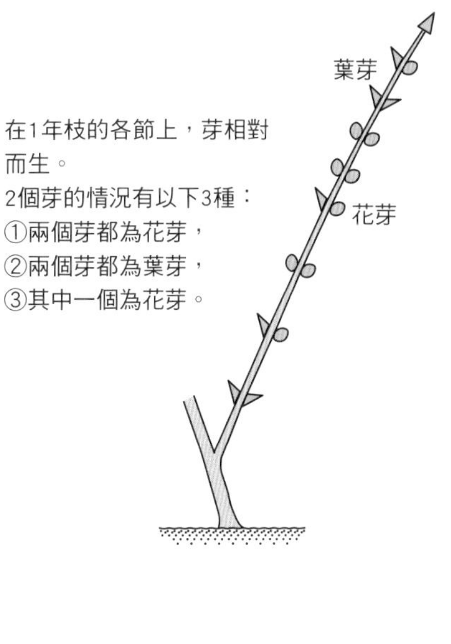
葉芽
花芽
在1年枝的各節上，芽相對而生。
2個芽的情況有以下3種：
①兩個芽都為花芽，
②兩個芽都為葉芽，
③其中一個為花芽。

蝴蝶戲珠花

蝴蝶戲珠花

Viburnum plicatum var. *plicatum*

別名：繡球
忍冬科莢蒾屬的落葉灌木

基本種蝴蝶戲珠花分佈於日本關東地區以西、臺灣、朝鮮半島南部及中國氣候溫暖的地方。植株高3公尺以下的常作為庭園樹木或大型盆栽。葉忌乾燥，應注意。易於移植和扦插。

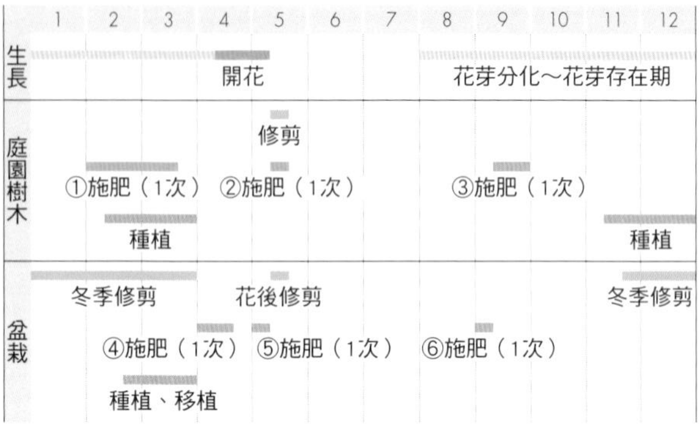
1 2 3 4 5 6 7 8 9 10 11 12
生長
開花
花芽分化～花芽存在期
庭園樹木
修剪
①施肥（1次）
②施肥（1次）
③施肥（1次）
種植
種植
盆栽
冬季修剪
花後修剪
冬季修剪
④施肥（1次）
⑤施肥（1次）
⑥施肥（1次）
種植、移植

肥料　①中對幼樹使用含氮元素多的化學合成肥料，對成年樹使用含氮元素少的化學合成肥料。②中只對幼樹使用含氮元素多的肥料。④、⑤、⑥中使用含氮元素少的肥料。
繁殖方法　2月下旬～3月中旬，6～7月上旬扦插。

●栽培環境

庭園樹木　適合於陽光充足，砂質且排水良好的地方。但是，夏季不能過於乾燥。

盆栽　**放置場所**　須置於陽光充足的地方。

用土　園土6、砂2、纖維草炭2的混合土，或單用赤玉土。若樹木過大，則作為庭園樹木。

●至開花所需時間

扦插作為盆栽培育，至開花需要1～2年，庭園樹木則需要花費大約5年時間。

●不開花的主要原因

將前一年的枝條修剪得過短。

修剪的基本方法

將徒長枝適當剪短即可，否則盡量不要修剪。切除粗枝，樹木容易乾枯，應注意。

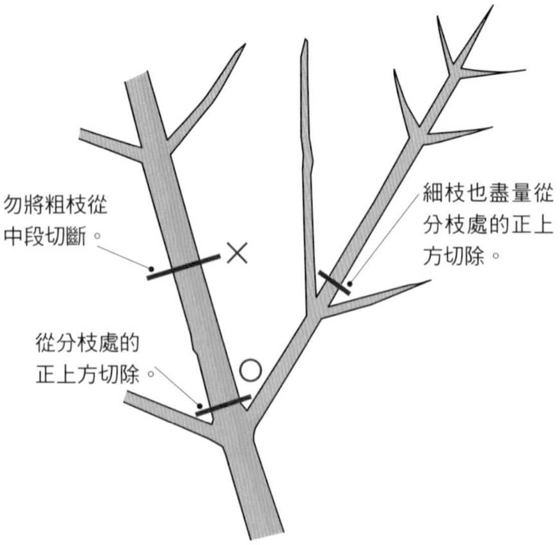
勿將粗枝從中段切斷。
×
細枝也盡量從分枝處的正上方切除。
○
從分枝處的正上方切除。

庭園樹木的修剪

盡可能任其自由生長。在有必要對樹高、樹冠大小進行限制的情況下，應從分枝處正上方將長枝切除。
樹梢部分的修剪

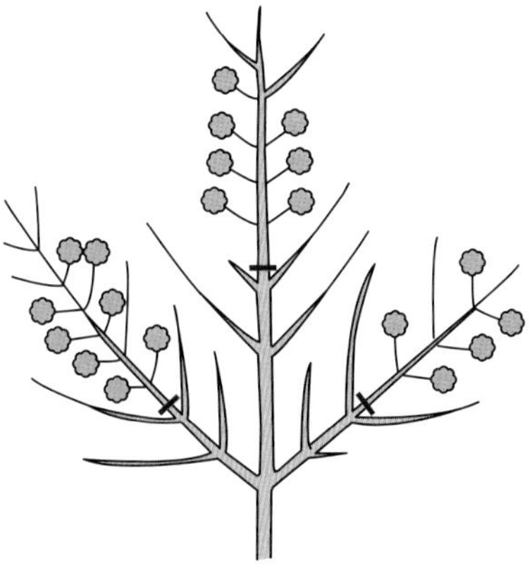

開花的部分從分枝處的正上方切除。
樹高和樹冠大小的限制

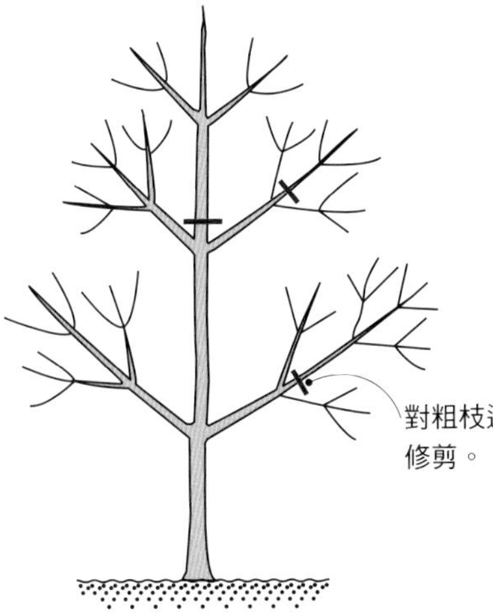

對粗枝進行修剪。

盆栽的修剪

盡可能不要讓樹枝伸長，所以從第一年開始，每年對樹枝進行修剪。但是由於花芽較難生長，最好盡早移植於庭園。

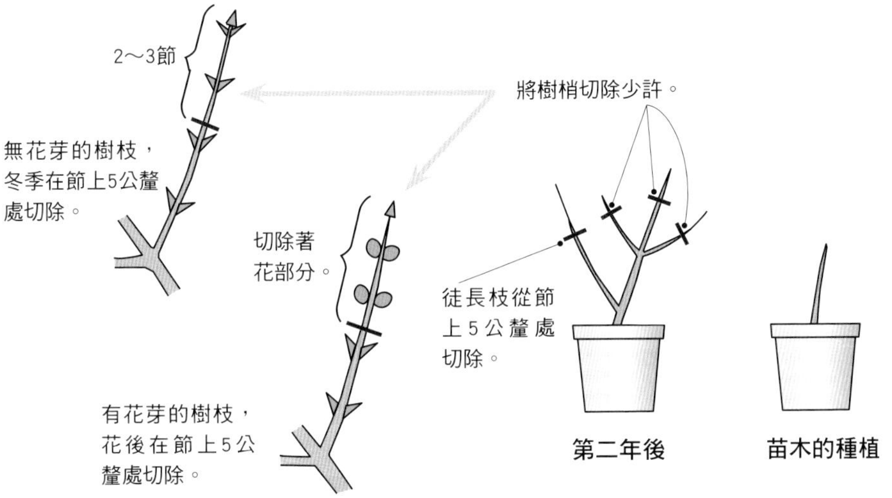

苗木的種植
第二年後
將樹梢切除少許。
徒長枝從節上5公釐處切除。
2〜3節
無花芽的樹枝，冬季在節上5公釐處切除。
切除著花部分。
有花芽的樹枝，花後在節上5公釐處切除。

花芽的生發方式

徒長枝上不生花芽，在較短枝和極短枝的節或前端生發花芽。

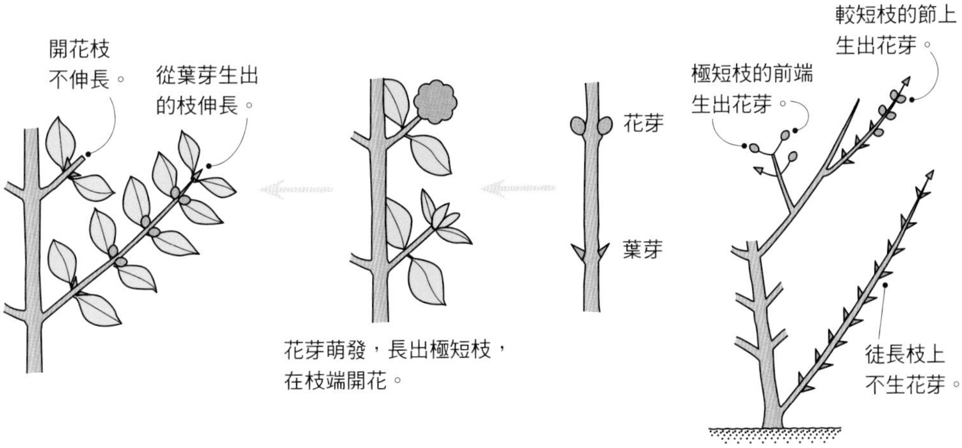

冬天
較短枝的節上生出花芽。
極短枝的前端生出花芽。
徒長枝上不生花芽。
冬天
花芽
葉芽
開花時
花芽萌發，長出極短枝，在枝端開花。
當年秋天
開花枝不伸長。
從葉芽生出的枝伸長。

山月桂

山月桂

Kalmia latifolia

別名：美洲月桂、闊葉山月桂
杜鵑花科山月桂屬的常綠灌木～中型喬木

原產北美。普及的品種為常綠灌木，有眾多的園藝品種。在日本的溫暖地區庭園種植困難，應在中型以上的花盆內栽植，避免高溫和濕度大。易於移植。

	1	2	3	4	5	6	7	8	9	10	11	12
生長					開花				花芽分化～花芽存在期			
庭園樹木						修剪						
		①施肥（1次）							②施肥（1次）			
		種植								種植		
盆栽						修剪						
		③施肥（1次）			液體肥料（一週1次）				④施肥（1次）			
		種植、移植								種植、移植		

肥料　①、②、③、④為油渣。
繁殖方法　2月下旬～3月嫁接。3月中旬～下旬，6月下旬～8月上旬扦插。

●栽培環境

庭園樹木 能耐受幾日背陰面的生長，寒冷地區冬天必須要注意防寒。適合於排水良好且不太乾燥的土壤。

盆栽 **放置場所** 日照好的地方。不過，夏天應避開午後的陽光。寒冷地區冬天一定要注意保溫。

用土 鹿沼土7、水蘚泥炭基質3的混合土，或單用鹿沼土。

●至開花所需時間

扦插、嫁接後大約3年。

●不開花的主要原因

❶對所有的枝條修剪過度。
❷修剪的時間過遲。

修剪的基本方法

在無葉的節間修剪，不太會生發不定芽。在分枝點的正上方切除，或有葉的節上5公釐處切除。適合作業的時期是在開花結束後。

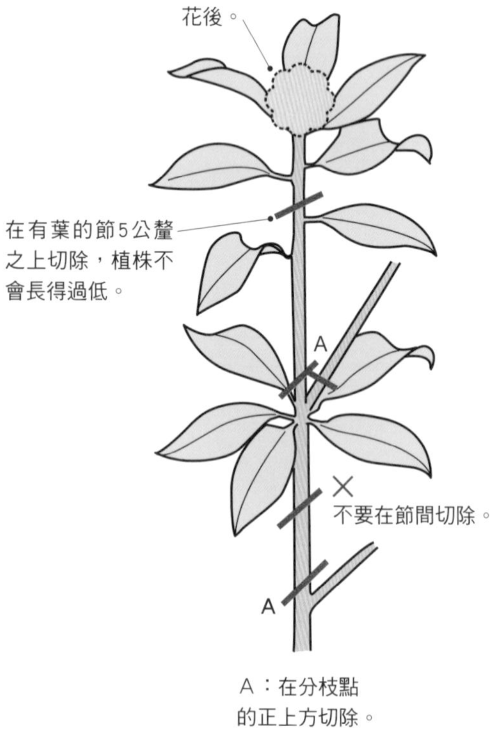
花後。
在有葉的節5公釐之上切除，植株不會長得過低。
A
A
不要在節間切除。
A：在分枝點的正上方切除。

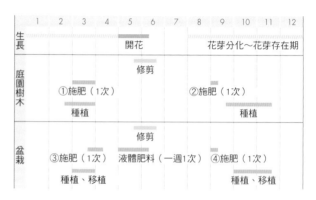

庭園樹木的修剪A 盆栽的修剪A

由於枝條不怎麼伸長，任其生長能使花開得最多。只有在伸長得超過限度的情況下，再疏剪以限制植株高度。

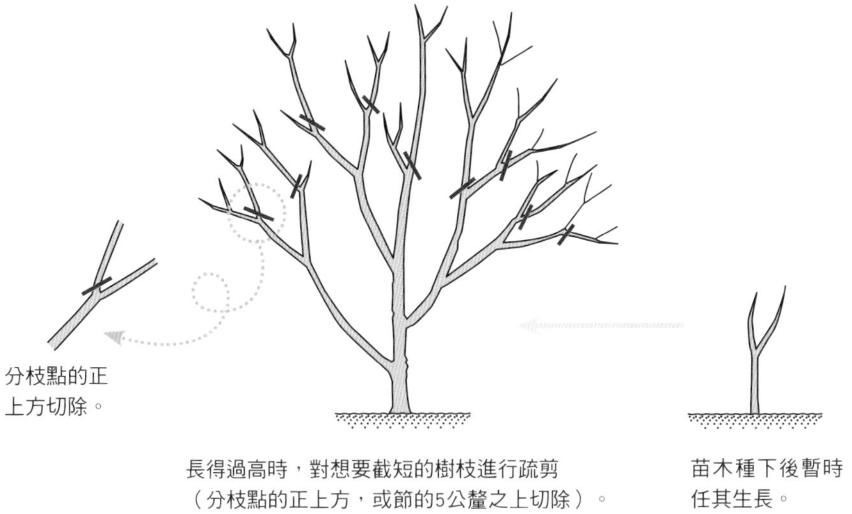
分枝點的正
上方切除。
長得過高時，對想要截短的樹枝進行疏剪
（分枝點的正上方，或節的5公釐之上切除）。
苗木種下後暫時
任其生長。

盆栽的修剪B

小型種RUBRA NANA種植於小花盆時，除了對枝條進行疏剪以外，同時在有葉的節5公釐之上進行修剪。

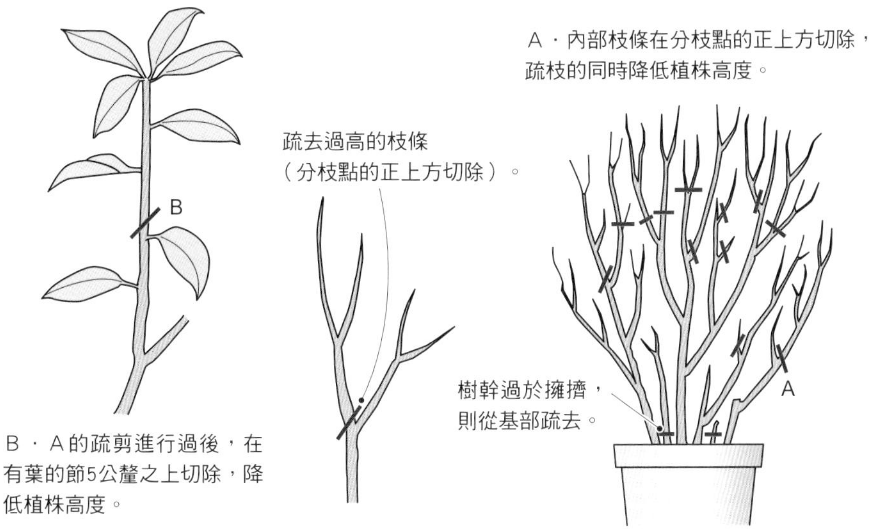
A・內部枝條在分枝點的正上方切除，
疏枝的同時降低植株高度。
疏去過高的枝條
（分枝點的正上方切除）。
B
樹幹過於擁擠，
則從基部疏去。
A
B・A的疏剪進行過後，在
有葉的節5公釐之上切除，降
低植株高度。

花芽的生發方式

夏天新枝的前端生發花芽。

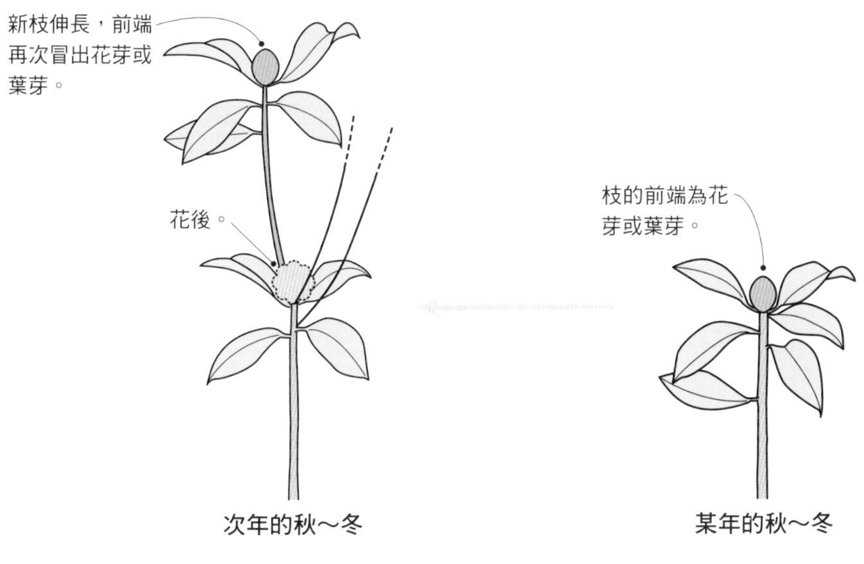
新枝伸長，前端
再次冒出花芽或
葉芽。
花後。
枝的前端為花
芽或葉芽。
次年的秋～冬
某年的秋～冬

金鏈花【Bossy】

肥料 含氮元素少的化學合成肥料。（例＝N：P：K=3：10：10）。
繁殖方法 3月播種。

金鏈花

Laburnum anagyroides

豆科毒豆屬的落葉喬木

分佈於歐洲中部至南部的落葉喬木，喜好寒冷的氣候。4月下旬～5月上旬，垂下黃色的花房。種植在大號花盆中也別有一番趣味。修剪容易，可嫁接繁殖。

	1	2	3	4	5	6	7	8	9	10	11	12
生長				開花			（推算）花芽分化～花芽存在期					
庭園樹木					修剪							
		施肥（1次）										
	種植、移植										種植、移植	
盆栽					修剪							
		施肥（1次）						施肥（1次）				
	種植、移植										種植、移植	

●栽培環境

庭園樹木 溫暖地區栽培困難。寒冷地區須種植在有充足日照的地方，夏天最好能夠背陰。排水良好的土壤為佳。

盆栽 **放置場所** 溫暖地區，從梅雨季節至夏季期間，應選擇雨淋不到、背陰的屋簷下。

用土 排水良好的土壤。

●至開花所需時間 以市場上出售的苗木來說，需要花費1年至數年。

●不開花的主要原因

❶發育不良。
❷日照不足。
❸不適當的修剪。

修剪的基本方法

僅切除比預想高的或伸得過長的枝條。盡量將未開花的枝條留下，僅將開過花的部分切除。由於短枝會生出花芽，應盡量保留。

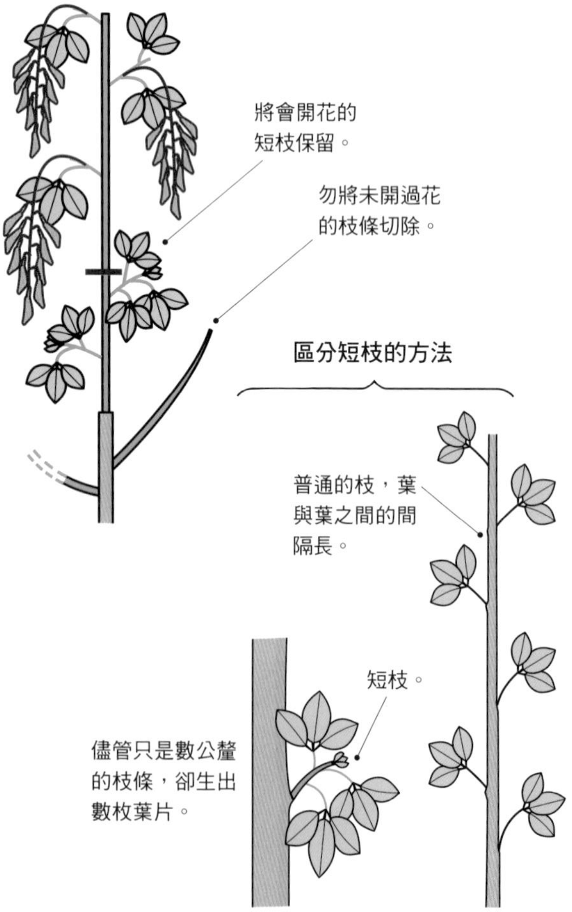

將會開花的短枝保留。
勿將未開過花的枝條切除。
區分短枝的方法
普通的枝，葉與葉之間的間隔長。
短枝。
儘管只是數公釐的枝條，卻生出數枚葉片。

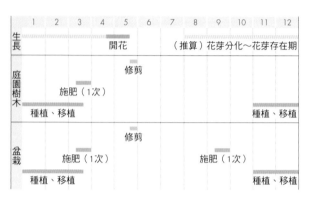

庭園樹木的修剪

對過度伸長的枝條進行疏剪。想保留該枝條時，依照「基本方法」修剪。

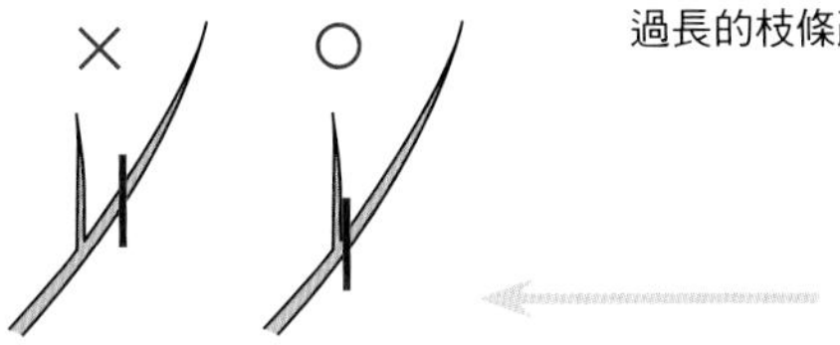
×
○
從杈根處完全切除，
勿殘留。

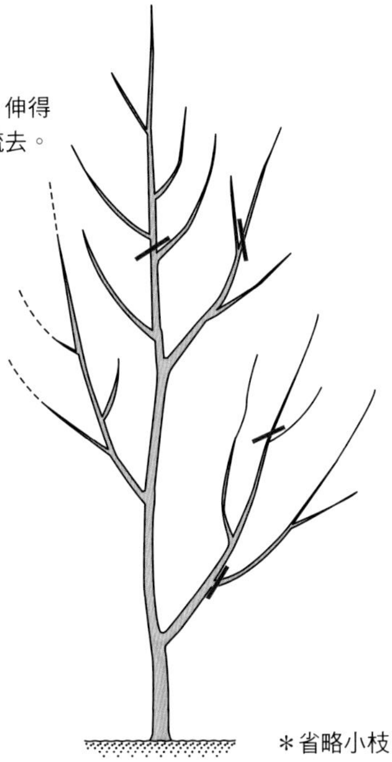
將長得過高、伸得
過長的枝條疏去。
＊省略小枝、短枝。

花芽的生發方式

新枝各節冒出的葉芽在第二年萌芽並變成短枝，冒出花芽；或直接在新枝的各節冒出花芽。這些花芽萌芽後生出短枝，其前端生出花房。

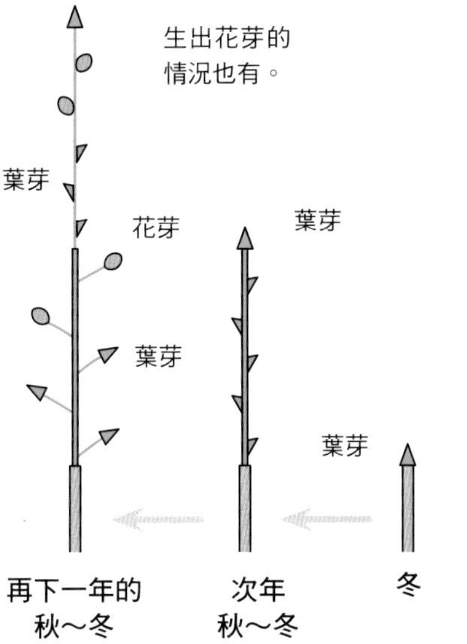
生出花芽的
情況也有。
葉芽
花芽
葉芽
葉芽
葉芽
再下一年的
秋～冬
次年
秋～冬
冬

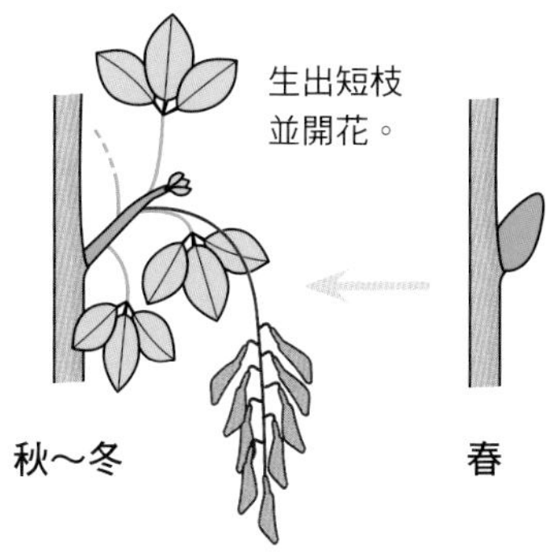
花芽與開花
生出短枝
並開花。
秋～冬
春

盆栽的修剪

植株長高，不得不修剪，卻會使著花情況變差。不但需要修剪，而且要進行疏剪，否則盆栽很難維持。

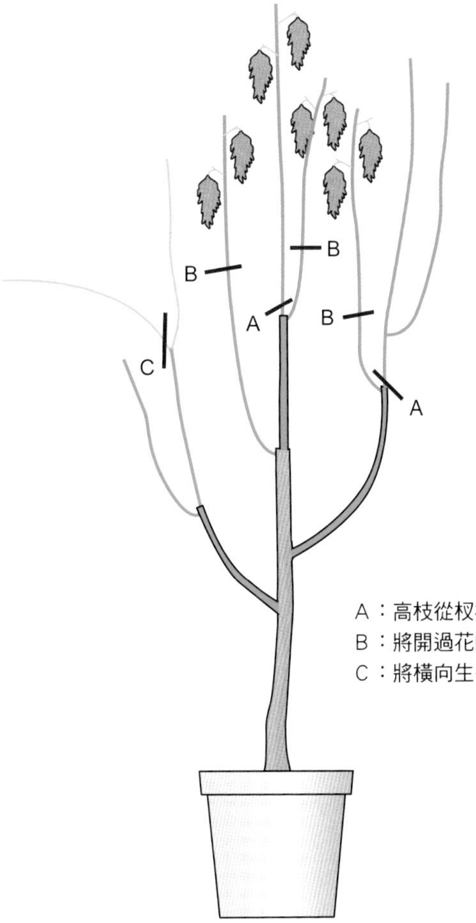
B
B
A
B
C
A
A：高枝從杈根處疏去。
B：將開過花的枝條切除。
C：將橫向生長的枝條切除。

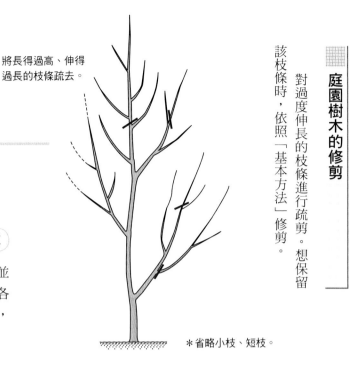

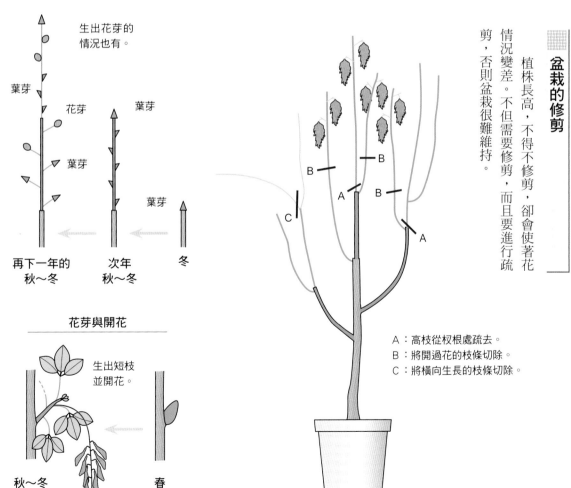

久留米杜鵑

久留米杜鵑

Rhododendron

杜鵑花科杜鵑花屬的常綠灌木

九州久留米地區出產的杜鵑類雜交品種，有眾多的園藝品種。作為庭園樹木一般都保持在樹高1公尺以下。也可種植於小盆中。粗枝須修剪，移植、扦插均容易。

肥料　①為油渣。②、③、④為油渣2：骨粉1。
繁殖方法　3月下旬～9月上旬扦插。3～4月上旬，10～11月中旬分株。

	1	2	3	4	5	6	7	8	9	10	11	12
生長				開花					花芽分化～花芽存在期			
庭園樹木					花後修剪					秋季修剪		
		①施肥（1次）						②施肥（1次）				
		種植、移植								種植、移植		
盆栽					花後修剪							
		③施肥（1次）			液體肥料（一週1次）				④施肥（1次）			
		種植、移植								種植、移植		

●栽培環境

庭園樹木 向陽處，或有半日背陰為佳，適合排水良好且有機質多的土壤。由於喜好酸性土，種植時最好多混入些未調整酸鹼值（pH值）的纖維草炭。

盆栽 **放置場所** 放置於日照好的地方，夏日則半日背陰。

用土 單用鹿沼土。

●至開花所需時間 7月左右扦插，則第二年就有可能開花。

●不開花的主要原因

❶由玫斑鑽夜蛾幼蟲引起的枝端芽和花蕾的蟲害。

❷由通風不良導致的新枝前端的病害枯死。

修剪的基本方法

在枝條任一地方修剪都會生出不定芽。修剪遲了則該年不生花芽。修剪的最晚時限通常為6月中旬。另外，徒長枝上往往不容易生出花芽。

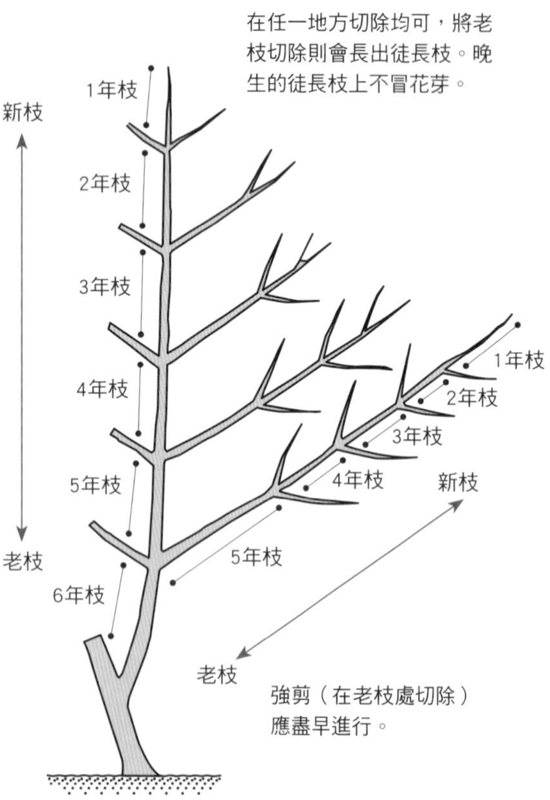
在任一地方切除均可，將老枝切除則會長出徒長枝。晚生的徒長枝上不冒花芽。
新枝
1年枝
2年枝
3年枝
4年枝
5年枝
6年枝
老枝
1年枝
2年枝
3年枝
4年枝
5年枝
新枝
老枝
強剪（在老枝處切除）應盡早進行。

庭園樹木的修剪

不管單棵種植、多棵種植或是密植，僅透過修剪便可調整樹形。

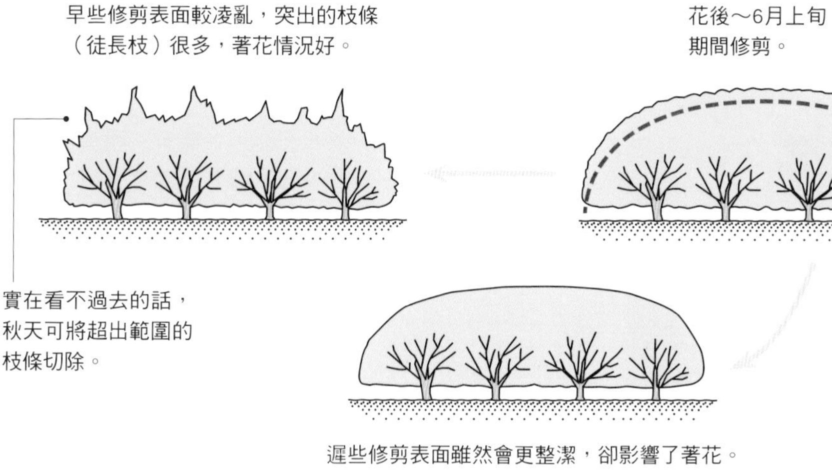
早些修剪表面較凌亂，突出的枝條（徒長枝）很多，著花情況好。
花後～6月上旬期間修剪。
實在看不過去的話，秋天可將超出範圍的枝條切除。
遲些修剪表面雖然會更整潔，卻影響了著花。

盆栽的修剪

與庭園樹木的修剪完全相同。如果植株太年輕、枝條數太少，可在花後和6月中旬修剪2次，則枝數就會增加。修剪過的枝條生長過於擁擠的話，疏去新枝。

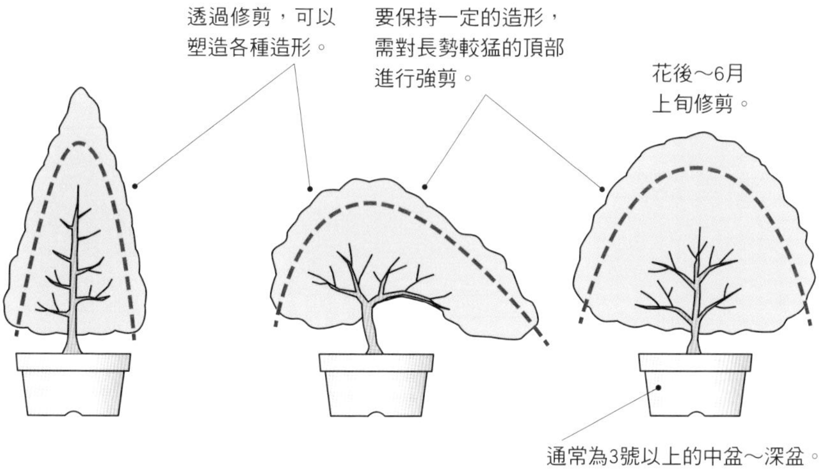
透過修剪，可以塑造各種造形。
要保持一定的造形，需對長勢較猛的頂部進行強剪。
花後～6月上旬修剪。
通常為3號以上的中盆～深盆。

花芽的生發方式

夏季時，新枝的前端會生發出花芽。

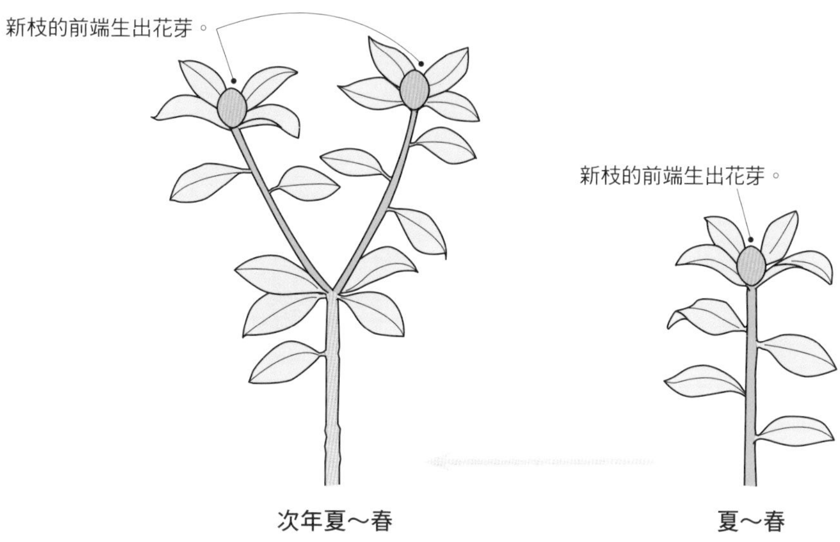
新枝的前端生出花芽。
新枝的前端生出花芽。
次年夏～春
夏～春

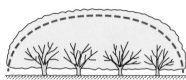

麻葉繡線菊

麻葉繡線菊

Spiraea cantoniensis

薔薇科繡線菊屬的落葉小灌木

分佈於中國的河北、陝西至四川、廣東、福建。一般庭園樹木樹高可達1～2公尺。修剪後出芽良好。扦插容易，不可分株。移植亦容易。

	1	2	3	4	5	6	7	8	9	10	11	12
生長					開花					花芽分化～花芽存在期		
庭園樹木		修剪			修剪							修剪
		施肥（1次）										
		種植、移植										種植、移植

肥料　含氮元素多的化學合成肥料。
繁殖方法　2月中旬～3月，11～12月中旬分株。3月上旬～中旬，5月下旬～8月扦插。

●栽培環境

庭園樹木 日照好的地方，排水良好的砂質土為佳。注意，應選擇不太乾燥的地方。

盆栽 不適宜。

●至開花所需時間 扦插後3年。

●不開花的主要原因

❶日照不足。

❷修剪得過猛。

修剪的基本方法

由於越修剪花芽會越減少，所以原則上不要進行修剪。

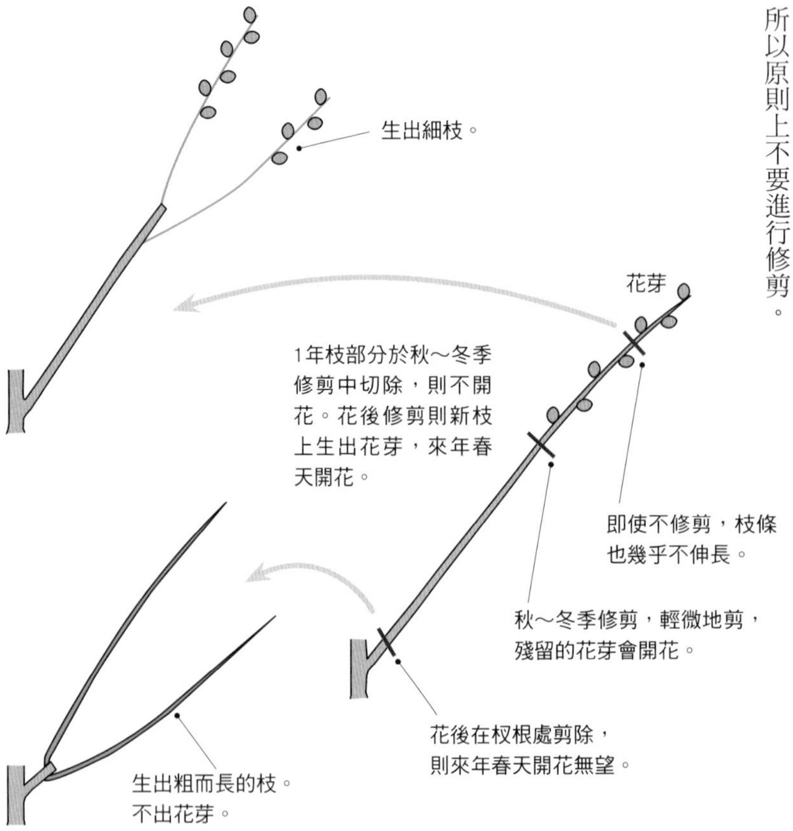
生出細枝。
花芽
1年枝部分於秋～冬季修剪中切除，則不開花。花後修剪則新枝上生出花芽，來年春天開花。
即使不修剪，枝條也幾乎不伸長。
秋～冬季修剪，輕微地剪，殘留的花芽會開花。
花後在杈根處剪除，則來年春天開花無望。
生出粗而長的枝。不出花芽。

庭園樹木的修剪A

不修剪而任其生長。假如想將枝條伸張的範圍縮小，盡可能輕度修剪（指稍微、小幅度的修剪），修剪的部分花數會減少。

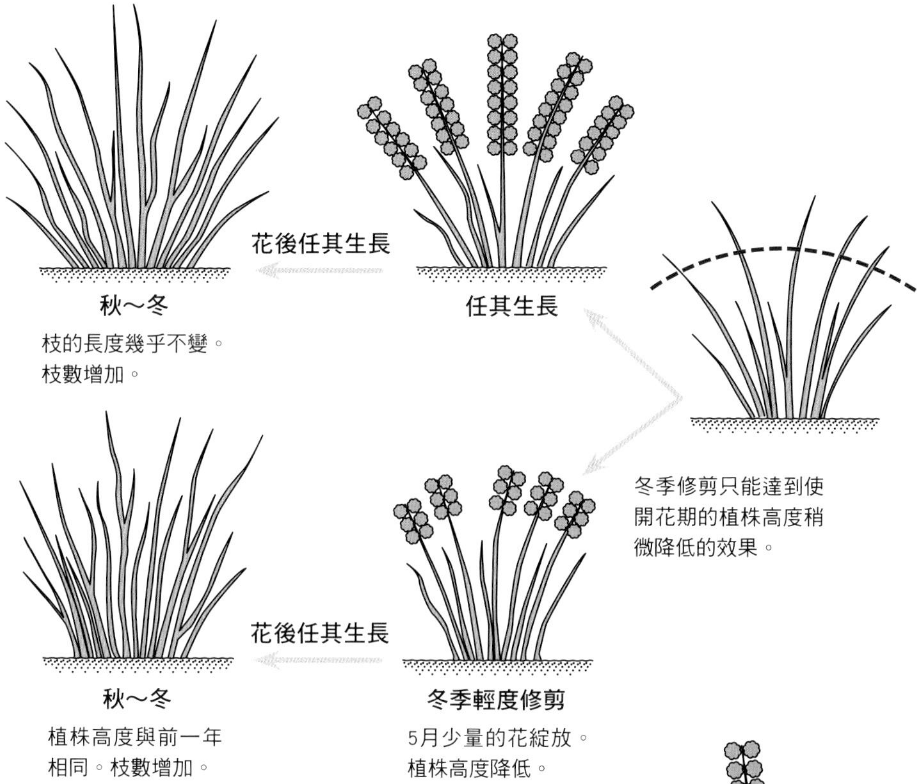
花後任其生長
秋～冬
枝的長度幾乎不變。
枝數增加。
任其生長
冬季修剪只能達到使
開花期的植株高度稍
微降低的效果。
花後任其生長
秋～冬
植株高度與前一年
相同。枝數增加。
冬季輕度修剪
5月少量的花綻放。
植株高度降低。

庭園樹木的修剪B

想讓各枝條長得粗壯，適當地將樹幹從基部疏去。該情況下，輕度修剪則生出細枝。

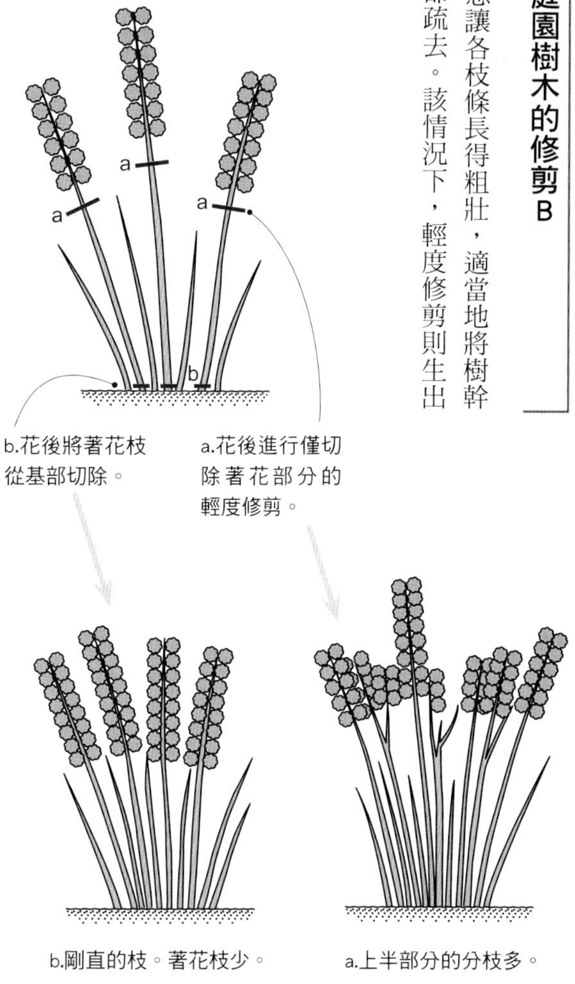
a
a
a
b
b.花後將著花枝
從基部切除。
a.花後進行僅切
除著花部分的
輕度修剪。
b.剛直的枝。著花枝少。
a.上半部分的分枝多。

花芽的生發方式

生長了2年以上的枝條，在其1年枝部分的各節上生發花芽。花芽在晚秋形成。

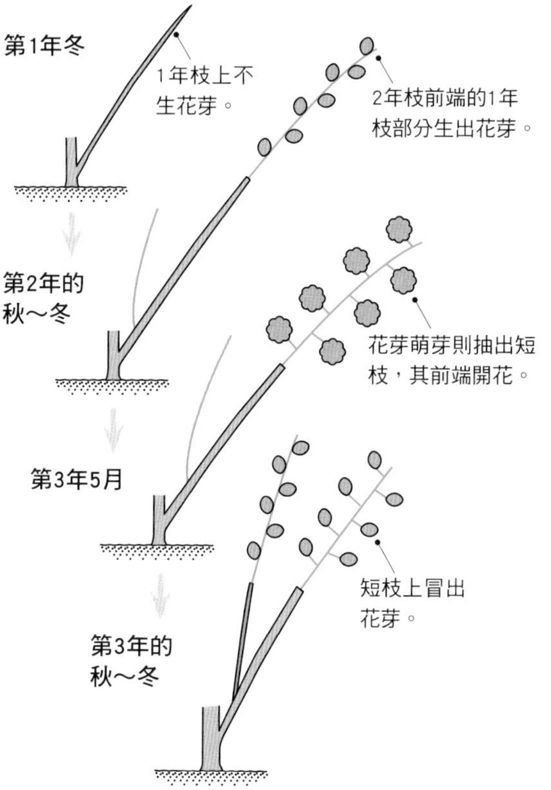
第1年冬
1年枝上不
生花芽。
2年枝前端的1年
枝部分生出花芽。
第2年的
秋～冬
花芽萌芽則抽出短
枝，其前端開花。
第3年5月
短枝上冒出
花芽。
第3年的
秋～冬

【紅枝垂】

櫻花

Prunus spp.

薔薇科櫻桃屬的落葉灌木～小喬木

主要是分佈於日本的野生種與園藝品種。作庭木用，也有可以栽植於小盆的品種。粗枝的切口容易乾枯，應注意。移植容易，扦插困難。

	1	2	3	4	5	6	7	8	9	10	11	12
生長		A	B	CDE	開花	花芽分化～花芽存在期				開花	F	G
庭園樹木		①施肥（1次）		修剪								
		種植									種植、移植	
盆栽		②施肥（1次）		修剪		液體肥料（一週1次）			液體肥料（一週1次）			
		種植、移植									種植、移植	

肥料　①、②為含氮元素多的化學合成肥料。
繁殖方法　2月中旬～3月中旬扦插（彼岸櫻、富士櫻）。6月中旬～8月扦插（彼岸櫻、富士櫻、染井吉野）。2月中旬～3月中旬嫁接。
※**開花**　A＝緋寒櫻，B＝彼岸櫻，C＝染井吉野，D＝富士櫻，E＝里櫻（八重櫻），F＝十月櫻，G＝寒櫻

●栽培環境

庭園樹木　選擇日照好的地方。避免濕度大的地方。

盆栽　適合盆栽的是一般稱為「一歲櫻」，所謂【旭山】的品種。另外富士櫻系列的品種也適合。

放置場所　日照好的地方。

用土　砂。

●至開花所需時間　作為庭園樹木的一般櫻花，苗木種下後5～8年。適合盆栽的品種在盆中植下後，快的話第二年即可開花。

●不開花的主要原因

❶完全沒有開花→植株尚未成熟，肥料過多。

❷著花不良→花芽分化期，由於蟲害等，幾乎無葉。沒有考慮應該保留的葉芽數而進行了修剪，新枝數量少。日照不足、肥料極度不足等原因，導致新枝太細。

修剪的基本方法①

枝條長粗以後，從枝的中段切斷容易乾枯，應盡量不要修剪，或趁著枝條年輕時切除。枝條切斷後的傷口上必須塗抹殺菌劑，大的傷口還要再塗上油漆等。

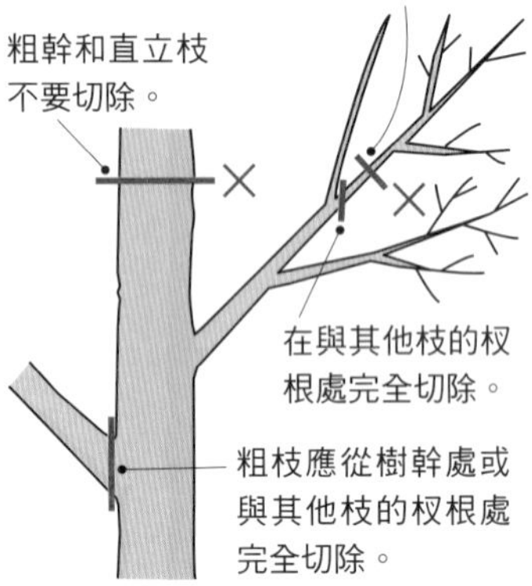
細枝也勿從中段切斷。
粗幹和直立枝不要切除。
在與其他枝的杈根處完全切除。
粗枝應從樹幹處或與其他枝的杈根處完全切除。

花芽的生發方式

夏天在中～短枝的節處生出花芽。

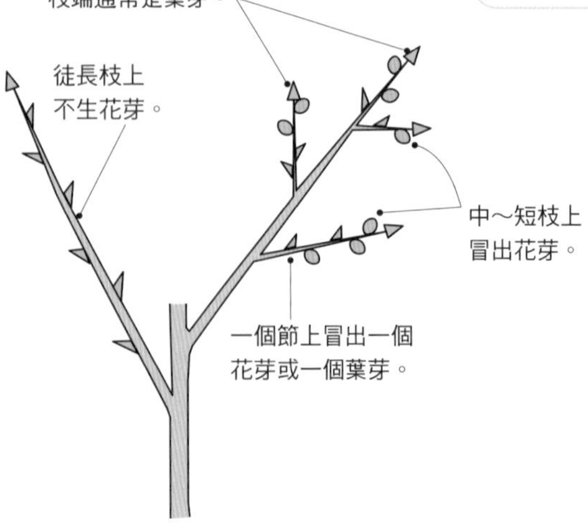
枝端通常是葉芽。
徒長枝上不生花芽。
中～短枝上冒出花芽。
一個節上冒出一個花芽或一個葉芽。

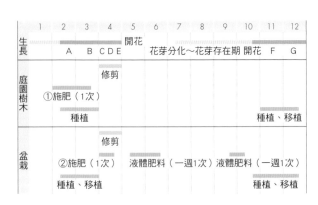

修剪的基本方法②

一般來說，櫻花的枝條喜歡延伸，稍微狹窄的庭園可能就不好處理了。從長遠來看，應該趁著枝條尚細時進行疏剪。

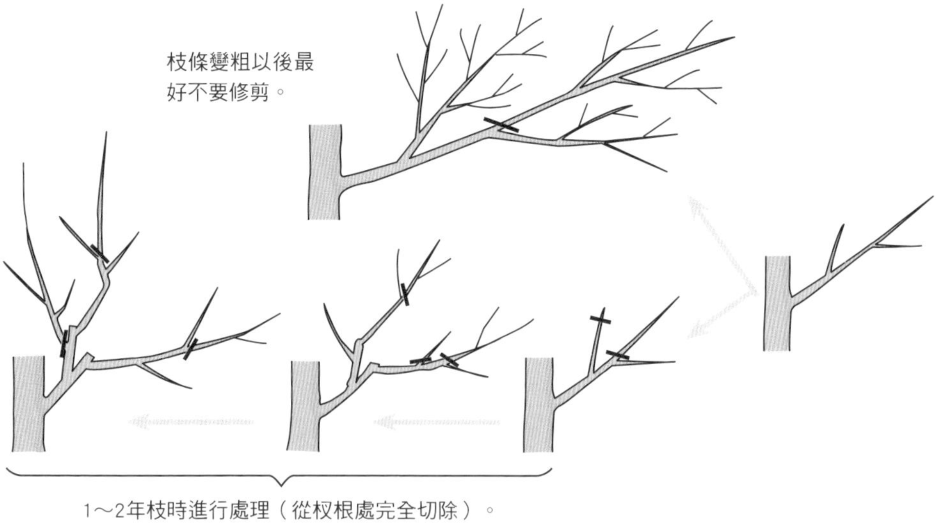

枝條變粗以後最好不要修剪。
1～2年枝時進行處理（從杈根處完全切除）。

庭園樹木的修剪

通常不進行修剪。僅在剛買入新苗時，將從低的位置冒出的枝條切除。樹幹上生出的芽不要等到長成枝以後再切除，應該在芽剛冒出來時就摘除。無論如何都想透過修剪控制樹高和樹枝張幅時，可對長枝進行疏剪。

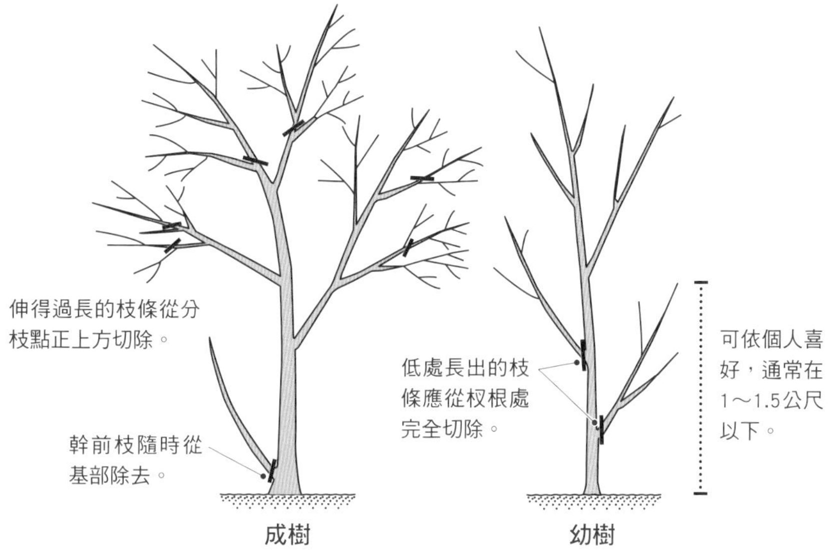

伸得過長的枝條從分枝點正上方切除。
幹前枝隨時從基部除去。
低處長出的枝條應從杈根處完全切除。
可依個人喜好，通常在1～1.5公尺以下。
成樹
幼樹

盆栽的修剪

與庭園樹木的修剪相同。看似簡單，但想造就預想的樹形還是有難度的。

4號以上的中盆～深盆
10～20公分
下枝不易長出。
小盆種植則枝數少。
順其自然，枝條幅度過大則將長枝切除（分枝點之上5公釐）。
將當年種下的苗（嫁接1年苗）截短。

紅花山楂

山楂

Crataegus

薔薇科山楂屬的落葉灌木

多分佈於歐洲、北美、中國。在日本通常作為盆栽。有些品種的果實也具有觀賞價值。移植、修剪容易，也可扦插。

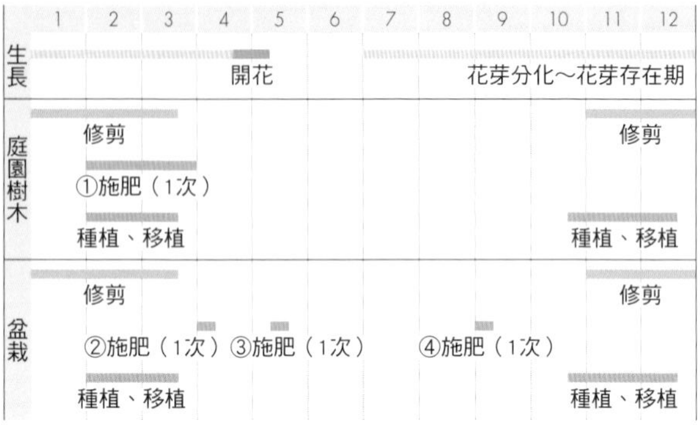

1 2 3 4 5 6 7 8 9 10 11 12
生長
開花
花芽分化～花芽存在期
庭園樹木
修剪
修剪
①施肥（1次）
種植、移植
種植、移植
盆栽
修剪
修剪
②施肥（1次）③施肥（1次）
④施肥（1次）
種植、移植
種植、移植

肥料 ①、②、③、④為含氮元素少的化學合成肥料。
繁殖方法 3月或9月播種。2～3月上旬嫁接。

●栽培環境

庭園樹木 適合日照好的地方，溫暖地方稍微不適應，是以夏天應該避開午後的陽光。排水良好的話，則對土質不怎麼挑剔。

盆栽 **放置場所** 日照好的地方。夏天應移至涼爽的地方，以避開午後的陽光。

用土 園土7、砂3的混合土。

●至開花所需時間

因苗的大小而異，通常是在種植後2～3年。

●不開花的主要原因

❶不適當地修剪。

❷還是苗木時，就漸漸長出徒長枝。

❸盆栽，水、肥料嚴重不足，枝條太細。

修剪的基本方法

由於徒長枝上不生花芽，即使修剪也只能改變枝條的形狀。對一般的枝條進行修剪會導致著花情況變差。即使任其生長，樹也不會急遽變大。

徒長枝的修剪

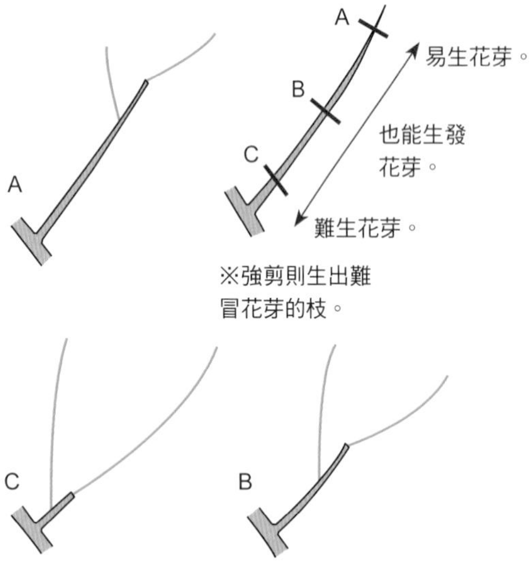

A
A
B
C
易生花芽。
也能生發花芽。
難生花芽。
※強剪則生出難冒花芽的枝。
C
B

一般枝的修剪

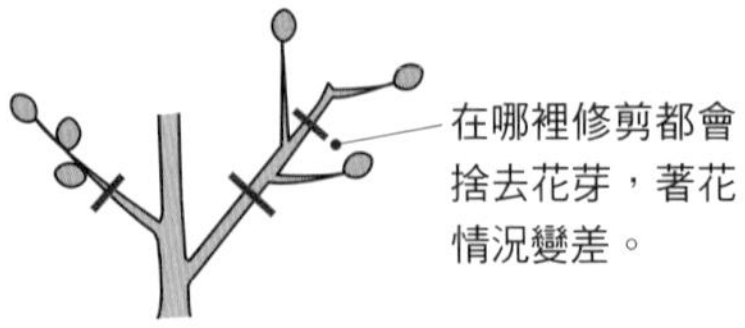

在哪裡修剪都會捨去花芽，著花情況變差。

庭園樹木的修剪

僅修剪徒長枝。植株全體變得過大時，可透過疏剪來控制植株高度與樹枝張幅。

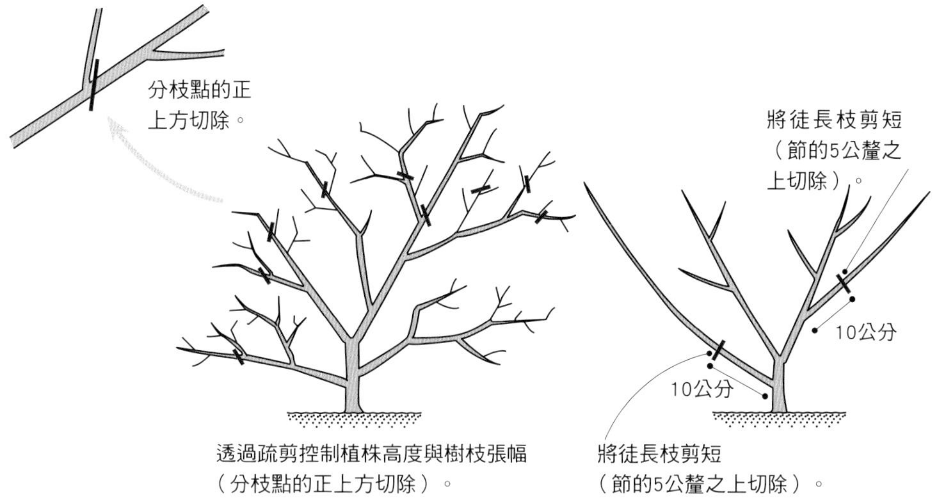
分枝點的正
上方切除。
將徒長枝剪短
（節的5公釐之
上切除）。
10公分
10公分
透過疏剪控制植株高度與樹枝張幅
（分枝點的正上方切除）。
將徒長枝剪短
（節的5公釐之上切除）。

盆栽的修剪

與庭園樹木相同，為了維持較小的樹形，應進行強剪，減少枝數。

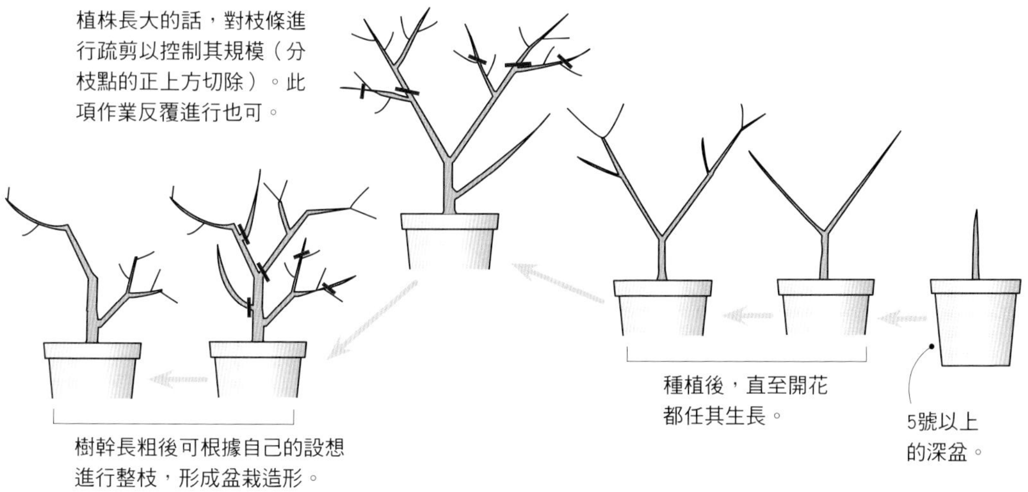
植株長大的話，對枝條進
行疏剪以控制其規模（分
枝點的正上方切除）。此
項作業反覆進行也可。
種植後，直至開花
都任其生長。
5號以上
的深盆。
樹幹長粗後可根據自己的設想
進行整枝，形成盆栽造形。

花芽的生發方式

在比較短而粗的枝的節上生發花芽。花芽往往在7月生出。開過花的短枝上若生出花芽，通常只在前端分化。

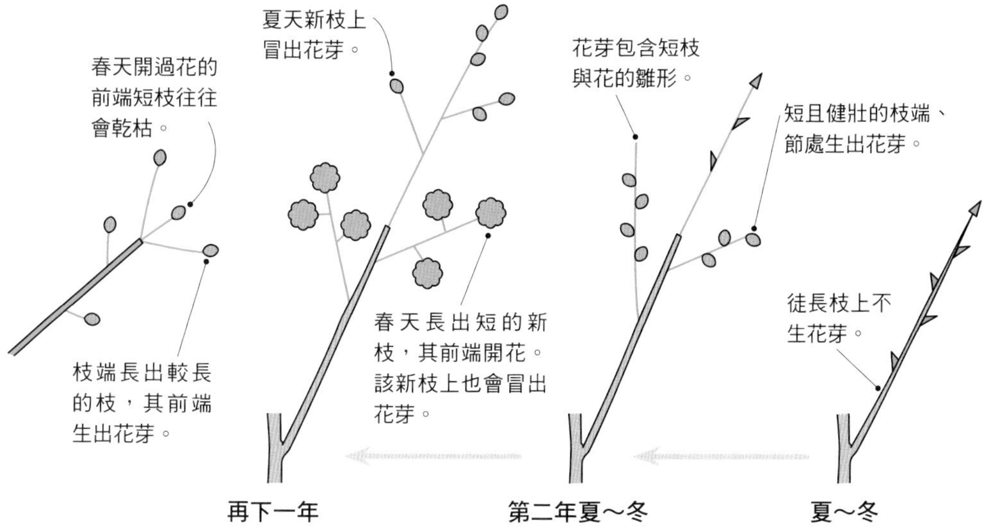
春天開過花的
前端短枝往往
會乾枯。
夏天新枝上
冒出花芽。
花芽包含短枝
與花的雛形。
短且健壯的枝端、
節處生出花芽。
徒長枝上不
生花芽。
枝端長出較長
的枝，其前端
生出花芽。
春天長出短的新
枝，其前端開花。
該新枝上也會冒出
花芽。
再下一年
第二年夏～冬
夏～冬

西洋石楠花

肥料 ①、②為油渣2：骨粉1。
繁殖方法 11月，3月下旬～4月播種。6～8月扦插（密閉）。

石楠花

Rhododendron

杜鵑花科杜鵑花屬的常綠灌木

主要分佈於日本、喜瑪拉雅及東南亞。有眾多的園藝品種。一般不喜高溫及多濕，依品種也有例外。庭木的移植容易，扦插稍稍困難。

	1	2	3	4	5	6	7	8	9	10	11	12
生長					開花				花芽分化～花芽存在期			
庭園樹木	①施肥（1次）											
		種植、移植								種植、移植		
盆栽	摘掉中心的芽							摘花芽（摘蕾）				
									摘掉中心的芽			
			②施肥（1次）						液體肥料（一月2次）			
		種植、移植								種植、移植		

●栽培環境

庭園樹木 夏日處於涼爽、空氣濕度大、少風的地方為佳，適合寒冷地區。可耐受半日遮陰，從春天到入夏選擇日照較好的地方。喜好排水良好，富含有機質的土壤。

盆栽 **放置場所** 平時放在明亮的半日遮陰處即可，盡量在4～6月接受日照。夏天特別要避開午後直射的陽光。

用土 單用鹿沼土，或使用鹿沼土7、纖維草炭3的混合土。

●至開花所需時間

依品種和栽培條件而異，一般購入苗後2～3年開花。

●不開花的主要原因

❶植株尚幼小。
❷日照不足。
❸由於隔年開花，正好碰上花少的年景。
❹盆栽，根過密、濕度大、過乾、施肥過重等造成根部的病害，新枝營養不良，春天的萌芽推遲。

花芽的生發方式

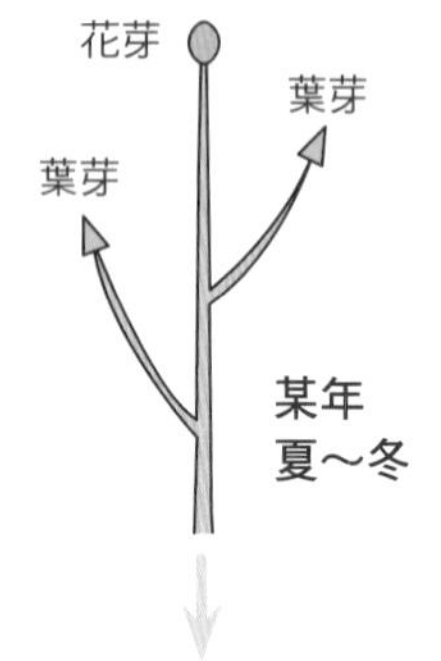
花芽
葉芽
葉芽
某年
夏～冬

新枝的前端從6月開始生出花芽。通常，從當年春天開過花的枝條上生出的新枝很難冒出花芽，而從未著花的枝條上抽出的新枝易於冒出花芽。然而，夏天2次萌芽、伸長的新枝上不生花芽。

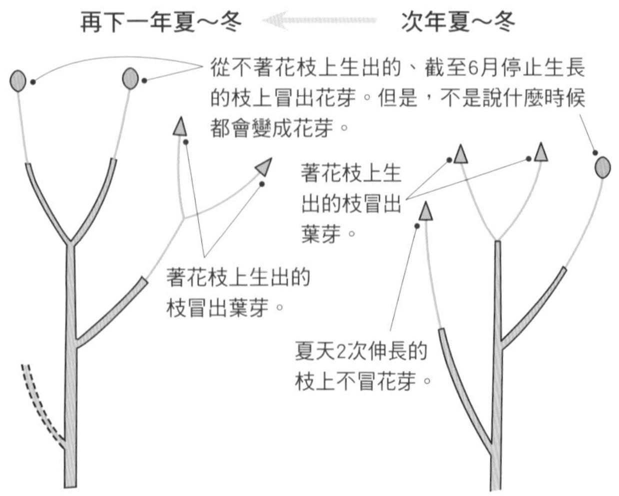
次年夏～冬
再下一年夏～冬
從不著花枝上生出的、截至6月停止生長的枝上冒出花芽。但是，不是說什麼時候都會變成花芽。
著花枝上生出的枝冒出葉芽。
著花枝上生出的枝冒出葉芽。
夏天2次伸長的枝上不冒花芽。

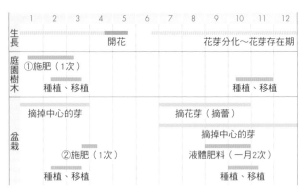

修剪的基本方法

原則上不進行修剪。即使在枝的中段切除，基本上也不生不定芽。

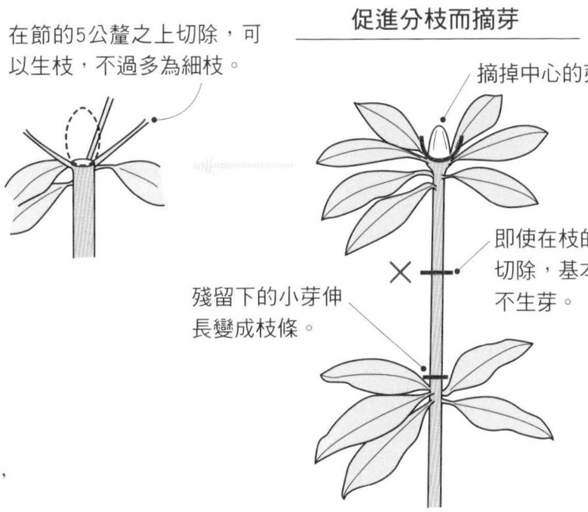
促進分枝而摘芽
在節的5公釐之上切除，可以生枝，不過多為細枝。
摘掉中心的芽
即使在枝的中段切除，基本上也不生芽。
殘留下的小芽伸長變成枝條。

庭園樹木的修剪

基本上不進行。想分枝時，或防止隔年開花時，處理方法與盆栽完全相同。

盆栽的修剪A　摘掉中心的芽

沒有分枝的苗，摘掉中心的芽可使其分枝。之後根據枝條的形態，將想要產生分枝的位置的葉芽除去。

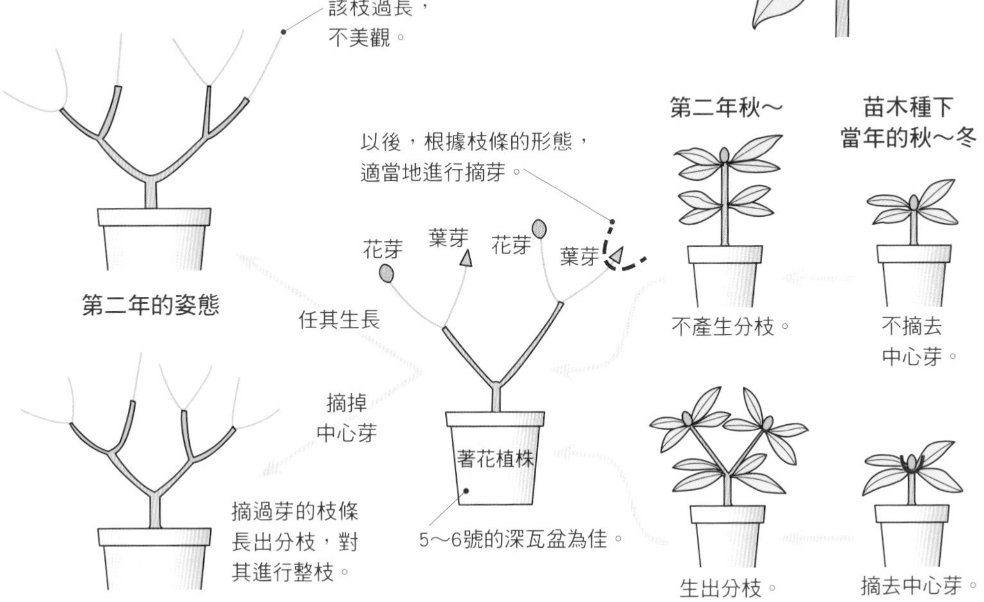
苗木種下
當年的秋～冬
不摘去
中心芽。
摘去中心芽。
第二年秋～
不產生分枝。
生出分枝。
以後，根據枝條的形態，適當地進行摘芽。
花芽
葉芽
花芽
葉芽
著花植株
5～6號的深瓦盆為佳。
任其生長
摘掉
中心芽
該枝過長，
不美觀。
第二年的姿態
摘過芽的枝條長出分枝，對其進行整枝。

盆栽的修剪B　摘花芽

由於著花枝上生出的枝條通常不冒花芽，如果某年著花枝多，則次年花少，反覆出現一年開花好而一年開花差的情況（隔年開花）。若要避免該情況，可將花芽數限制在大約總枝數的一半以內。

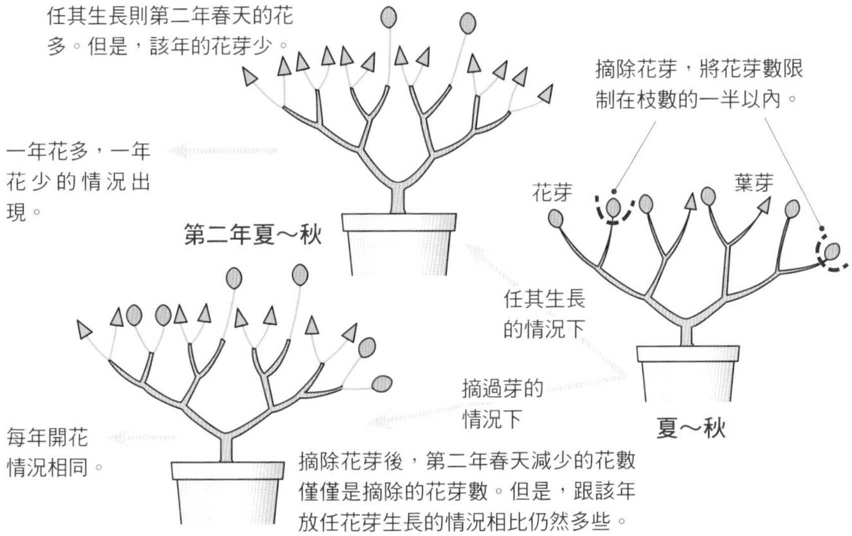
摘除花芽，將花芽數限制在枝數的一半以內。
花芽
葉芽
夏～秋
任其生長的情況下
摘過芽的情況下
任其生長則第二年春天的花多。但是，該年的花芽少。
一年花多，一年花少的情況出現。
第二年夏～秋
每年開花情況相同。
摘除花芽後，第二年春天減少的花數僅僅是摘除的花芽數。但是，跟該年放任花芽生長的情況相比仍然多些。

加拿大唐棣的花與果實

加拿大唐棣

Amelanchier canadensis

別名：絨毛花楸果
薔薇科唐棣屬的落葉小喬木

分佈於本州、四國、九州、朝鮮半島的東亞唐棣與北美種的雜交品種。一般作為樹高3公尺以下的庭木，盆栽中型盆以上。移植容易，也可扦插繁殖。

	1	2	3	4	5	6	7	8	9	10	11	12
生長				開花				花芽分化～花芽存在期				
庭園樹木	修剪											修剪
		施肥（1次）										
		種植、移植										種植、移植

肥料　含氮元素多的化學合成肥料。
繁殖方法　10月中旬～11月中旬，3月上旬～中旬播種。

●栽培環境

庭園樹木　稍微背陰處也沒有關係。對土質不挑剔，不過應避免過濕。

盆栽　不適合。

●至開花所需時間　若是小苗，自種下需要花費7～8年。

●不開花的主要原因　樹木還未成熟。

修剪的基本方法・庭園樹木的修剪

通常不修剪。樹長得過高、枝條張幅過大的情況下，選擇長枝進行疏剪。

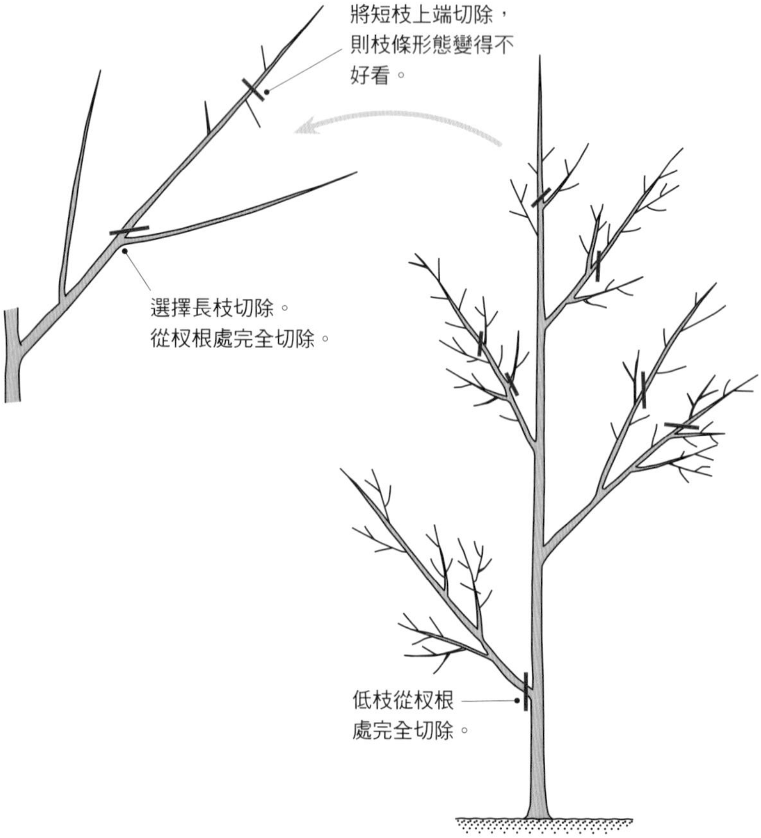
將短枝上端切除，
則枝條形態變得不
好看。
選擇長枝切除。
從杈根處完全切除。
低枝從杈根
處完全切除。

花芽的生發方式

新枝的節上生出花芽。花芽在第二年春天萌芽並長出很短的枝，其前端開花。

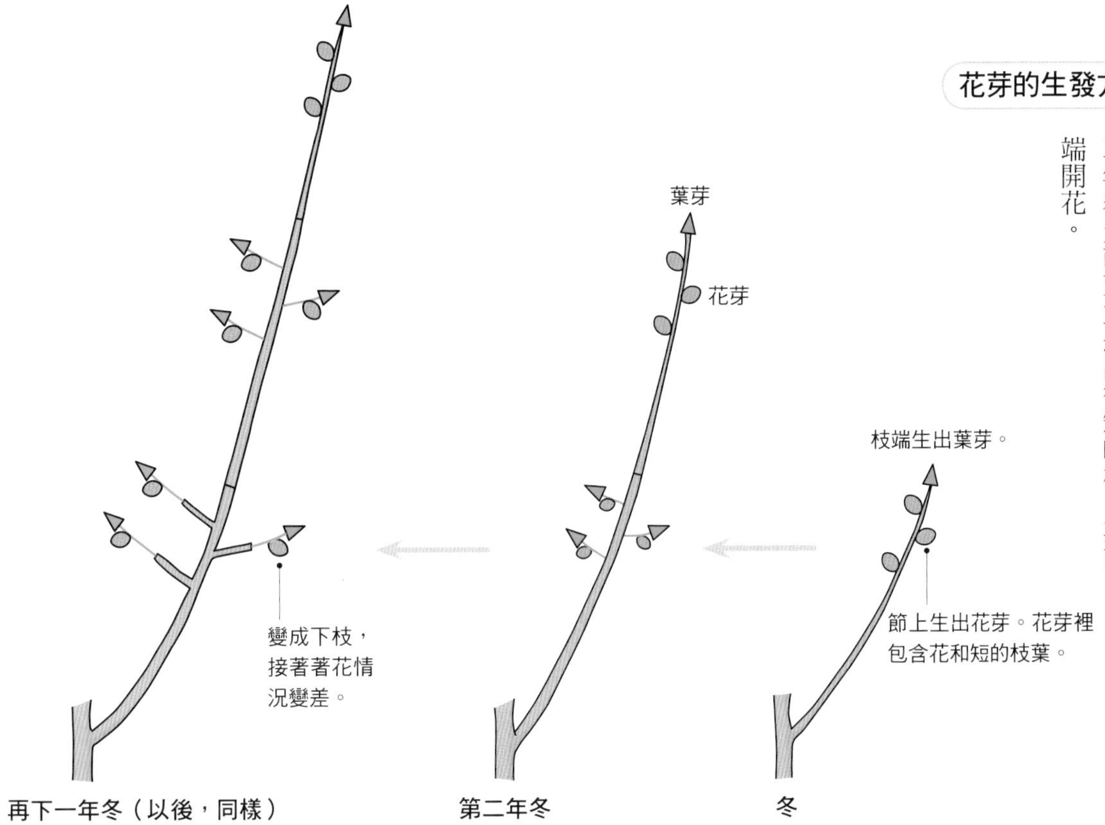
葉芽
花芽
枝端生出葉芽。
變成下枝，
接著著花情
況變差。
節上生出花芽。花芽裡
包含花和短的枝葉。
再下一年冬（以後，同樣）
第二年冬
冬

小知識

修剪是不得已而進行的作業，最美還是自然樹形

說起培育花木，總是有這樣的誤解，認為不進行修剪作業就不能享受養花的樂趣。然而正如本書在開始的「修剪的基礎知識」（第10頁）中所敘述的那樣，所謂修剪作業，是基於在庭園、花盆等有限的空間裡，而不得不進行的作業。例如，想讓花早些開的最佳方法是，不進行修剪等作業而任其生長。另外，以美的樹形為目標也好，最美的還是自然樹形。不管是結合了多麼高超的技巧，也無法造就出比自然形成的更美樹形。

要享受種植花木、庭木的樂趣，首先，要把上述事情牢記在心，把修剪作業限制在必要的最小範圍內。

碩果纍纍的加拿大唐棣與鮮花盛開的櫟葉繡球。

瑞香

瑞香

Daphne odora

瑞香科瑞香屬的常綠灌木

分佈於中國中部至南部。可以盆栽，庭園樹木修剪至樹高1公尺左右。不喜強光、潮濕，移植稍嫌困難，修剪、扦插容易。

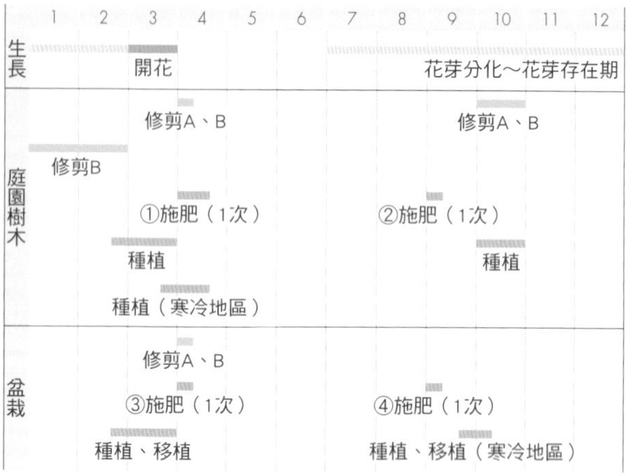

1 2 3 4 5 6 7 8 9 10 11 12
生長
開花
花芽分化～花芽存在期
庭園樹木
修剪A、B
修剪A、B
修剪B
①施肥（1次）
②施肥（1次）
種植
種植
種植（寒冷地區）
盆栽
修剪A、B
③施肥（1次）
④施肥（1次）
種植、移植
種植、移植（寒冷地區）

肥料 ①、②為含氮元素多的化學合成肥料。③、④為油渣2：骨粉1。
繁殖方法 3～9月扦插。

●栽培環境

庭園樹木 適合日本東北地區南部以南。選擇冬天不結冰的溫暖地方。不可以接受陽光直射，以明亮的背陰地為佳，避免黏性土質。

盆栽 **放置場所** 明亮的背陰處。寒冷地區冬天則拿到不結冰的明亮處。

用土 園土5～6、砂3、纖維草炭1～2的混合土。單用赤玉土也沒有關係。

●至開花所需時間 一般2～3年開花。用著花枝扦插，則第二年開花。

●不開花的主要原因

❶初夏以後修剪。
❷雖然在適當的時期修剪，但是修剪過度。
❸即使是輕度修剪，但由於發育不良，沒能萌芽、伸長。

修剪的基本方法

花後可任意修剪。不過，進行強剪之後，出芽情況變差，伸出的新枝上不生花芽。即使不修剪，樹形也不會凌亂。

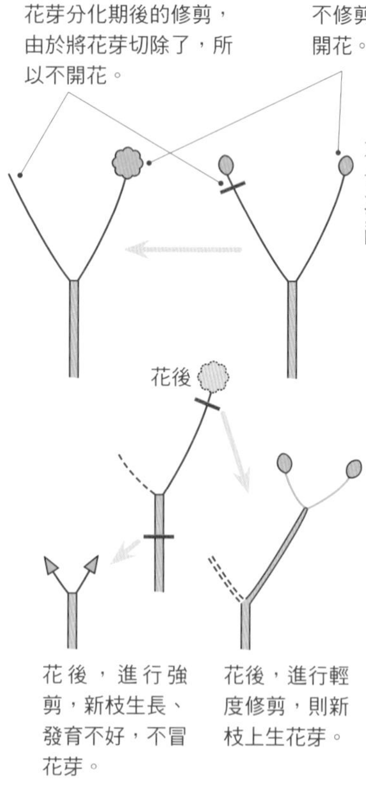

花芽分化期後的修剪，由於將花芽切除了，所以不開花。
不修剪則開花。
花後
花後，進行強剪，新枝生長、發育不好，不冒花芽。
花後，進行輕度修剪，則新枝上生花芽。

庭園樹木的修剪A

對整體進行輕度修剪，將樹冠表面修理整齊。若不輕度修剪，則第二年的開花情況變差。

花芽的生發方式

新枝的前端，夏天生出花芽。

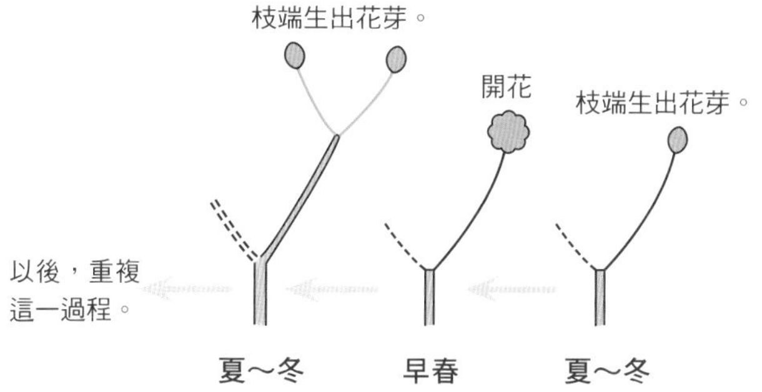
枝端生出花芽。
開花
枝端生出花芽。
以後，重複
這一過程。
夏～冬
早春
夏～冬

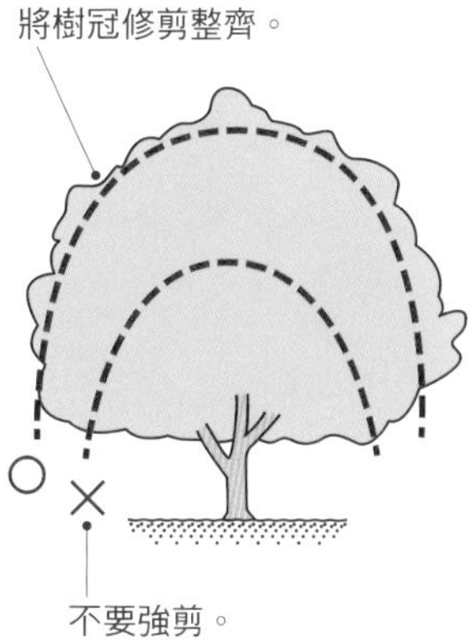
將樹冠修剪整齊。
不要強剪。

庭園樹木的修剪B
盆栽的修剪A

僅將從樹冠突出的枝條切除。想要調整開花時的姿態，從秋天開始在開花前進行修剪；想要看到很多花，則在花後修剪，這是最有樂趣的作業，也不會傷害著花情況。

苗木種下後，任其生長到任意大小，
之後僅將從樹冠突出的枝條切除。
5號以上的深盆

盆栽的修剪B

每年，對總枝數1/3的枝條進行強剪。雖然不是所有的枝都能開花，但可以防止樹木長得過大。

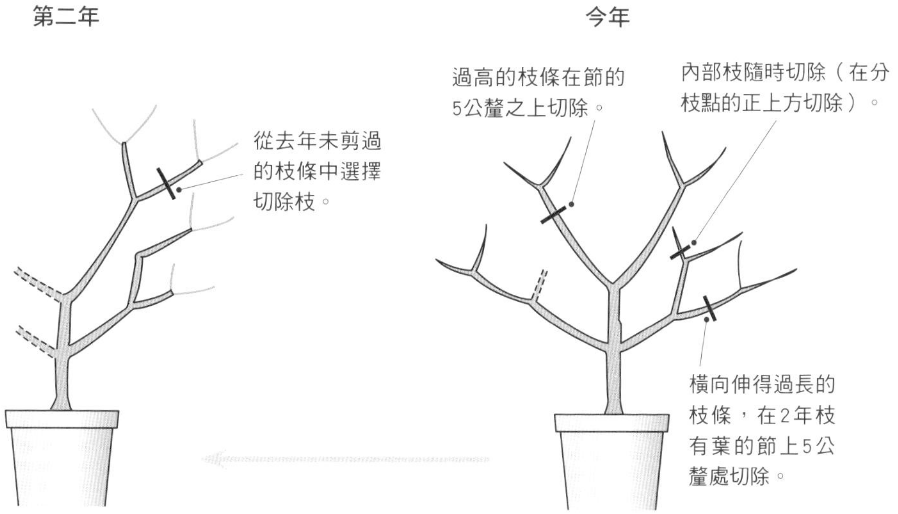
第二年
今年
從去年未剪過
的枝條中選擇
切除枝。
過高的枝條在節的
5公釐之上切除。
內部枝隨時切除（在分
枝點的正上方切除）。
橫向伸得過長的
枝條，在2年枝
有葉的節上5公
釐處切除。

備中莢蒾

備中莢蒾

Viburnum carlesii var. *bitchuense*

忍冬科莢蒾屬的落葉灌木

分佈於對馬、濟州島、朝鮮半島。花香怡人的落葉灌木。庭木培育成樹高1公尺左右，也可盆栽。移植、修剪容易，也可扦插。

	1～12月
生長	開花（4月）／花芽分化～花芽存在期（7～12月）
庭園樹木	修剪（1～3月）／修剪（4月）／修剪（12月）
	①施肥（1次）／②施肥（1次）
	種植、移植（2～3月）／種植、移植（11～12月）
盆栽	修剪（1～3月）／修剪（4月）／修剪（12月）
	③施肥（1次）／④施肥（1次）
	種植、移植（2～3月）／種植、移植（11～12月）

肥料 ①、②、③、④為含氮元素少的化學合成肥料。
繁殖方法 2月下旬～3月中旬，6月扦插。
1月中旬～2月上旬嫁接。

● **栽培環境**

庭園樹木 適合溫暖地區，日照好的地方，喜好排水良好的土壤。避免酸性土。

盆栽 **放置場所** 日照好的地方。寒冷地區則冬天移至室內較為妥當。

用土 園土7、砂2、纖維草炭1的混合土。

● **至開花所需時間** 種植後大約3年。

● **不開花的主要原因** 對全枝進行了修剪。

修剪的基本方法

僅僅將不生花芽的長枝剪短。

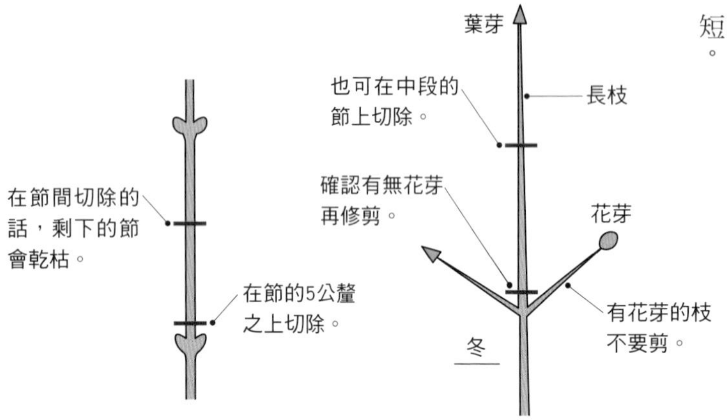
在節間切除的話，剩下的節會乾枯。
在節的5公釐之上切除。
葉芽
也可在中段的節上切除。
長枝
確認有無花芽再修剪。
花芽
有花芽的枝不要剪。
冬

花芽的生發方式

新枝的前端冒出花芽，而徒長枝上很難生出花芽。

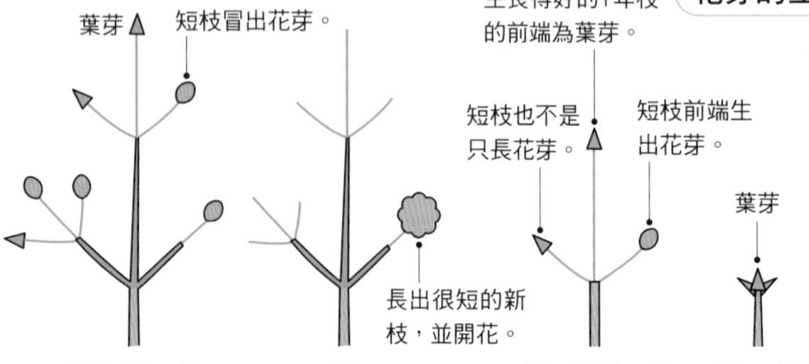
葉芽
短枝冒出花芽。
長出很短的新枝，並開花。
生長得好的1年枝的前端為葉芽。
短枝也不是只長花芽。
短枝前端生出花芽。
葉芽
該年秋～冬
春
第二年秋～冬
秋～冬

庭園樹木的修剪

任其生長，長到預想的大小以後開始修剪。樹木小的情況下，選擇不著花的枝條進行修剪。樹木大的情況下，將枝端修剪整齊也可以，但是花數會減少。想將樹木一口氣剪小的話，應在花後進行。

原則上的修剪方法

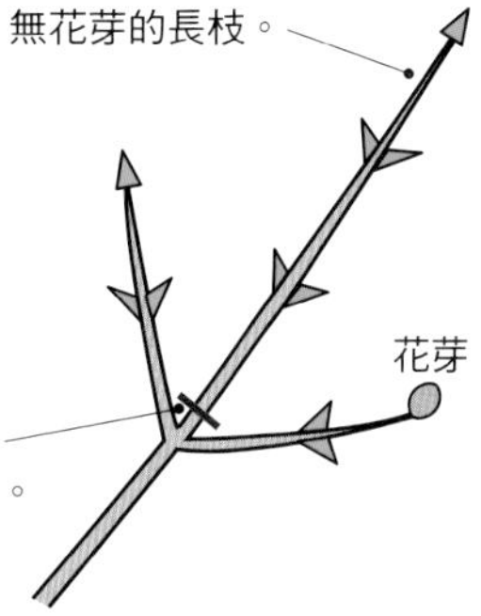
無花芽的長枝。
花芽
在分枝點的
正上方切除。

剪枝

花後修剪，可使整體變小，但是夏天以後枝端不整齊。著花也稍微少些。

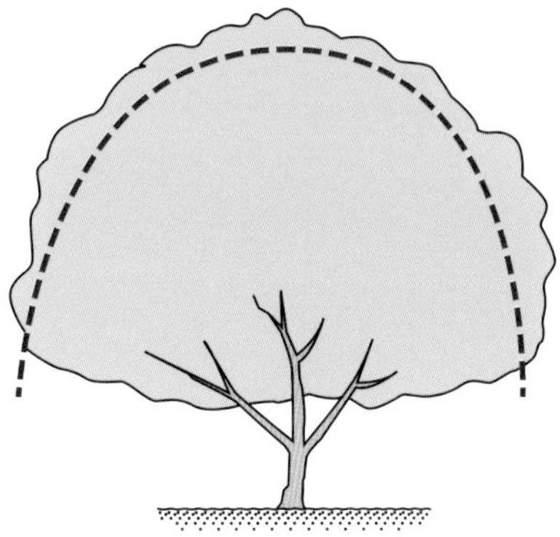

冬季修剪，冬至春之間枝端整齊。著花少。

盆栽的修剪

樹木尚小，枝數也少時，僅選擇不著花的枝條進行修剪。樹木長大，枝數也增加的話，冬季期間切除不著花的枝條，使開花期所有的花綻放，花後進行修剪。

樹木幼小時

花芽生出以後，
將長枝在分枝點
的正上方切除。
花芽
5號以上
的深盆

苗木種下後，至生出花芽期間任其生長。

以後，
重複該過程。

樹木長大後

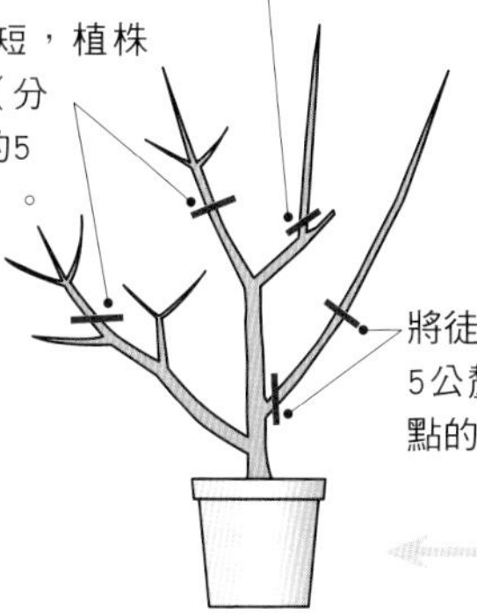
直立枝在分枝點的
5公釐之上切除。
將長枝剪短，植株
高度變低（分
枝點或節的5
公釐之上）。
將徒長枝剪短（節的
5公釐之上，或分枝
點的正上方）。

不著花枝在冬季修剪。
著花枝則在花後修剪。

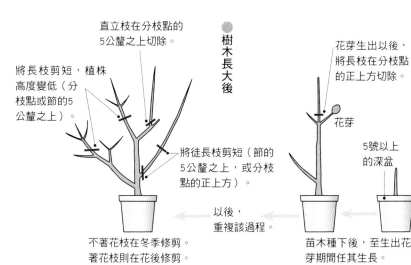

紅花繼木

肥料　氮元素、磷酸、鉀元素等量的化學合成肥料。
繁殖方法　花後～6月扦插。

繼木

Loropetalum chinense

金縷梅科繼木屬的常綠灌木

分佈於中國長江中下游流域以南，北回歸線以北，印度東北部等地。除了白花品種，還有紅花品種。可作為樹高2公尺左右的庭園樹木，還可作為樹籬。移植、修剪容易，扦插稍嫌困難。

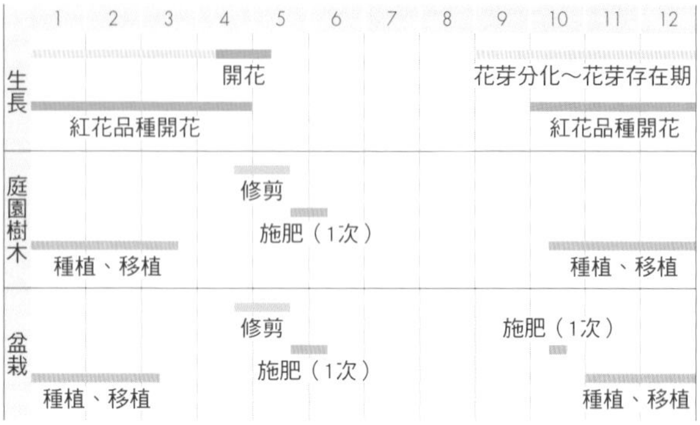
1 2 3 4 5 6 7 8 9 10 11 12
生長
開花
花芽分化～花芽存在期
紅花品種開花
紅花品種開花
庭園樹木
修剪
施肥（1次）
種植、移植
種植、移植
盆栽
修剪
施肥（1次）
施肥（1次）
種植、移植
種植、移植

●栽培環境

庭園樹木　不適合寒冷地區。喜好日照好、排水好的地方。

盆栽　**放置場所**　日照好的地方。

用土　使用排水好的介質。

●至開花所需時間

2～3年。

●不開花的主要原因

❶嚴重的生長發育不良。
❷日照不足。
❸入秋後進行了修剪。

花芽的生發方式

從春天開始生長的新枝，如果伸長則其上長出短枝，沒有伸長的枝條則成為短枝，並在各自的前端冒出花芽。紅花品種秋至初冬開始開花，如果氣候溫暖，隆冬會一點一點開放，春天則一齊開放。

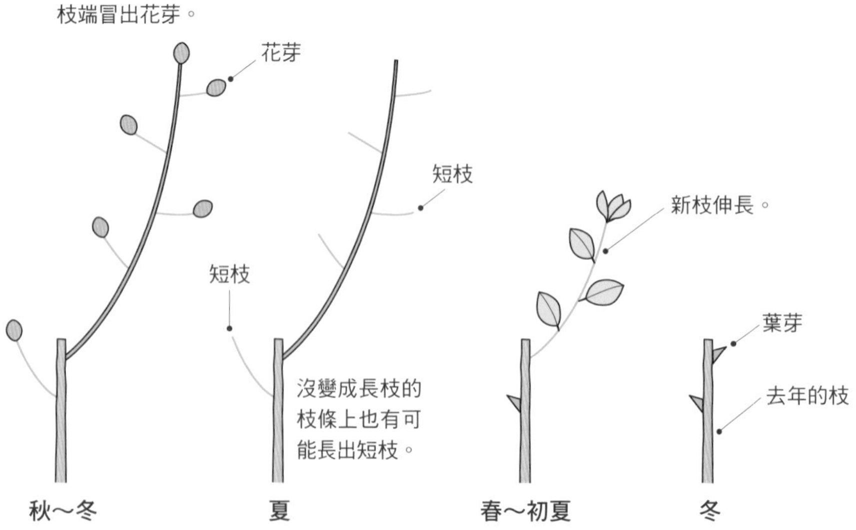
枝端冒出花芽。
花芽
短枝
短枝
沒變成長枝的枝條上也有可能長出短枝。
新枝伸長。
葉芽
去年的枝
秋～冬
夏
春～初夏
冬

修剪的基本方法

由於枝條細，該樹不容易塑造枝形。修剪後很容易萌芽，只要注意將開過花的部分切除即可，可以根據喜好修剪任意枝。想要修整樹冠表面，入秋以後確認花芽生長後，盡可能保留花芽，而對不需要的部分進行輕度修剪。

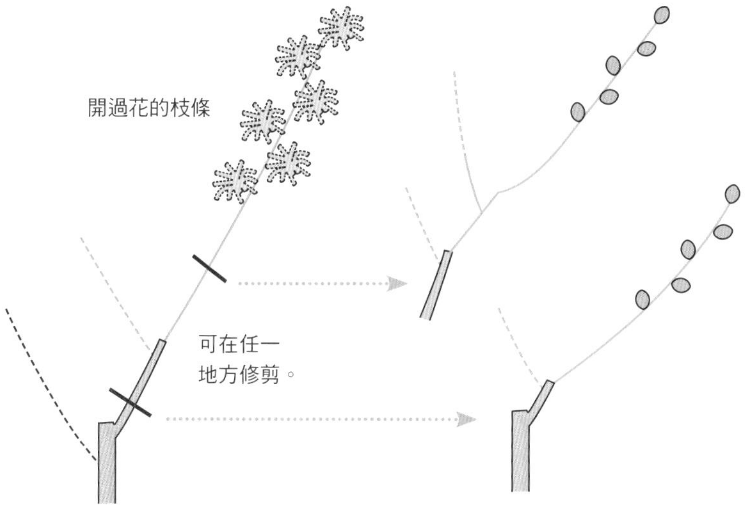
開過花的枝條
可在任一地方修剪。

庭園樹木的修剪

僅在花後進行修剪便可。從地面長出的分蘗枝要隨時切除。

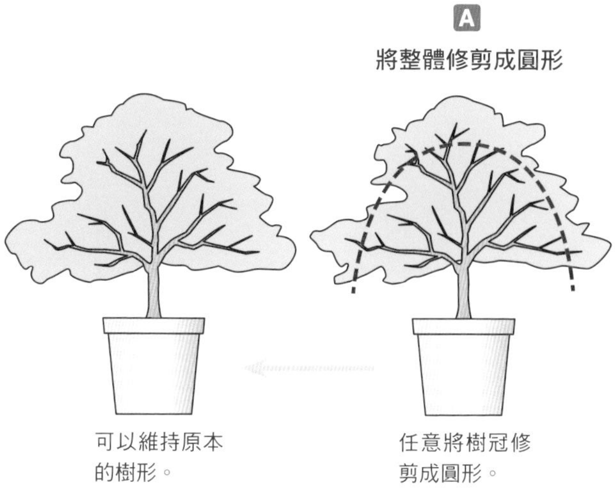
A
將整體修剪成圓形
可以維持原本的樹形。
任意將樹冠修剪成圓形。

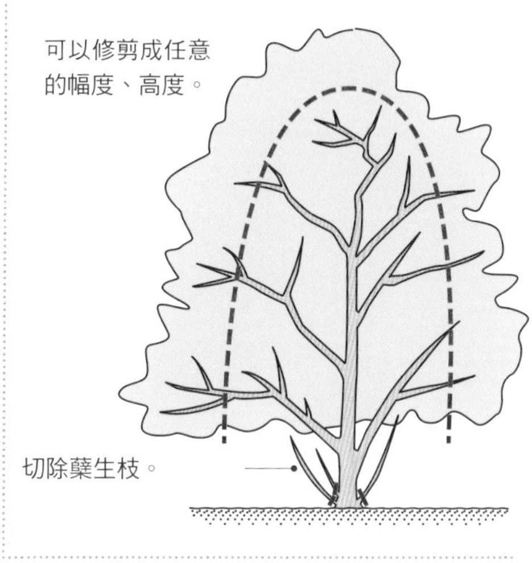
可以修剪成任意的幅度、高度。
切除蘗生枝。

盆栽的修剪

僅修剪成圓形的整枝法最適合。不易造就出盆栽風格的樹形，如果不根據環境、植株的生長狀況等改變新枝修剪的時間，則會長出長枝或導致不開花。

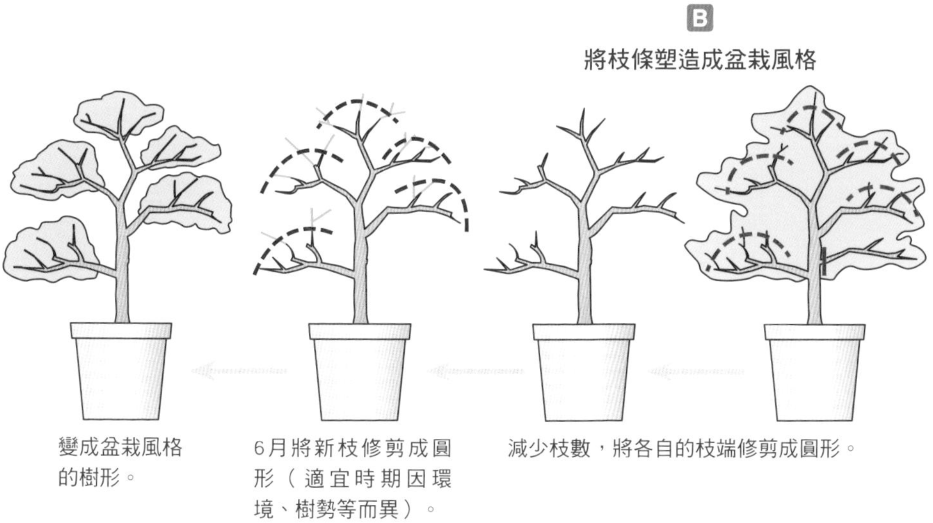
B
將枝條塑造成盆栽風格
變成盆栽風格的樹形。
6月將新枝修剪成圓形（適宜時期因環境、樹勢等而異）。
減少枝數，將各自的枝端修剪成圓形。

蠟瓣花

蠟瓣花

Corylopsis spicata

金縷梅科蠟瓣花屬的落葉灌木

分佈於日本的本州、四國。沒有特別針對園藝的品種。可作為樹高2公尺左右的庭木觀賞。移植、修剪容易，能夠簡單地透過扦插、分株進行繁殖。

		1	2	3	4	5	6	7	8	9	10	11	12
生長				開花							花芽分化～花芽存在期		
庭園樹木			修剪									修剪	
			①施肥（1次）										
			種植、移植									種植、移植	
盆栽			修剪									修剪	
				②施肥（1次）			③施肥（1次）			④施肥（1次）			
			種植、移植									種植、移植	

肥料　①、②為含氮元素多的化學合成肥料，③、④為含氮元素少的化學合成肥料。
繁殖方法　2月中旬～3月上旬，11月中旬～12月中旬分株。3月上旬～中旬扦插。

●栽培環境

庭園樹木 適合日本本州至九州地區。選擇能接受半日以上日照的地方種植。對土質不挑剔，避免容易乾燥的地方。

盆栽 蠟瓣花不能種植在小花盆裡。小葉瑞木則適宜。

放置場所 日照好的地方。

用土 園土7、砂3的混合土。單用赤玉土或鹿沼土的小粒也沒有關係。

●至開花所需時間 蠟瓣花5年。小葉瑞木3年。

●不開花的主要原因

❶樹木尚未成熟。
❷極度的日照不足和發育不良。
❸進行了不合理的修剪。

花芽的生發方式

徒長枝上不生花芽，中～短枝的前端或節上在夏天生出花芽。花芽包含很短的枝，花後伸長變成短枝，其前端於次年生出花芽。即使結過實，也不影響今後的花芽形成。

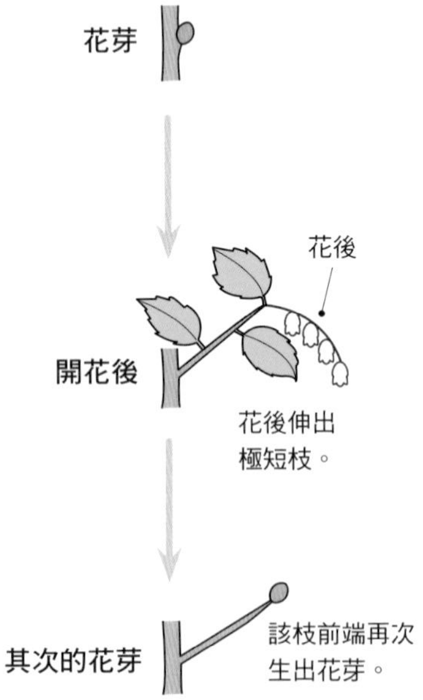
花芽
開花後
花後
花後伸出極短枝。
其次的花芽
該枝前端再次生出花芽。

夏季開花前的狀態

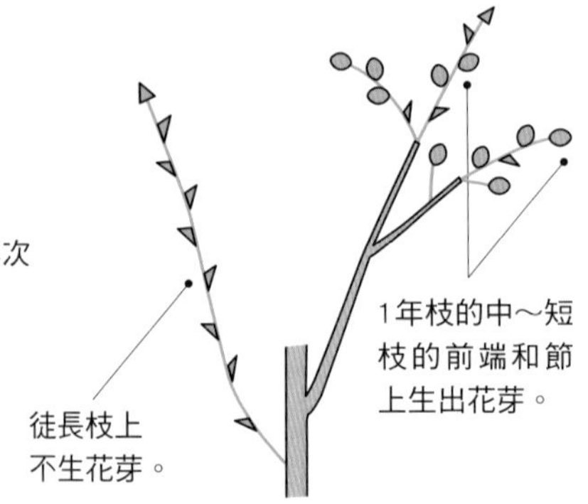
1年枝的中～短枝的前端和節上生出花芽。
徒長枝上不生花芽。

修剪的基本方法

幾乎沒有修剪的必要。只需修剪從整體來看太過凌亂的枝條即可。剪枝時一定要在葉芽之上剪除。

庭園樹木·盆栽的修剪

植株長得過高、枝條張幅過大而超出預想時佈進行修剪。從植株根部容易長出徒長枝和蘗生枝，是以樹幹達到預期數量之後，一旦長出徒長枝和蘗生枝，就要即時切除。10月以後何時修剪都可以，在葉芽、花芽難以區分的情況下，花後修剪比較穩妥。盆栽小葉瑞木不怎麼長徒長枝，修剪的要領與庭園樹木蠟瓣花完全相同。

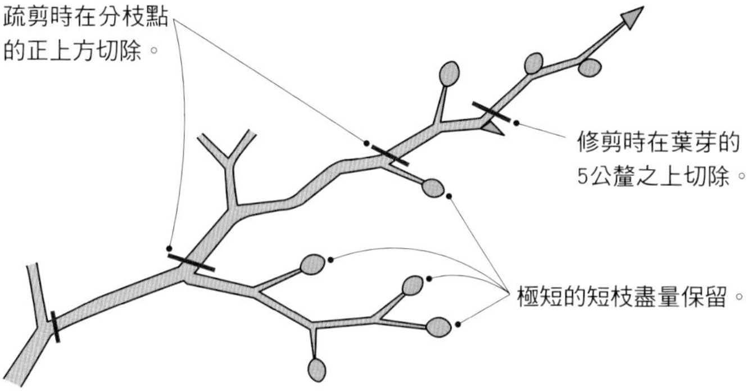
疏剪時在分枝點的正上方切除。
修剪時在葉芽的5公釐之上切除。
極短的短枝盡量保留。

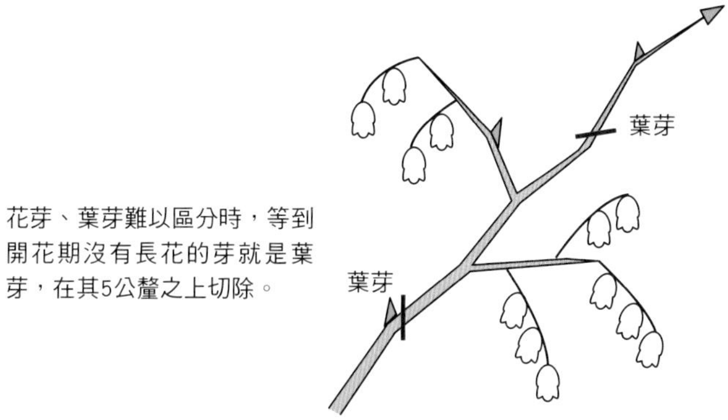
花芽、葉芽難以區分時，等到開花期沒有長花的芽就是葉芽，在其5公釐之上切除。
葉芽
葉芽

小葉瑞木種植在小花盆裡。
5號以上的中深～深號花盆

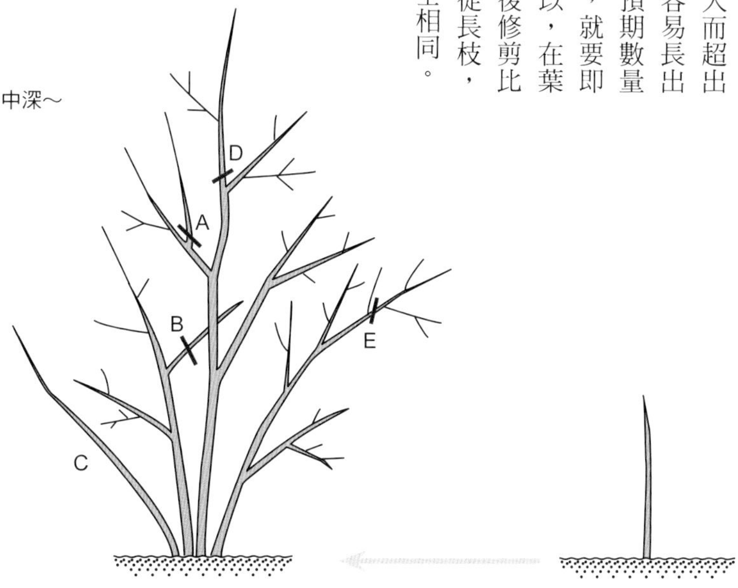
A
B
C
D
E

A…不需要的徒長枝在分枝點的正上方切除。

B…交叉枝在分枝點的正上方切除或剪短。

C…想作為樹幹而保留的徒長枝不要切除。

D…想控制樹高，則將高的枝條在分枝點的正上方剪短。

E…想減小樹枝張幅，則將張幅過大的枝條在分枝點的正上方剪短。

長到預想之外的大小後再開始修剪。

苗木種下後充分任其生長。

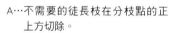

珍珠梅

珍珠梅

Sorbaria kirilowii

別名：山高粱
薔薇科珍珠梅屬的落葉灌木

分佈於中國的甘肅至山東。耐熱，不耐潮濕。不適合盆栽，作為樹高1.5公尺左右的庭木。移植、修剪容易，分株繁殖。

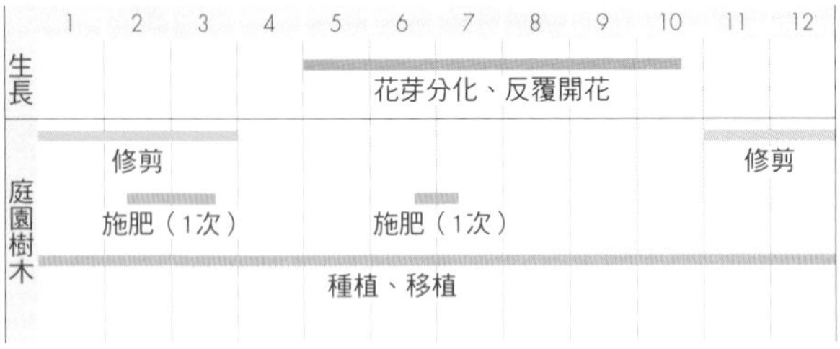
1 2 3 4 5 6 7 8 9 10 11 12
生長
花芽分化、反覆開花
庭園樹木
修剪
修剪
施肥（1次）
施肥（1次）
種植、移植

肥料　含氮元素多的化學合成肥料。
繁殖方法　全年可分株。還可3～6月扦插。

●栽培環境
庭園樹木 日照好的地方。土壤以砂質土為佳，對土質不怎麼挑剔。
盆栽 不適合。

●至開花所需時間 種植後1～3年。

●不開花的主要原因 嚴重日照不足。

花芽的生發方式

長出新枝後其前端冒出花芽，緊接著會開花。萌芽、伸長在秋天之前進行，是以開花也在秋天之前。

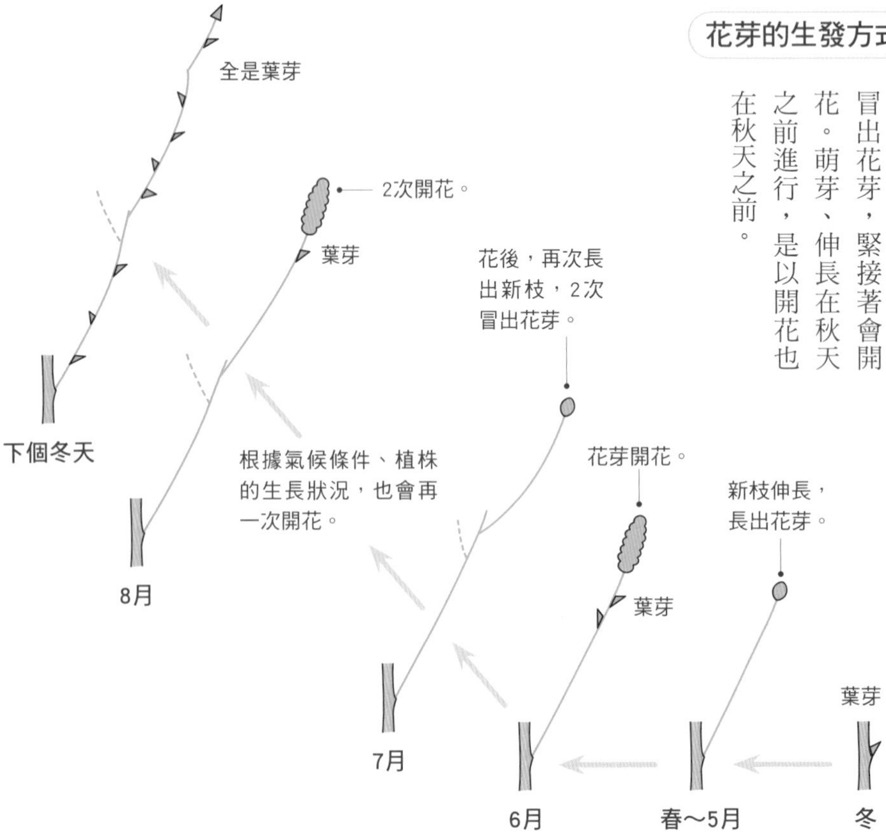
全是葉芽
2次開花。
葉芽
花後，再次長出新枝，2次冒出花芽。
下個冬天
根據氣候條件、植株的生長狀況，也會再一次開花。
8月
花芽開花。
新枝伸長，長出花芽。
葉芽
7月
葉芽
6月
春～5月
冬

修剪的基本方法

如果在可以萌芽、伸長的期間內，那麼何時、在哪個部位修剪都可以。冬季期間修剪哪裡都不會影響花芽。

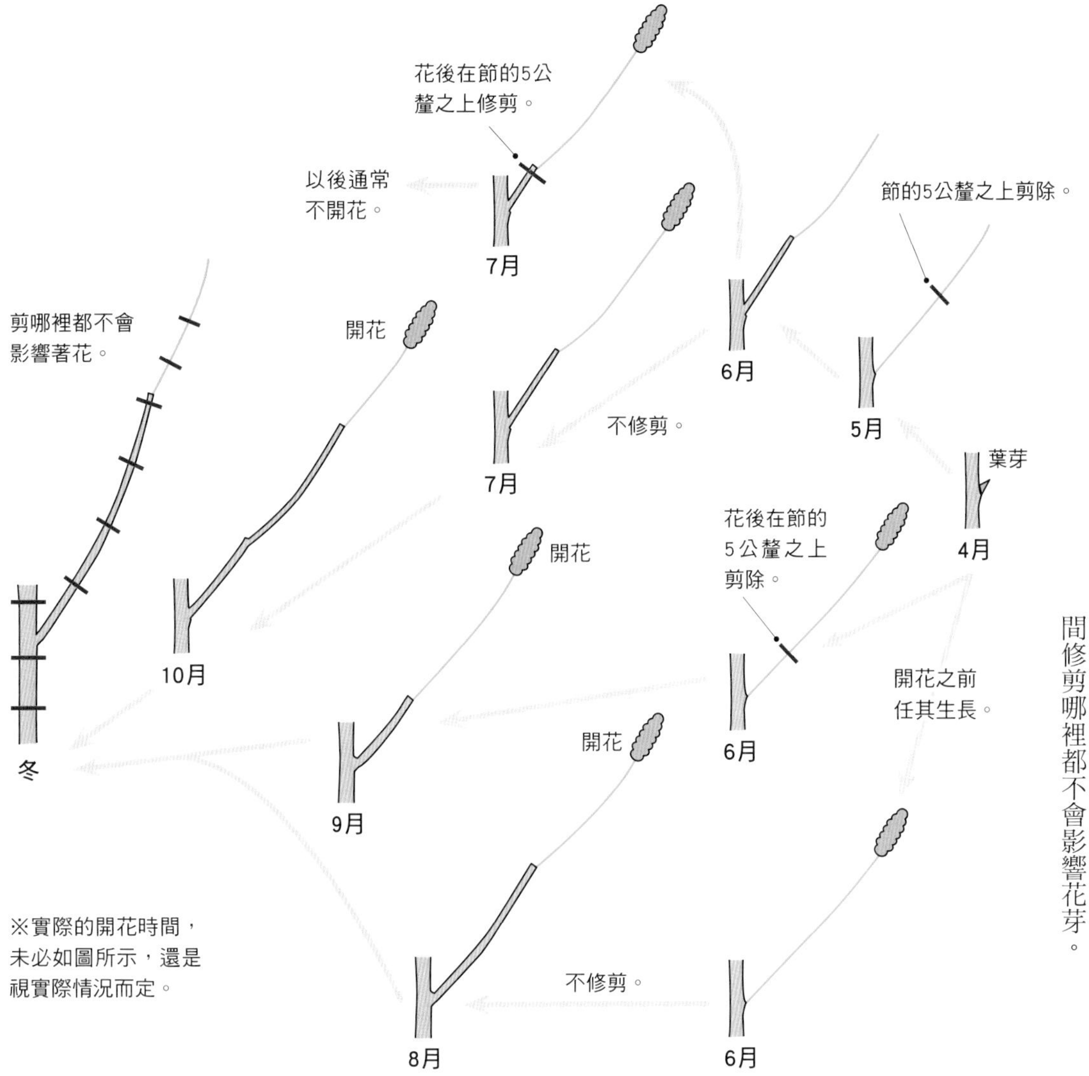
花後在節的5公
釐之上修剪。
以後通常
不開花。
7月
節的5公釐之上剪除。
剪哪裡都不會
影響著花。
開花
6月
5月
不修剪。
7月
葉芽
4月
花後在節的
5公釐之上
剪除。
開花
10月
開花之前
任其生長。
冬
開花
6月
9月
※實際的開花時間，
未必如圖所示，還是
視實際情況而定。
不修剪。
8月
6月

庭園樹木的修剪

冬季在任意地方修剪或不修剪，可根據自己想讓次年的樹高達到多少為考量。成長期的修剪通常是沒有意義的，想讓樹高變低的情況下，可進行適當的修剪。

不同樹形

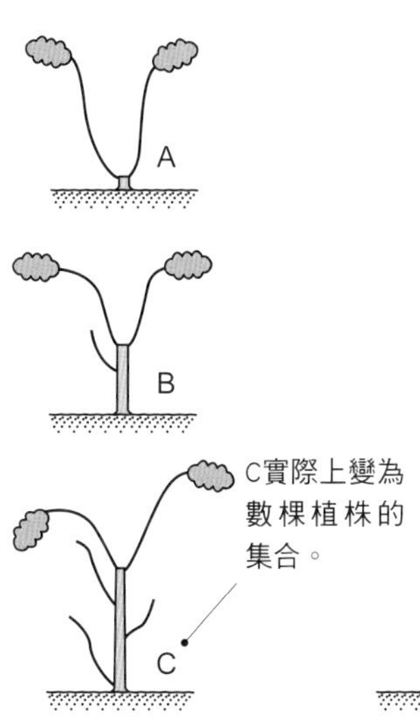
A
B
C實際上變為
數棵植株的
集合。
C

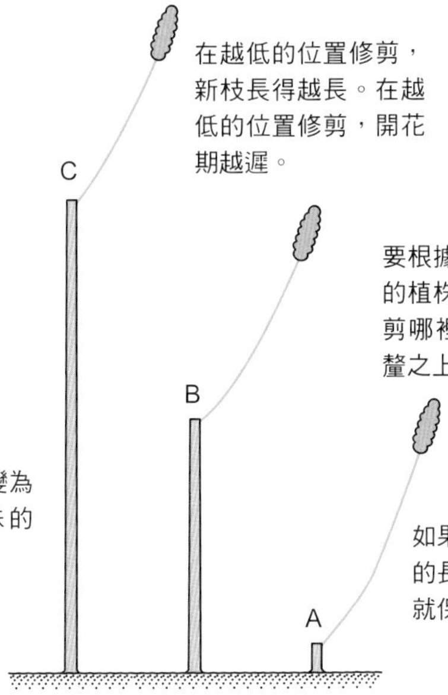
在越低的位置修剪，
新枝長得越長。在越
低的位置修剪，開花
期越遲。
C
B
A

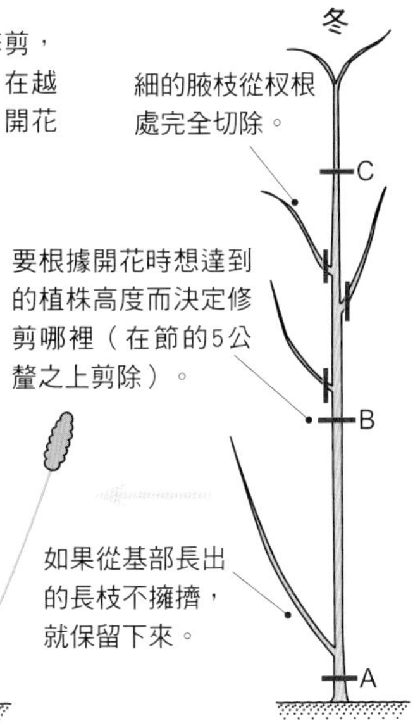
冬
細的腋枝從杈根
處完全切除。
C
要根據開花時想達到
的植株高度而決定修
剪哪裡（在節的5公
釐之上剪除）。
B
如果從基部長出
的長枝不擁擠，
就保留下來。
A

銀芽柳

銀芽柳

Salix gracilistyla

別名：棉花柳、銀柳
楊柳科楊柳屬的落葉灌木

分佈於日本北海道至九州、朝鮮半島、中國東北部及烏蘇里江流域。也有與其他品種的雜交種。一般作為樹高1公尺左右的庭園樹木。移植、修剪容易，可簡單地透過扦插繁殖。

	1 2 3 4 5 6 7 8 9 10 11 12
生長	開花
	花芽分化～花芽存在期
庭園樹木	花後修剪
	秋～冬季修剪
	施肥（1次）
	種植、移植
	種植、移植
盆栽	花後修剪
	6月修剪
	秋～冬季修剪
	施肥（1次）
	施肥（1次）
	種植
	移植
	種植、移植

肥料 含氮元素多的化學合成肥料。
繁殖方法 2月下旬～3月中旬，6～9月中旬扦插。

●栽培環境

庭園樹木 種植於日照好的地方。對土質不挑剔。多濕地也能生長良好。

盆栽 放置場所 日照好的地方。用土 不需特別選擇。

●至開花所需時間 用1~2年苗扦插種植，則1~2年後開花。

●不開花的主要原因

❶日照不足。
❷從秋至冬過度修剪。
❸由鏽病導致的落葉。

修剪的基本方法

如果是有葉芽的節，可在任意的葉芽上切除。生長中的新枝如果在6月以前沒有修剪，恐怕2次新枝的著花情況會變差。夏天花芽分化期以後進行修剪，減少的花數僅是切除的花數。

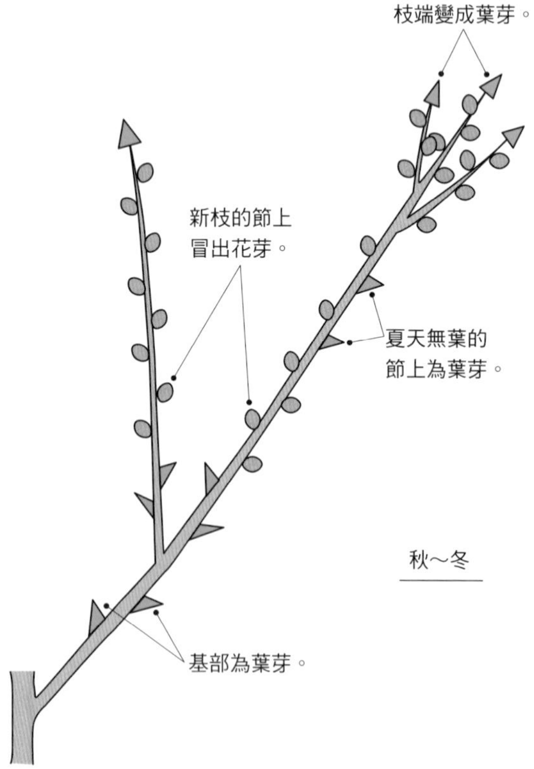

枝端變成葉芽。
新枝的節上冒出花芽。
夏天無葉的節上為葉芽。
秋～冬
基部為葉芽。

庭園樹木的修剪

任其生長，僅將凌亂的枝條切除即可，從低處每年長出的新枝形狀整齊。

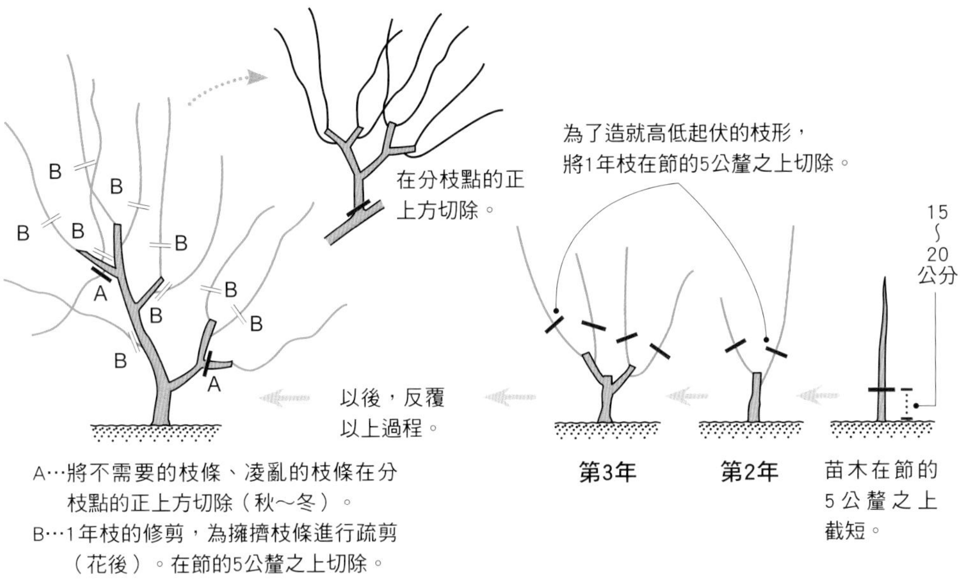
在分枝點的正上方切除。
為了造就高低起伏的枝形，將1年枝在節的5公釐之上切除。
15～20公分
以後，反覆以上過程。
第3年
第2年
苗木在節的5公釐之上截短。
A…將不需要的枝條、凌亂的枝條在分枝點的正上方切除（秋～冬）。
B…1年枝的修剪，為擁擠枝條進行疏剪（花後）。在節的5公釐之上切除。

盆栽的修剪

與庭園樹木同樣，由於枝條易伸長，6月應再次進行修剪。伸得過長以至於壓倒花盆的枝條，打亂樹形的枝條，在入秋以後均應切除。

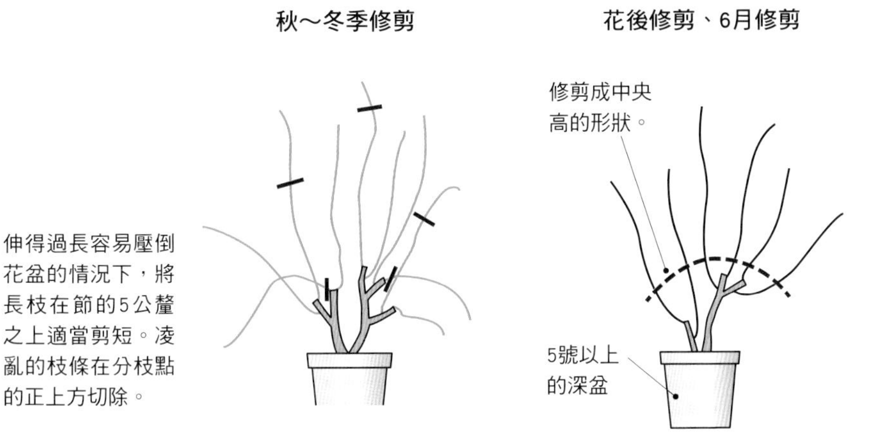
秋～冬季修剪
花後修剪、6月修剪
修剪成中央高的形狀。
伸得過長容易壓倒花盆的情況下，將長枝在節的5公釐之上適當剪短。凌亂的枝條在分枝點的正上方切除。
5號以上的深盆

花芽的生發方式

從春天開始伸長的新枝節上冒出花芽，基部為葉芽。雌雄異株。

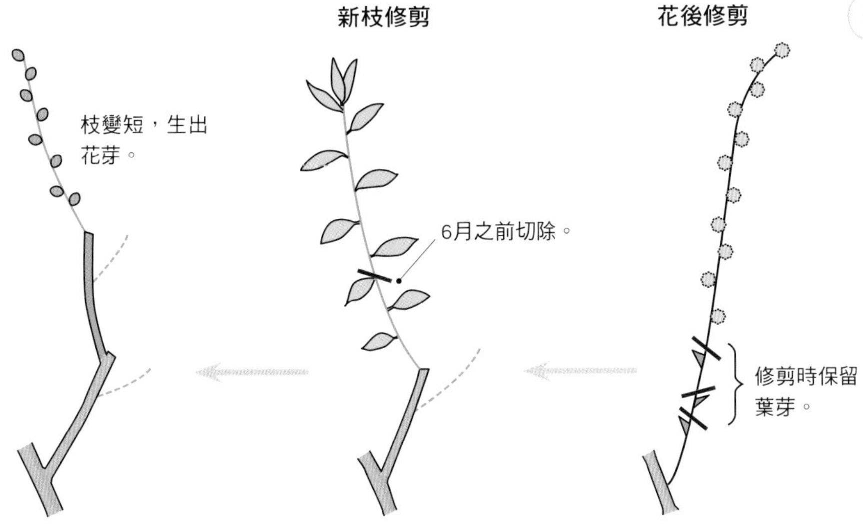
新枝修剪
花後修剪
枝變短，生出花芽。
6月之前切除。
修剪時保留葉芽。

日本山梅花

日本山梅花

Philadelphus satsumi

別名：サツマウツギ
虎耳草科山梅花屬的落葉灌木

一般在日本栽培的為雜交品種。較大型的落葉灌木，通常作為樹高2公尺左右的庭木。移植、修剪容易。另外，可簡單地透過分株、扦插進行繁殖。

		1	2	3	4	5	6	7	8	9	10	11	12
生長						開花				花芽分化～花芽存在期			
庭園樹木	修剪		修剪			修剪							修剪
	施肥		施肥（1次）										
	種植			種植								種植	

肥料 含氮元素多的化學合成肥料。
繁殖方法 3月、6～8月中旬扦插。

●栽培環境

庭園樹木 種植於日照好的地方。喜好砂質土壤。

盆栽 不適合。

●至開花所需時間

小苗的話，大約3年。

●不開花的主要原因

過度修剪。

修剪的基本方法

盡量不修剪。另外，徒長枝以外的枝條沒有修剪的必要。

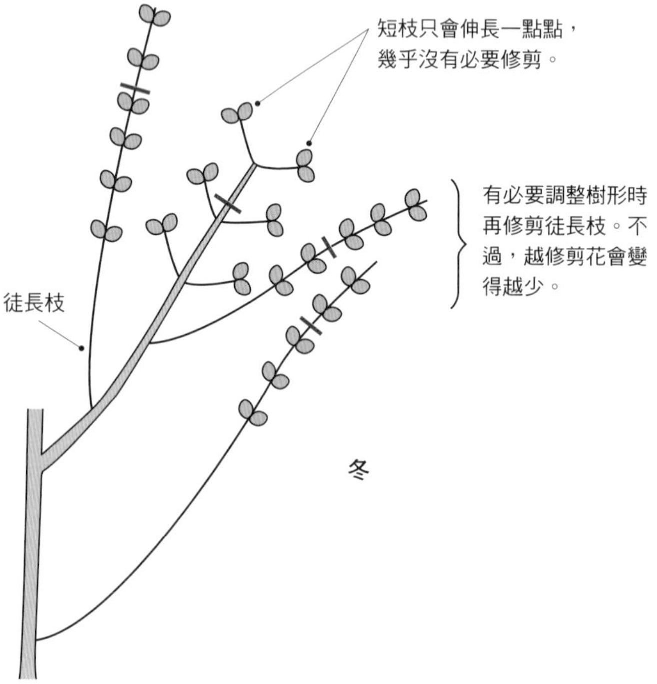
短枝只會伸長一點點，幾乎沒有必要修剪。
有必要調整樹形時再修剪徒長枝。不過，越修剪花會變得越少。
徒長枝
冬

庭園樹木的修剪

任其生長，花數最多，然而樹形卻凌亂。想要修整樹形，在冬季盡可能進行輕度修剪。要將整體變小，可在花後進行強剪，不過著花情況會變差。

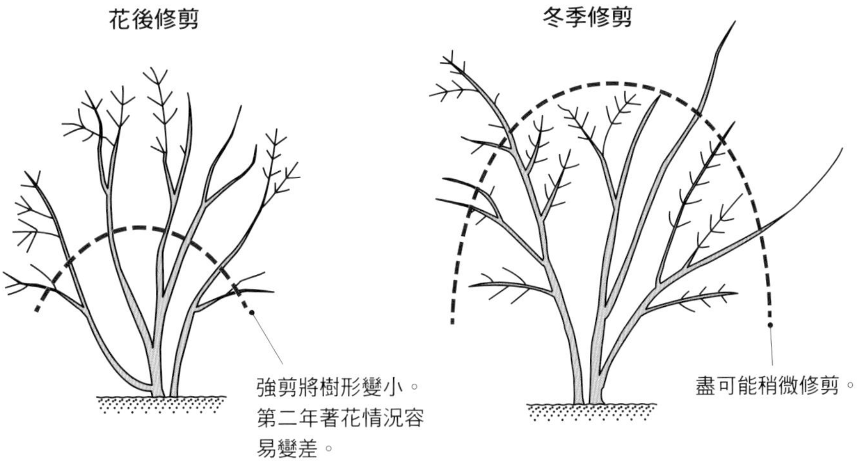
花後修剪
冬季修剪
強剪將樹形變小。第二年著花情況容易變差。
盡可能稍微修剪。

花芽的生發方式

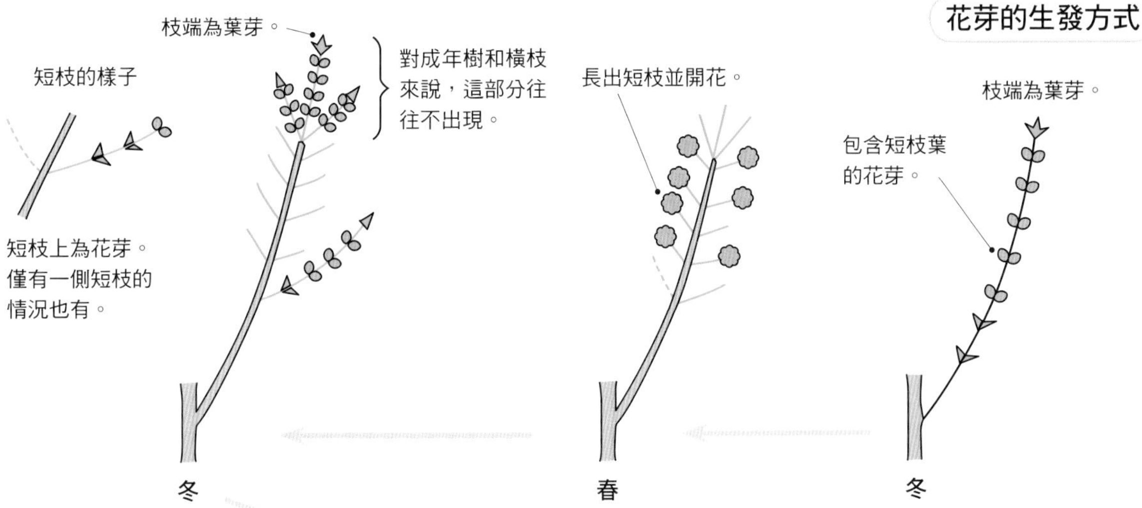
枝端為葉芽。
對成年樹和橫枝來說，這部分往往不出現。
短枝的樣子
短枝上為花芽。僅有一側短枝的情況也有。
長出短枝並開花。
枝端為葉芽。
包含短枝葉的花芽。
冬
春
冬

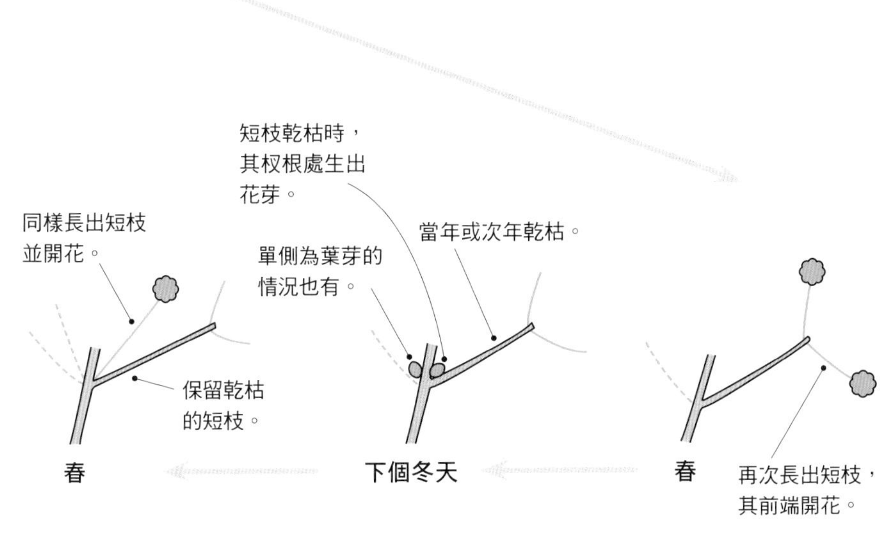
短枝乾枯時，其杈根處生出花芽。
同樣長出短枝並開花。
當年或次年乾枯。
單側為葉芽的情況也有。
保留乾枯的短枝。
春
下個冬天
春
再次長出短枝，其前端開花。

新枝的節上冒出花芽。花芽萌芽後長出短枝，其前端開花。該短枝的節上也會冒出花芽。還有，春天早期長出的徒長枝上也會生出花芽，而夏天長出的徒長枝上不怎麼生出花芽。

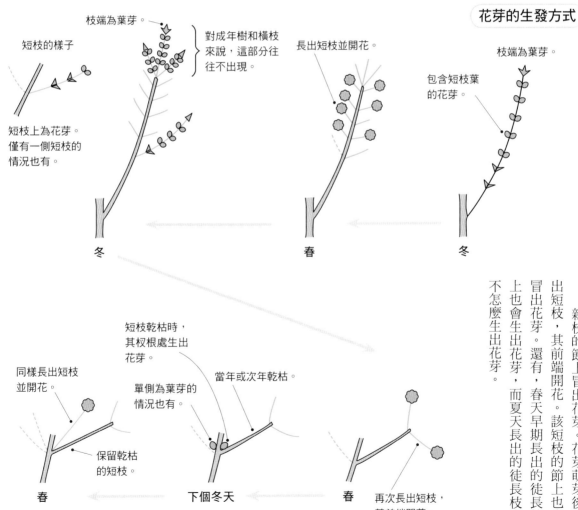

海仙花

海仙花

Weigela coraeensis

忍冬科錦帶花屬的落葉灌木

分佈於日本北海道至九州北部的太平洋側。沒有特別針對園藝的品種。作為樹高2公尺左右的庭園樹木。移植、修剪容易。另外，可簡單地透過扦插繁殖。

	1	2	3	4	5	6	7	8	9	10	11	12
生長					開花	開花	花芽分化開始（?）～花芽存在期					
庭園樹木	修剪	修剪	修剪									
		施肥（1次）	施肥（1次）									
		種植、移植	種植、移植								種植、移植	種植、移植

肥料　含氮元素多的化學合成肥料。
繁殖方法　2月中旬～3月中旬，5月中旬～7月上旬扦插。

●栽培環境
庭園樹木 適合日照好的地方，可耐受幾日背陰面的生長。對土壤幾乎沒什麼要求。
盆栽 不適合。

●至開花所需時間 小苗種下後4～5年開花。

●不開花的主要原因 過度修剪。

修剪的基本方法

由於著花枝不伸展，是以種植在廣闊的空間裡就沒有必要修剪。而且越修剪花數越少。

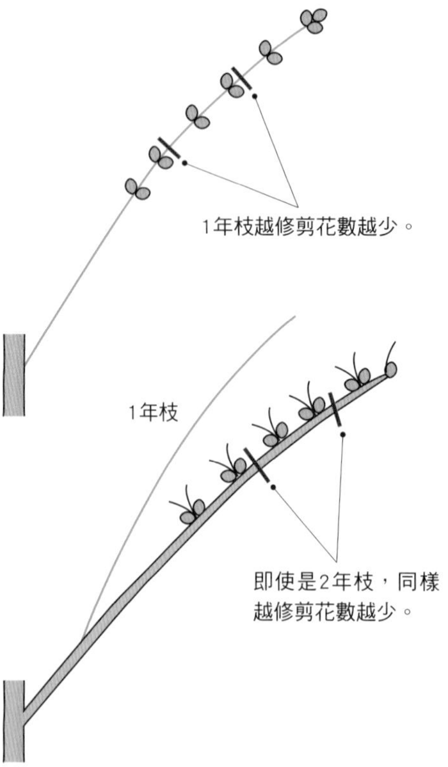

1年枝越修剪花數越少。
1年枝
即使是2年枝，同樣越修剪花數越少。

庭園樹木的修剪

從地面長出的枝條要隨時切除。盡量不要將枝條剪短，因樹形或空間的原因，想修剪時，盡可能進行輕度修剪。

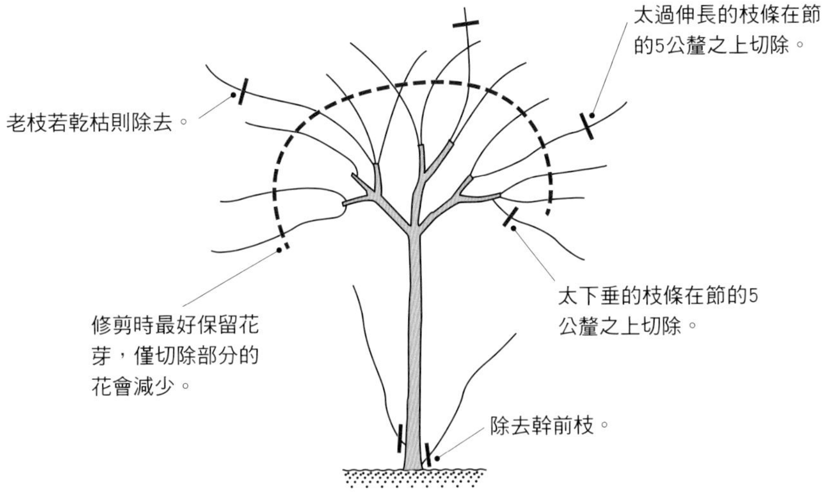

太過伸長的枝條在節的5公釐之上切除。
老枝若乾枯則除去。
太下垂的枝條在節的5公釐之上切除。
修剪時最好保留花芽，僅切除部分的花會減少。
除去幹前枝。

花芽的生發方式

新枝的節上會冒出花芽。花芽萌芽後長出短枝並開花。該短枝的基部會生出次年的花芽，短枝乾枯。最初節上的芽若為葉芽，會伸出枝條，次年該枝上生出花芽。枝端也是花芽的情況很多，這時該枝條停止伸長。

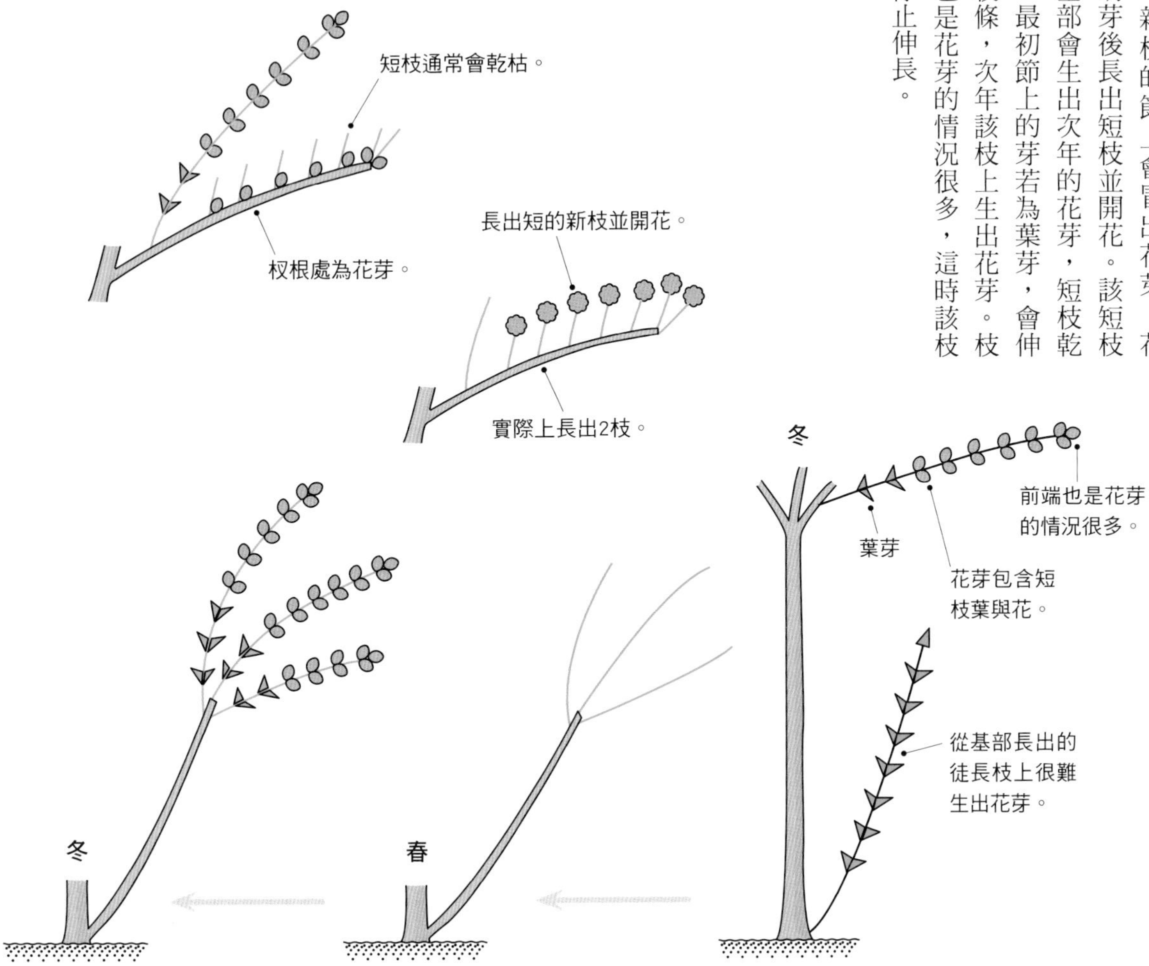

短枝通常會乾枯。
杈根處為花芽。
長出短的新枝並開花。
實際上長出2枝。
冬
前端也是花芽的情況很多。
葉芽
花芽包含短枝葉與花。
從基部長出的徒長枝上很難生出花芽。
冬
春

垂絲海棠

垂絲海棠

Malus halliana

別名：海棠花
薔薇科蘋果屬的落葉灌木

分佈於中國的北部至中部。除了可以作為樹高3公尺以下的庭木，還可以作為盆栽。既結實又能耐受夏日的高溫。移植、修剪容易。可透過分株、種子繁殖。

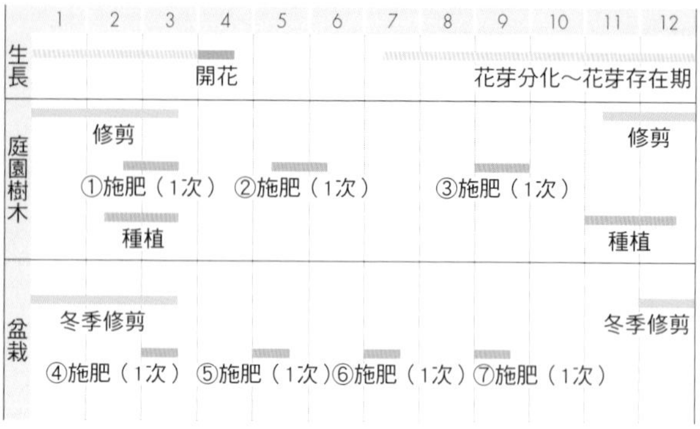
1 2 3 4 5 6 7 8 9 10 11 12
生長
開花
花芽分化～花芽存在期
庭園樹木
修剪
①施肥（1次）
②施肥（1次）
③施肥（1次）
修剪
種植
種植
盆栽
冬季修剪
冬季修剪
④施肥（1次）
⑤施肥（1次）
⑥施肥（1次）
⑦施肥（1次）

肥料　含氮元素多的化學合成肥料。而⑤、⑦僅對成年樹施含氮元素少的化學合成肥料。
繁殖方法　2月中旬～3月上旬嫁接（砧木為三葉海棠）。

●栽培環境

庭園樹木　選擇日照好的地方。只要濕度不大，則對土壤不怎麼挑剔。

盆栽 **放置場所**　日照好的地方。

用土　園土5、砂3、纖維草炭2的混合土。單用赤玉土也沒有關係。

●至開花所需時間　依據栽培狀況會有很大變化，苗木種下後，盆栽3～5年。庭園樹木5年左右開花。

●不開花的主要原因

A無短枝…❶樹木尚未成熟。❷反覆對徒長枝進行強剪。❸6月沒有對徒長枝進行修剪。

B即使切除徒長枝，還是會再萌芽…❶樹木尚未成熟。❷水、肥料過分充足而生長旺盛。

C有短枝卻不開花…❶日照不足。❷肥料極度不足。❸因乾燥、害蟲而導致6～7月無葉，或嚴重受傷。

D修剪失敗…❶冬季修剪時將花芽切除了。❷6月將徒長枝剪短時，相對於生長狀態來說，修剪過度了。❸夏天至秋天進行了修剪，而將花芽切除了。

修剪的基本方法

對幼樹來說，無論修剪強弱，都容易生出徒長枝。不修剪或稍微修剪時，容易生出短枝。

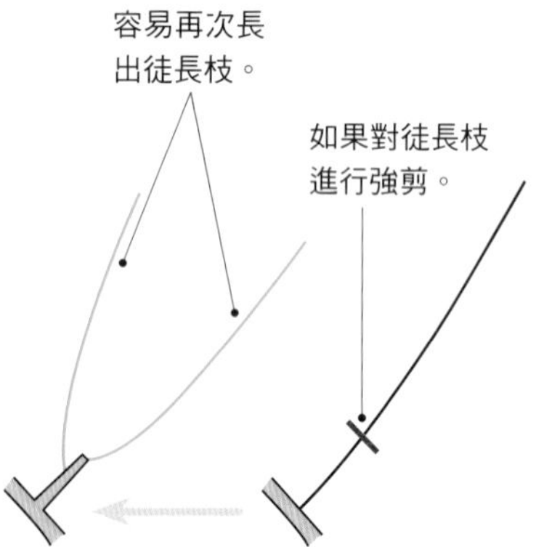
容易再次長出徒長枝。
如果對徒長枝進行強剪。

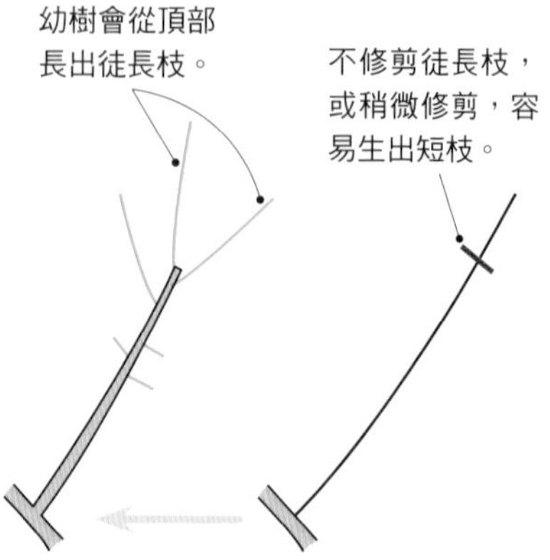
幼樹會從頂部長出徒長枝。
不修剪徒長枝，或稍微修剪，容易生出短枝。

庭園樹木的修剪

最簡單而不損害著花的方法。

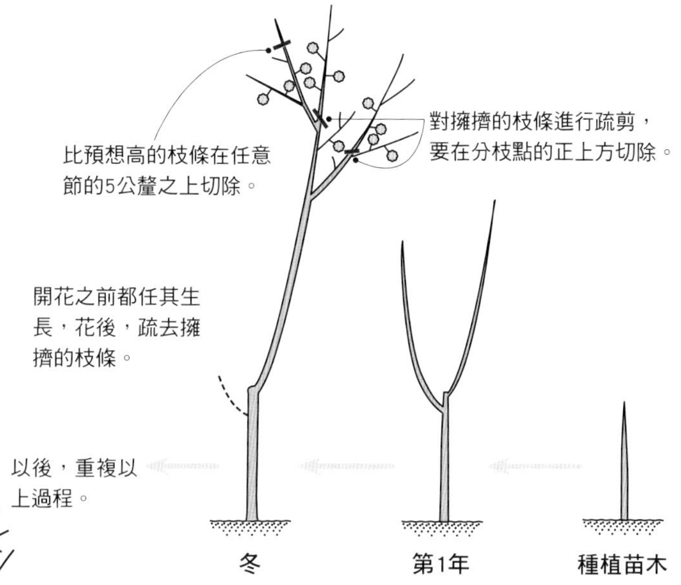
比預想高的枝條在任意節的5公釐之上切除。
對擁擠的枝條進行疏剪，要在分枝點的正上方切除。
開花之前都任其生長，花後，疏去擁擠的枝條。
以後，重複以上過程。
冬
第1年
種植苗木

盆栽的修剪

機械式地反覆修剪，待枝數變多以後，一齊對不需要的枝條進行整理，塑造樹形。也可使用鋼絲令樹幹伸直。

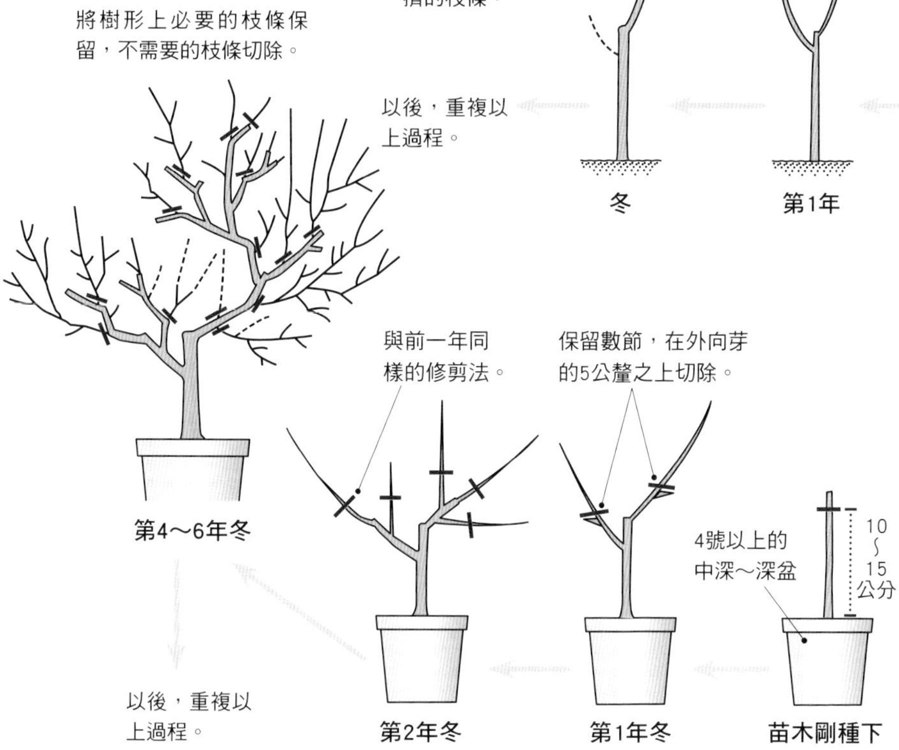
將樹形上必要的枝條保留，不需要的枝條切除。
第4～6年冬
以後，重複以上過程。
與前一年同樣的修剪法。
保留數節，在外向芽的5公釐之上切除。
4號以上的中深～深盆
10～15公分
第2年冬
第1年冬
苗木剛種下

花芽的生發方式

短枝的前端或節上，7～8月前後生出花芽。短枝每年都會生出花芽，並非隔年開花。即使結出果實，也不妨礙花芽分化。

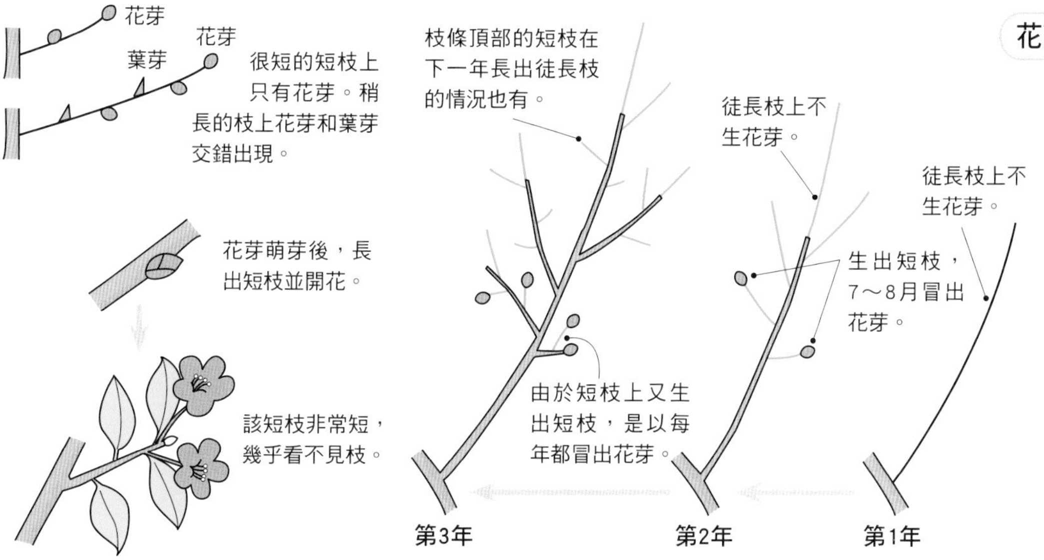
花芽
花芽
葉芽
很短的短枝上只有花芽。稍長的枝上花芽和葉芽交錯出現。
花芽萌芽後，長出短枝並開花。
該短枝非常短，幾乎看不見枝。
枝條頂部的短枝在下一年長出徒長枝的情況也有。
徒長枝上不生花芽。
徒長枝上不生花芽。
生出短枝，7～8月冒出花芽。
由於短枝上又生出短枝，是以每年都冒出花芽。
第3年
第2年
第1年

紫荊

紫荊

Cercis chinensis

別名：滿條紅
豆科紫荊屬的落葉灌木

分佈於中國中部至東北部。通常作為樹高3公尺以下的庭木，也可作為大型盆栽。枝幅大，不適宜狹窄庭園。移植、修剪容易。透過播種、扦插、分株繁殖。

		1	2	3	4	5	6	7	8	9	10	11	12
生長					開花					花芽分化～花芽存在期			
庭園樹木	修剪		修剪		除去蘖生枝							修剪	
	施肥		①施肥（1次）										
	種植、移植		種植、移植									種植、移植	
盆栽	修剪		修剪		除去蘖生枝							修剪	
	施肥			②施肥（1次）				③施肥（1次）					
	種植、移植		種植、移植									種植、移植	

肥料　①、②、③為含氮元素少的化學合成肥料。
繁殖方法　3月中旬～4月中旬播種（10月採種）。

●**栽培環境**

庭園樹木 適合能接受半日以上陽光的地方。對土質不挑剔，避免多濕地。

盆栽 放置場所 日照好的地方。

用土 園土5～7、砂3～5的混合土。

●**至開花所需時間**　小苗種下後需花費3年以上的時間。

●**不開花的主要原因**　應考慮嚴重的日照不足。

修剪的基本方法

由於生出花芽的節上沒有葉芽，所以一定要在上部有葉芽的部分切除。在枝端附近切除或者在下方切除，會改變枝條的姿態。

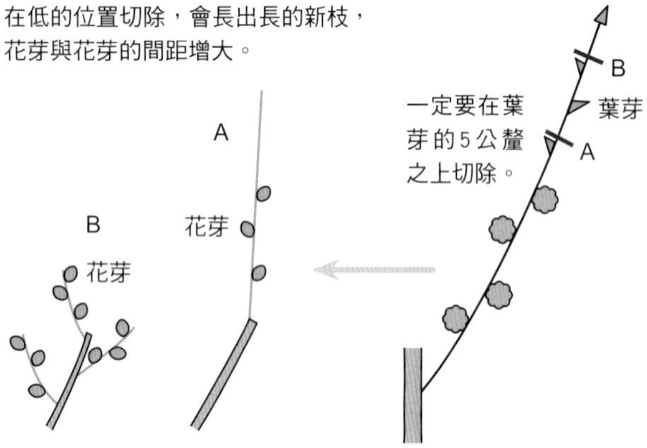
在低的位置切除，會長出長的新枝，花芽與花芽的間距增大。
一定要在葉芽的5公釐之上切除。
葉芽
A
B
花芽

花芽的生發方式

新枝下部的節上生出花芽，2～3年枝上偶爾也會生出花芽。1節會有1～3個花芽，且不與葉芽共存。

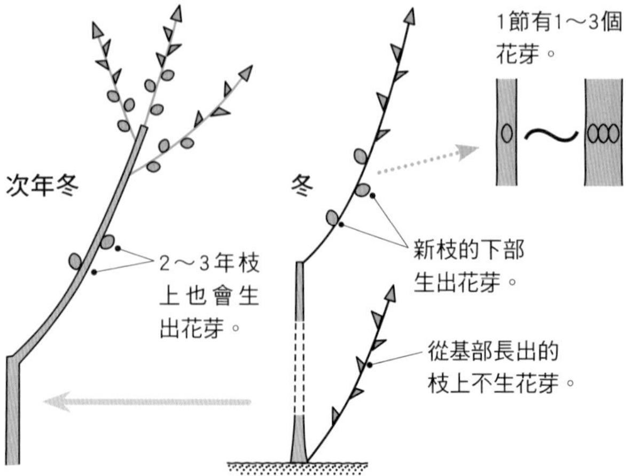
1節有1～3個花芽。
次年冬
冬
2～3年枝上也會生出花芽。
新枝的下部生出花芽。
從基部長出的枝上不生花芽。

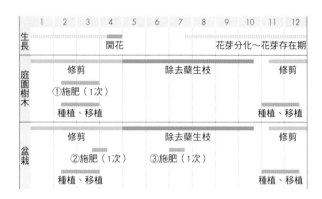

庭園樹木的修剪

一般，僅將從地面或接近地面處長出的必要枝條、蘗生枝保留，而將其他的隨時去除。

如果想塑造單幹樹形，要隨著樹木的成長隨時將下方的枝條切除。如果不整枝，待1年枝陸續變短、變擁擠之後，再適當地疏枝。

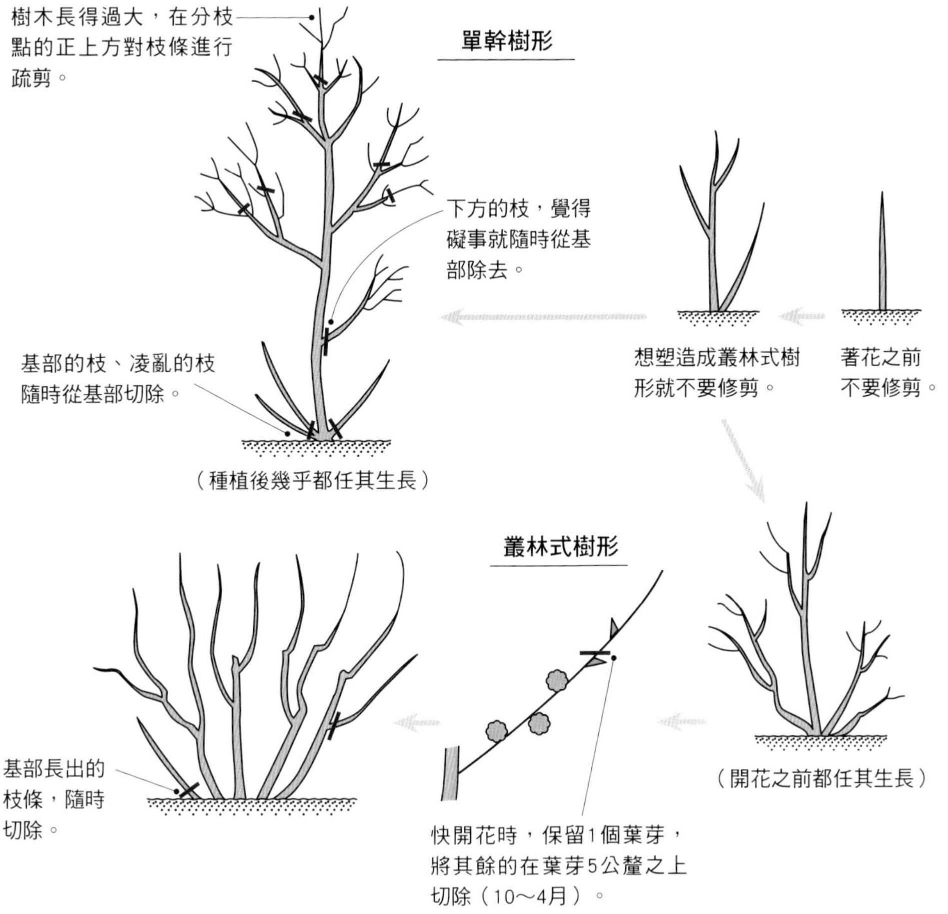

單幹樹形
樹木長得過大，在分枝點的正上方對枝條進行疏剪。
下方的枝，覺得礙事就隨時從基部除去。
基部的枝、凌亂的枝隨時從基部切除。
（種植後幾乎都任其生長）
想塑造成叢林式樹形就不要修剪。
著花之前不要修剪。
叢林式樹形
基部長出的枝條，隨時切除。
快開花時，保留1個葉芽，將其餘的在葉芽5公釐之上切除（10～4月）。
（開花之前都任其生長）

盆栽的修剪

由於盆栽不怎麼適合塑造成叢林式樹形，所以只要保留1～2支主幹就可以了。從地面長出的蘗生枝隨時切除，或在移植時修掉。修剪時保留1～2節的葉芽，如果植株長得過高，可任意強剪。

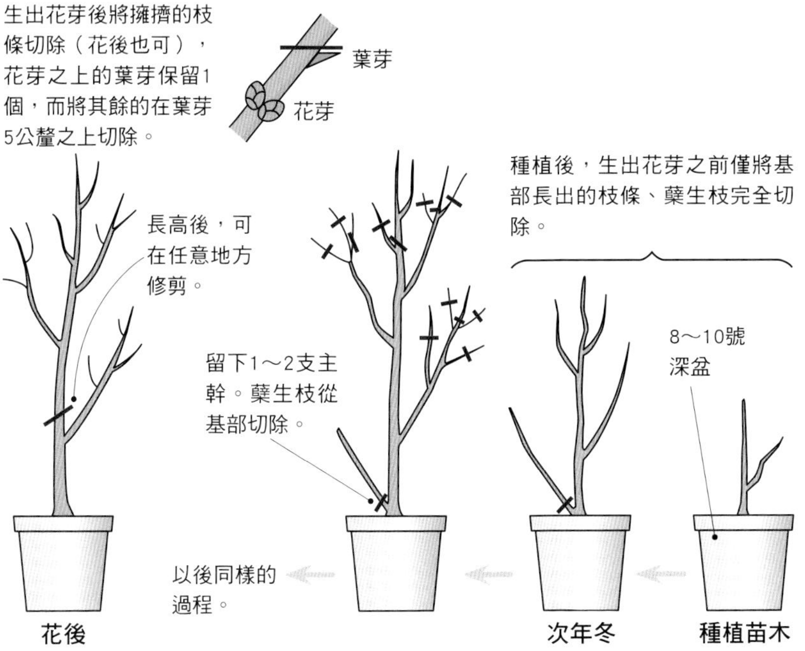

生出花芽後將擁擠的枝條切除（花後也可），花芽之上的葉芽保留1個，而將其餘的在葉芽5公釐之上切除。
葉芽
花芽
長高後，可在任意地方修剪。
留下1～2支主幹。蘗生枝從基部切除。
種植後，生出花芽之前僅將基部長出的枝條、蘗生枝完全切除。
8～10號深盆
以後同樣的過程。
花後
次年冬
種植苗木

山茱萸

Cornus florida

別名：アメリカヤマボウシ
山茱萸科山茱萸屬的落葉小喬木

分佈於北美東部。看起來像花的其實是花的苞片，秋天色彩鮮豔的果實和紅葉也很好看。可作為樹高5公尺以下的庭木，也有適合小盆栽的品種。移植、修剪容易。

山茱萸

肥料　①、④中對成年樹和幼樹均使用含氮元素多的化學合成肥料。②中僅對幼樹使用含氮元素多的化學合成肥料。③、⑤中對成年樹和幼樹均使用含氮元素少的化學合成肥料。
繁殖方法　2月下旬～3月上旬嫁接。3月上旬～中旬、6月扦插。10月中旬～11月播種（採種）。

	1～6月	7～12月
生長	開花（4～5月）	花芽分化開始～花芽存在期
庭園樹木	修剪；①施肥（1次）；②施肥（1次）；種植、移植	③施肥（1次）；修剪；種植、移植
盆栽	修剪；④施肥（1次）；液體肥料（一週1次）；種植、移植	⑤施肥（1次）；修剪；種植、移植

栽培環境

庭園樹木 日照好的地方。喜好砂質土壤，選擇濕度不大的地方種植。

盆栽【Junior Miss】等品種可以盆栽。

放置場所 日照好的地方。

用土 園土6、砂2、纖維草炭2的混合土，或單用赤玉土。

至開花所需時間 庭園種植品種需3年或更長時間。可以盆栽的品種在種植後第2年或第3年。

不開花的主要原因
❶植株尚未成熟。
❷極度的發育不良或日照不足。
❸過度乾燥導致夏天樹葉乾枯。

修剪的基本方法

即使在節間修剪也很難生不定芽，對伸得過長和過度擁擠的枝條可進行疏剪。

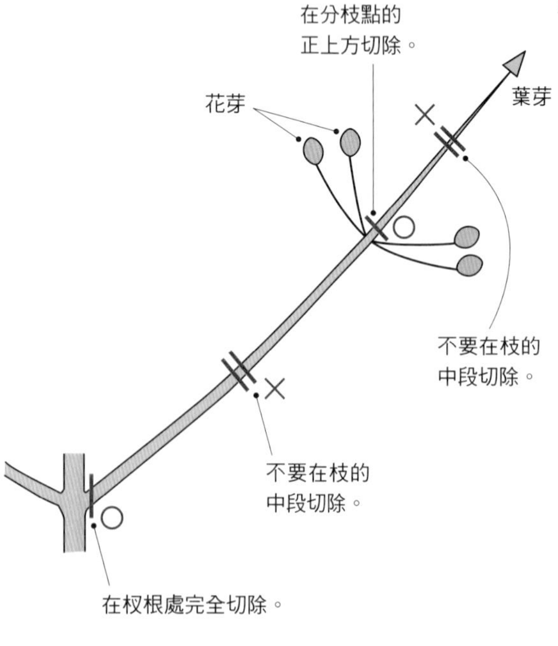
在分枝點的
正上方切除。
花芽
葉芽
不要在枝的
中段切除。
不要在枝的
中段切除。
在杈根處完全切除。

庭園樹木的修剪

原則上不進行修剪。即使不修剪樹形也不會變得太亂，而且山茱萸也不適合人為地塑造樹形。即使想讓枝端的花朵以正常數量開放，但不降低樹高還是很難看到花，因而需要疏去高枝，降低樹高。10月以後至花後的期間，什麼時候進行修剪都可以。

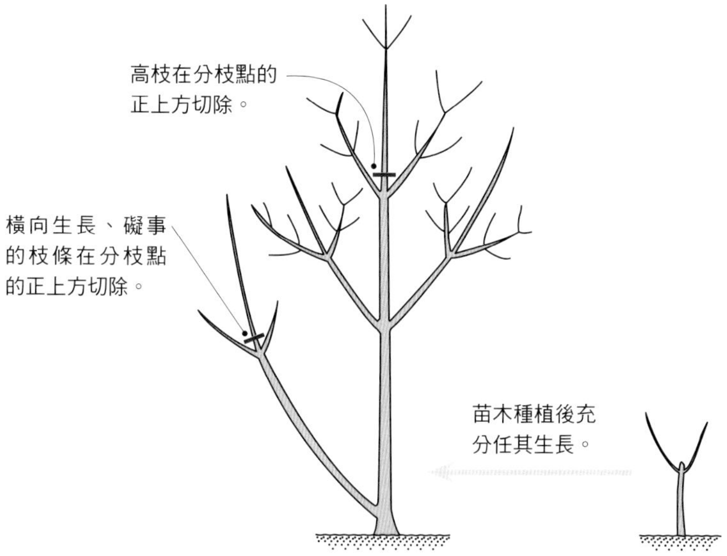
高枝在分枝點的正上方切除。
橫向生長、礙事的枝條在分枝點的正上方切除。
苗木種植後充分任其生長。

盆栽的修剪

與庭園樹木完全相同，想觀賞到盡量多的花，需針對生出花芽的枝條，在花後進行修剪。

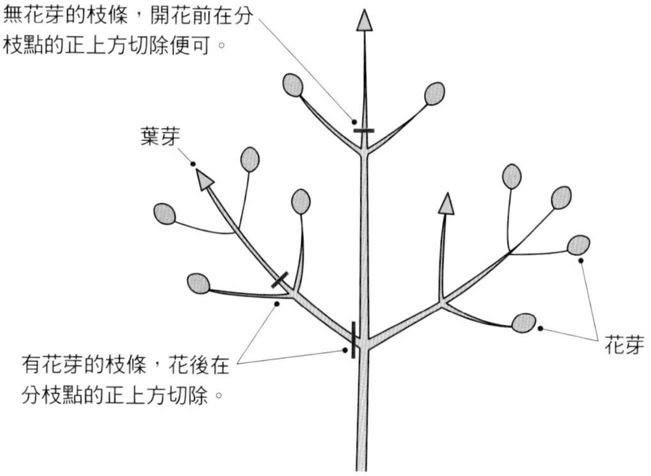
無花芽的枝條，開花前在分枝點的正上方切除便可。
葉芽
花芽
有花芽的枝條，花後在分枝點的正上方切除。

花芽的生發方式

新枝的前端夏天生出花芽，到了秋天就變成了花蕾。

不過，徒長枝上不生花芽。

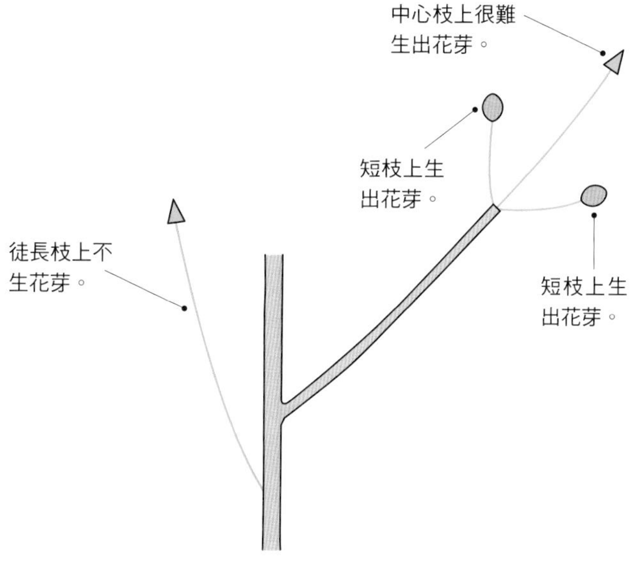
中心枝上很難生出花芽。
短枝上生出花芽。
短枝上生出花芽。
徒長枝上不生花芽。

垂枝碧桃

碧桃

Prunus persica

薔薇科李屬的落葉小喬木

原產於中國。與果樹品種不同，果實不可食用。常作為樹高5公尺以下的庭園樹木，也有可以盆栽的品種。移植、修剪容易。

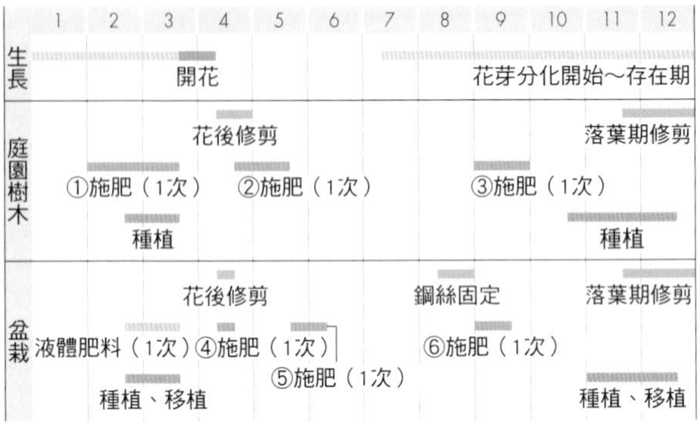
1 2 3 4 5 6 7 8 9 10 11 12
生長
開花
花芽分化開始～存在期
庭園樹木
花後修剪
落葉期修剪
①施肥（1次）
②施肥（1次）
③施肥（1次）
種植
種植
盆栽
花後修剪
鋼絲固定
落葉期修剪
液體肥料（1次）④施肥（1次）
⑥施肥（1次）
⑤施肥（1次）
種植、移植
種植、移植

肥料　①、②、③、④、⑤為含氮元素多的化學合成肥料。⑥為含氮元素少的化學合成肥料。
繁殖方法　2月中旬～3月中旬嫁接。

●栽培環境

庭園樹木 日照好的地方。喜好砂礫質的土壤，避免多濕地。

盆栽 一年生品種（一歲桃、南京桃、唐桃、扁桃、菊桃等）及矮性的果樹兼用品種（紫葉桃）等適合盆栽。

放置場所 日照好的地方。

用土 園土4、砂4、纖維草炭2排水良好的混合土。

●至開花所需時間

快則種植後1～3年。肥料過多則著花遲。

●不開花的主要原因

❶由縮葉病導致的早期落葉。
❷蚜蟲引起的葉萎縮、落葉。

修剪的基本方法

比較容易生不定芽，可以進行強剪。枝上葉芽很多，少量的徒長枝上也會生出很多花芽，所以是否修剪、修剪程度如何，需根據樹形本身來考慮。

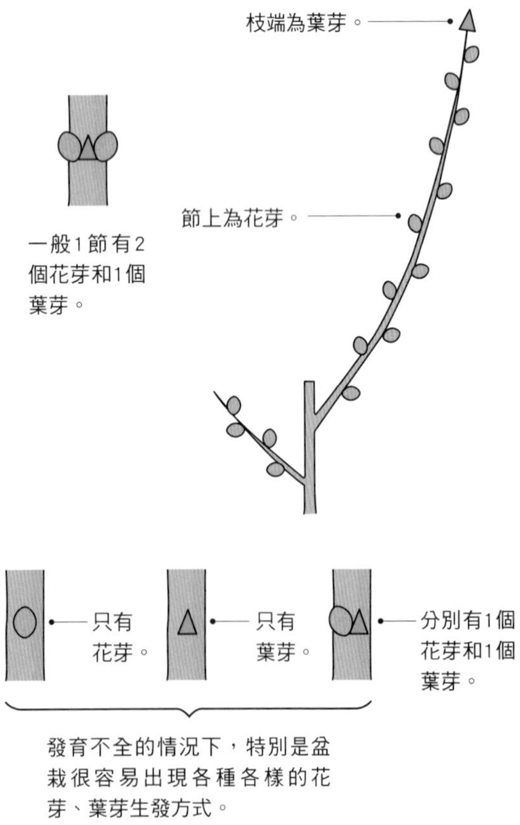
枝端為葉芽。
節上為花芽。
一般1節有2個花芽和1個葉芽。
只有花芽。
只有葉芽。
分別有1個花芽和1個葉芽。
發育不全的情況下，特別是盆栽很容易出現各種各樣的花芽、葉芽生發方式。

庭園樹木的修剪

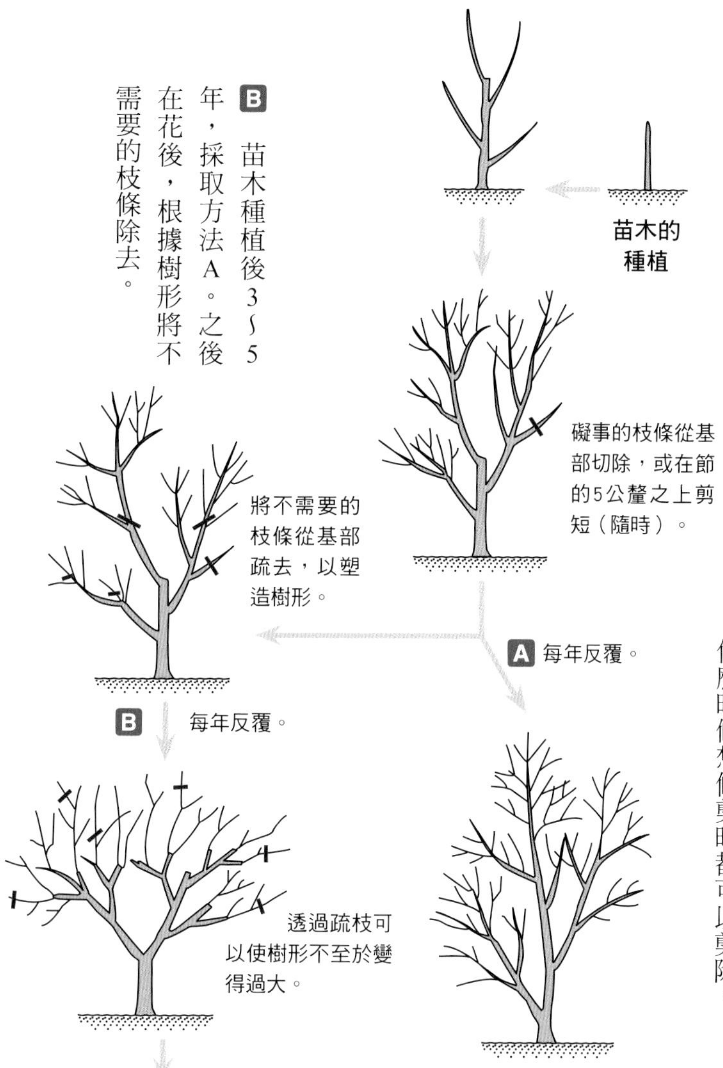
苗木的種植
礙事的枝條從基部切除，或在節的5公釐之上剪短（隨時）。
將不需要的枝條從基部疏去，以塑造樹形。
A 每年反覆。
B 每年反覆。
透過疏枝可以使樹形不至於變得過大。
考慮枝條姿態，將1年枝適當剪短（落葉期修剪）。
接近自然的樹形。年年長大。

A 特意不修剪，僅將礙事的枝條剪短。什麼時候想修剪時都可以剪除。

B 苗木種植後3～5年，採取方法A。之後在花後，根據樹形將不需要的枝條除去。

花芽的生發方式

新梢的節上夏天生出花芽。雖然跟枝條的長短無關，不過肥料過多、生長發育過度旺盛的枝條上，往往不容易生出花芽。

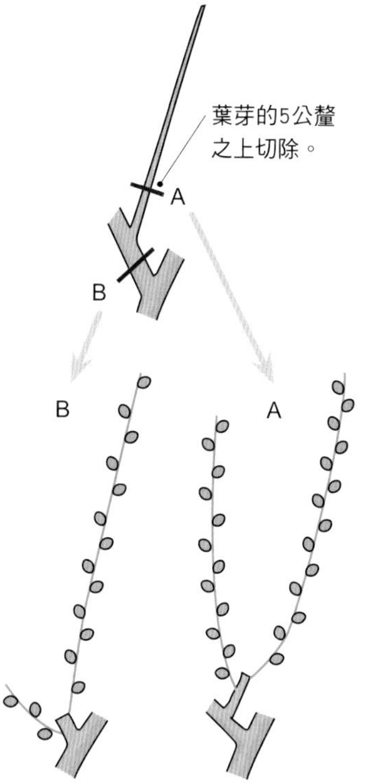
葉芽的5公釐之上切除。
A
B
B
A
不定芽若生得早，則變成長枝；不定芽生得遲，則變成短枝。
生出長枝。

盆栽的修剪

種植後2～3年僅將礙事的枝條剪短，差不多達到滿意的樹高後，每年將1年枝保留2～3節，在節的5公釐之上剪短。這時，一定要確認將葉芽保留。或者8月時將伸出的枝條用鋼絲固定，塑造成枝條下垂的造形也可。

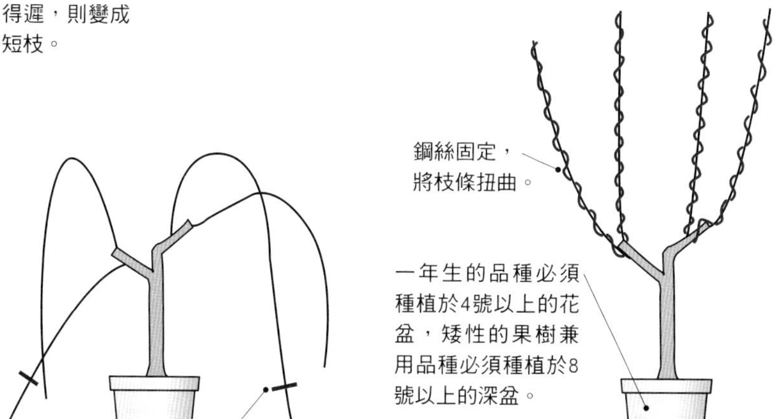
過長的枝條在節的5公釐之上適當剪短。
鋼絲固定，將枝條扭曲。
一年生的品種必須種植於4號以上的花盆，矮性的果樹兼用品種必須種植於8號以上的深盆。

【Maria Callas】

【Graham Thomas】

薔薇

Rosa

薔薇科薔薇屬的落葉灌木

分佈於中國等地。在日本，自古以來也受到喜愛，有眾多的園藝品種。一般作為樹高5公尺以下的庭園樹木，也可盆栽。修剪、移植容易。以嫁接繁殖。

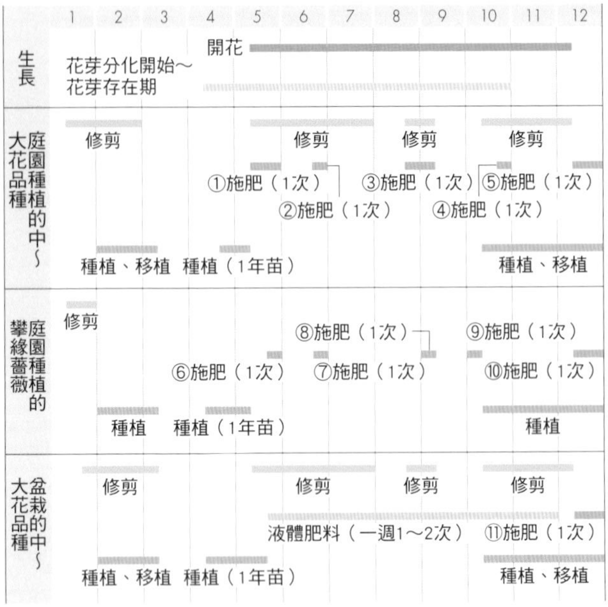
1 2 3 4 5 6 7 8 9 10 11 12
生長
開花
花芽分化開始～
花芽存在期
庭園種植的大花品種（中～）
修剪
修剪
修剪
修剪
①施肥（1次）
②施肥（1次）
③施肥（1次）
④施肥（1次）
⑤施肥（1次）
種植、移植
種植（1年苗）
種植、移植
庭園種植的攀緣薔薇
修剪
⑥施肥（1次）
⑦施肥（1次）
⑧施肥（1次）
⑨施肥（1次）
⑩施肥（1次）
種植
種植（1年苗）
種植
盆栽的大花品種（中～）
修剪
修剪
修剪
修剪
液體肥料（一週1～2次）
⑪施肥（1次）
種植、移植
種植（1年苗）
種植、移植

肥料　①、②、③、④、⑥、⑦、⑧、⑨為含氮元素少的化學合成肥料。⑤、⑩、⑪為含氮元素多的化學合成肥料。
繁殖方法　1月中旬～2月嫁接（砧木為野薔薇）。5月中旬～7月中旬扦插。

●栽培環境

庭園樹木 選擇日照好的地方。砂質、有機質多的土壤適宜其生長發育。

盆栽 **放置場所** 日照好的地方。

用土 園土5、砂3、腐葉土2的混合土等。

●至開花所需時間 種植後1年以內。攀緣薔薇相比之下要稍微多花些時間。

●不開花的主要原因

A 不出花蕾的枝太多…❶日照不足。❷枝過密。❸水、肥料不足，或由於沒修剪而導致細枝太多。

B 花蕾突然枯萎、不開花…受薔薇莖蜂之害。

C 花蕾受蟲害…與數種害蟲有關。

D 花蕾上有白粉，花瓣開得不好…黴病。

E 花蕾開得不好，同時花瓣上生茶色斑點並迅速枯萎…灰黴病。

F 葉上生很多黑色圓形斑點並過早落葉，結果導致著花差…黑星病。

【Jacques Cartier】

花芽的生發方式

叢林狀（Hybrid tea系、Floribunda系等）的品種，新梢伸出後，其前端生出花芽，直至開花。四季均開花。攀緣薔薇在攀緣狀伸展的新梢上不生花芽，下一年，該攀緣枝的節上抽出的新梢上冒出花芽。多數的品種春天開花一次並維持一季。

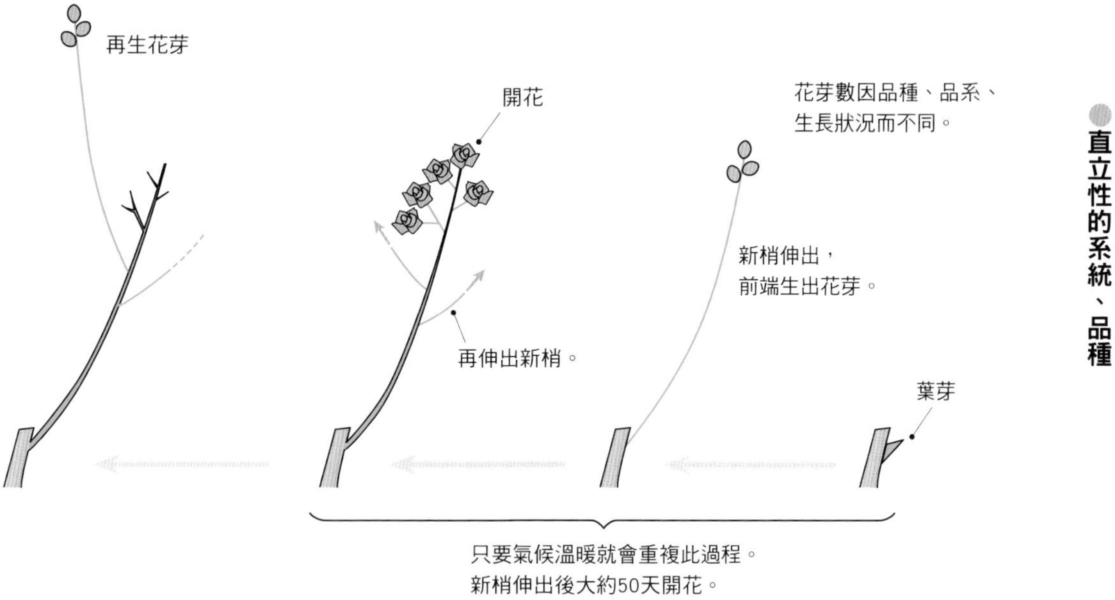

直立性的系統、品種
再生花芽
開花
花芽數因品種、品系、
生長狀況而不同。
新梢伸出，
前端生出花芽。
再伸出新梢。
葉芽
只要氣候溫暖就會重複此過程。
新梢伸出後大約50天開花。

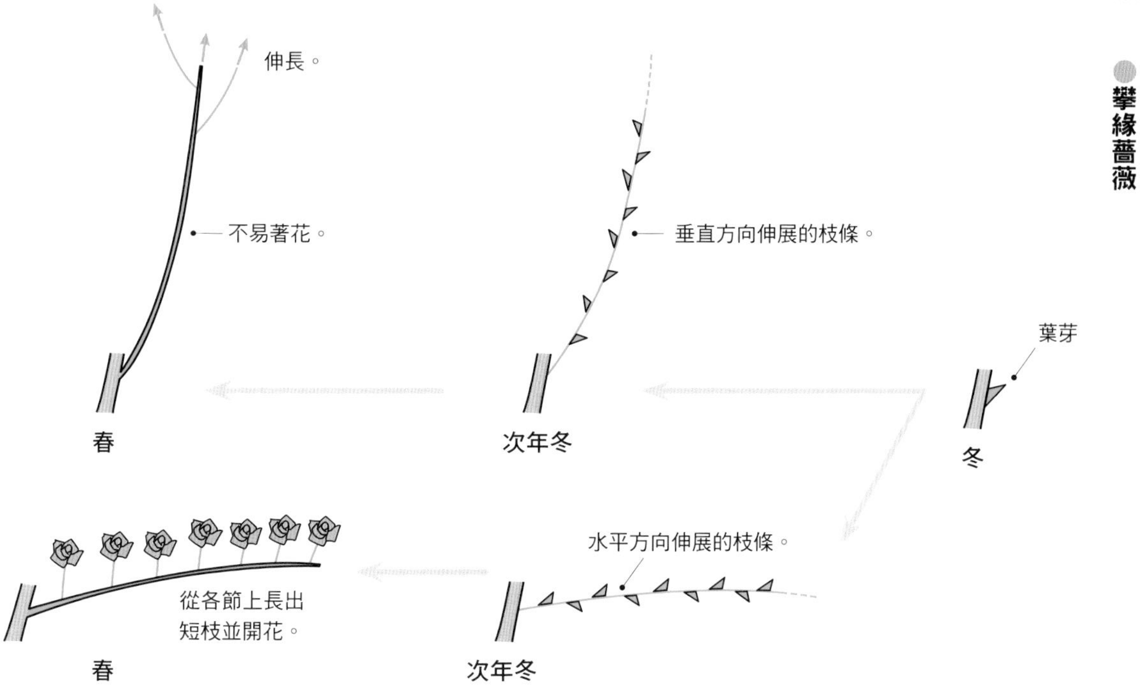

攀緣薔薇
伸長。
不易著花。
垂直方向伸展的枝條。
葉芽
春
次年冬
冬
水平方向伸展的枝條。
從各節上長出
短枝並開花。
春
次年冬

修剪的基本方法

在任意節上修剪都容易萌芽。粗枝上1節會萌發數個芽。

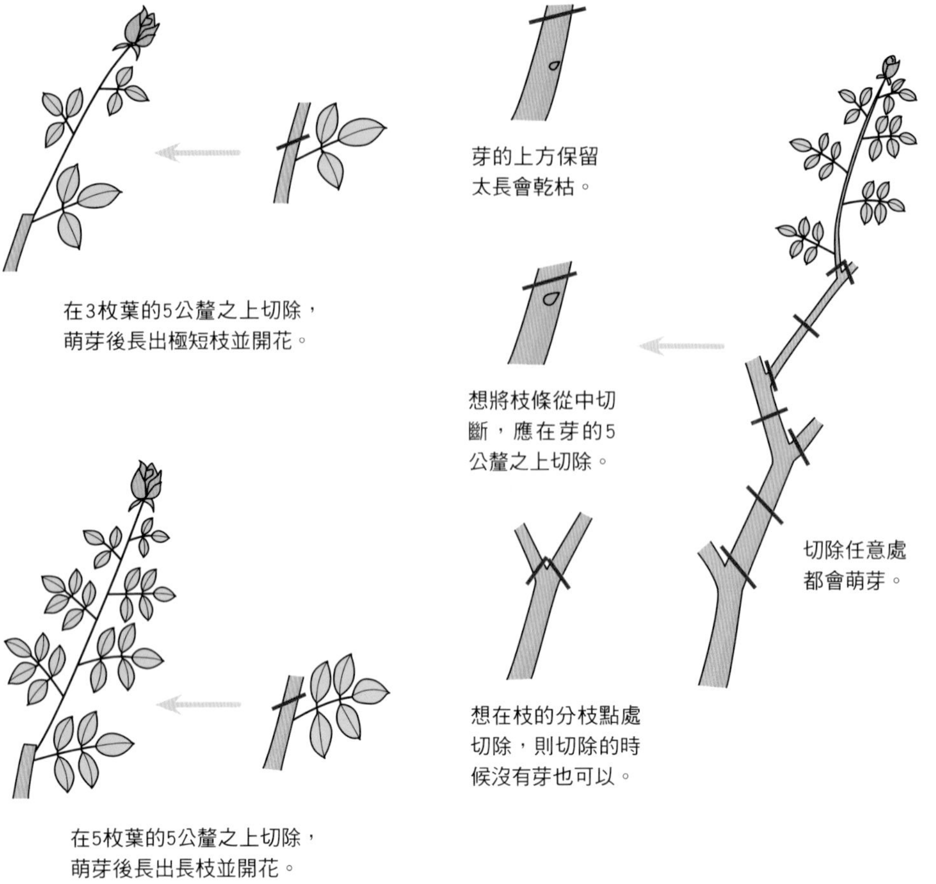
芽的上方保留
太長會乾枯。
在3枚葉的5公釐之上切除，
萌芽後長出極短枝並開花。
想將枝條從中切
斷，應在芽的5
公釐之上切除。
切除任意處
都會萌芽。
想在枝的分枝點處
切除，則切除的時
候沒有芽也可以。
在5枚葉的5公釐之上切除，
萌芽後長出長枝並開花。

春季種植的1年苗的修剪（庭園樹木、盆栽相同）

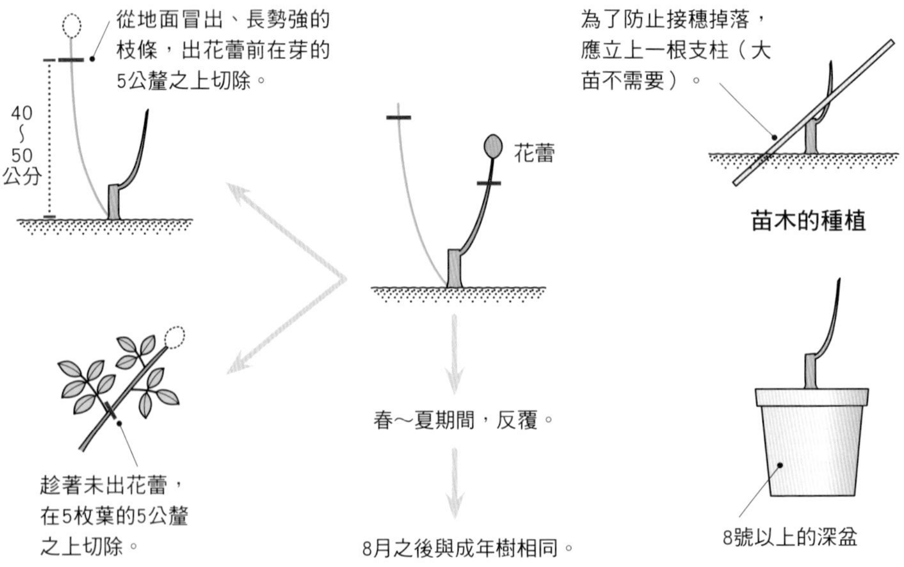
從地面冒出、長勢強的
枝條，出花蕾前在芽的
5公釐之上切除。
40～50公分
花蕾
為了防止接穗掉落，
應立上一根支柱（大
苗不需要）。
苗木的種植
春～夏期間，反覆。
趁著未出花蕾，
在5枚葉的5公釐
之上切除。
8月之後與成年樹相同。
8號以上的深盆

庭園樹木、盆栽的修剪（中～大花直立性品系、品種的修剪）

為了讓所有的枝條都能夠很好地接受日照，應在外向芽上修剪。為了減少枝數，應盡早將內部的弱枝、密枝切除。

大苗、成年樹的春～夏季修剪（庭園樹木、盆栽相同）

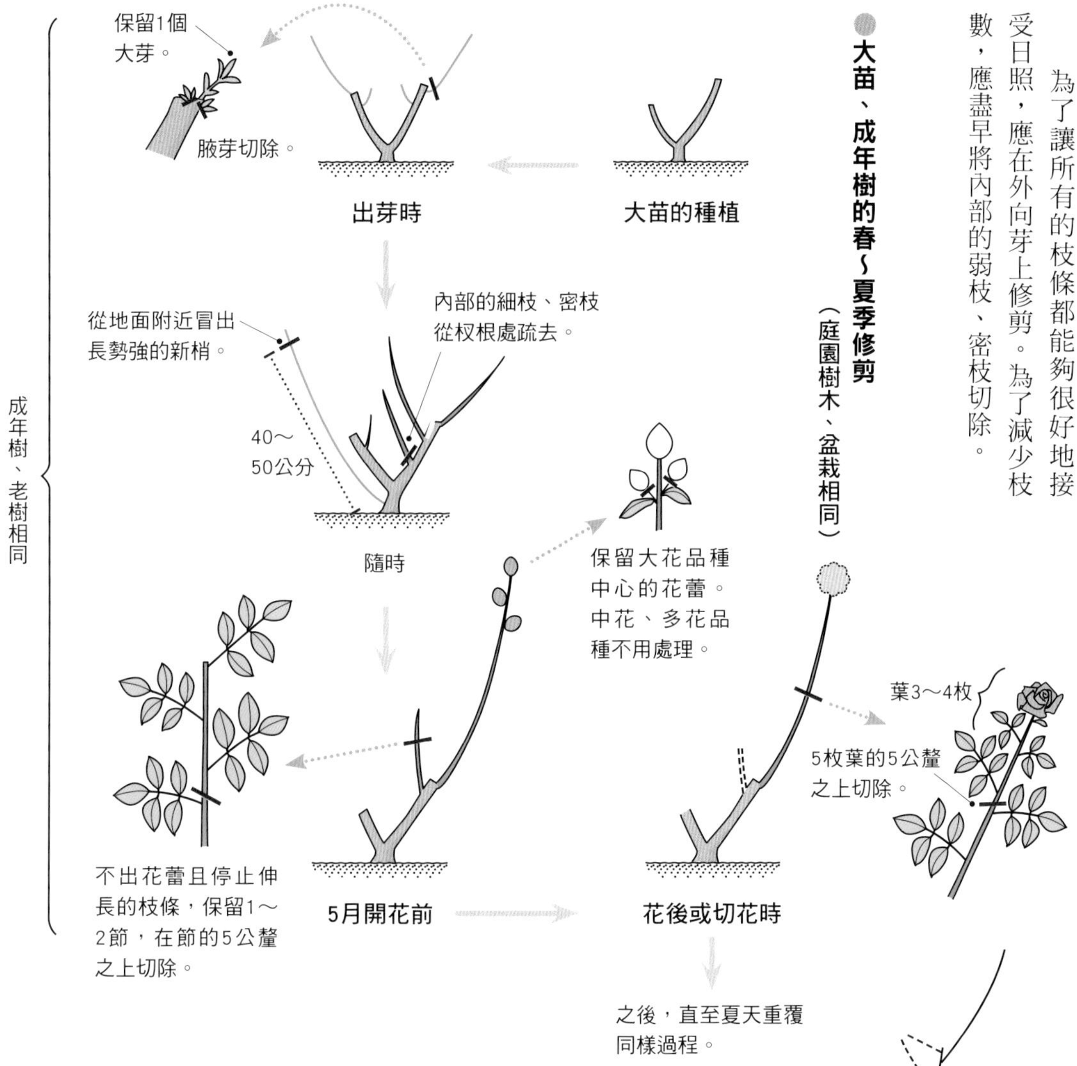

大苗的種植
出芽時
保留1個大芽。
腋芽切除。
從地面附近冒出長勢強的新梢。
內部的細枝、密枝從杈根處疏去。
40～50公分
隨時
成年樹、老樹相同
保留大花品種中心的花蕾。中花、多花品種不用處理。
不出花蕾且停止伸長的枝條，保留1～2節，在節的5公釐之上切除。
5月開花前
花後或切花時
葉3～4枚
5枚葉的5公釐之上切除。
之後，直至夏天重覆同樣過程。

大苗、成年樹的夏～秋季修剪（庭園樹木、盆栽相同）

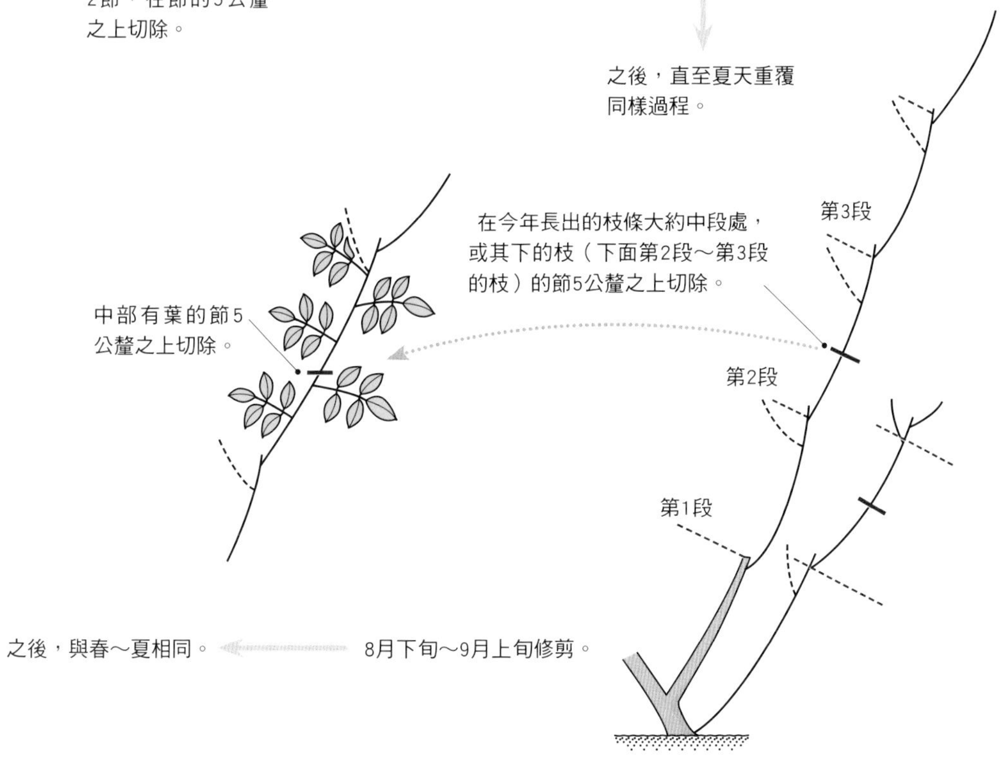

在今年長出的枝條大約中段處，或其下的枝（下面第2段～第3段的枝）的節5公釐之上切除。
第3段
第2段
第1段
中部有葉的節5公釐之上切除。
之後，與春～夏相同。
8月下旬～9月上旬修剪。

●直立性品系、品種的冬季修剪

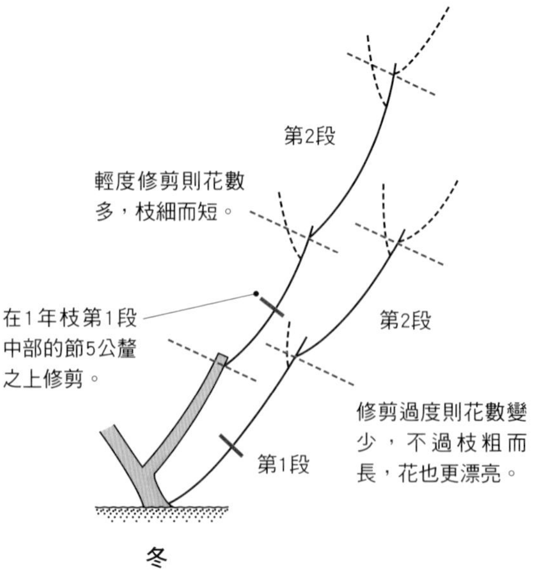
第2段
輕度修剪則花數多，枝細而短。
在1年枝第1段中部的節5公釐之上修剪。
第2段
修剪過度則花數變少，不過枝粗而長，花也更漂亮。
第1段
冬

庭園種植攀緣薔薇的修剪

注意將伸長的1年枝朝水平方向牽引，否則很難開花。冬季修剪時解除牽引，將各枝修剪完畢後再進行牽引。開花變少的老枝捨去，以1～2年枝為培育重心。

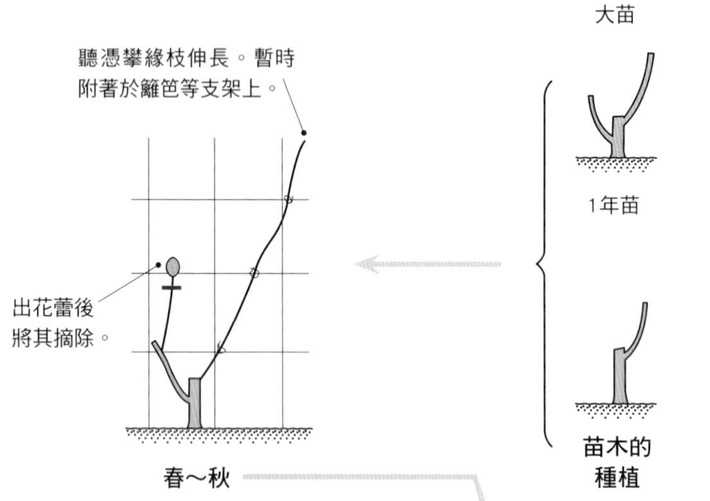
大苗
1年苗
苗木的種植
聽憑攀緣枝伸長。暫時附著於籬笆等支架上。
出花蕾後將其摘除。
春～秋

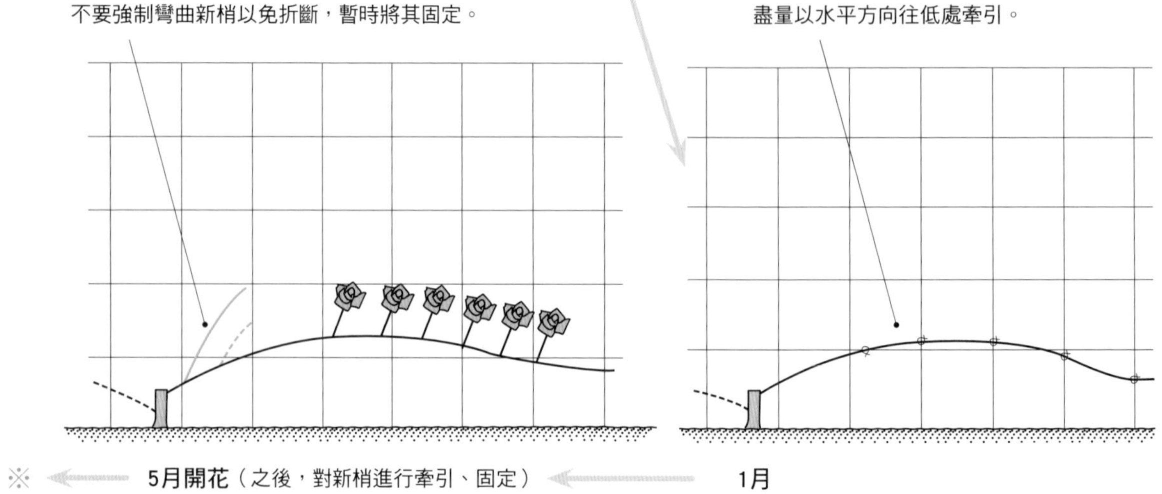
不要強制彎曲新梢以免折斷，暫時將其固定。
盡量以水平方向往低處牽引。
※
5月開花（之後，對新梢進行牽引、固定）
1月

【Aloha】

開花枝花後保留3～4節，在節的5公釐之上切除。
※

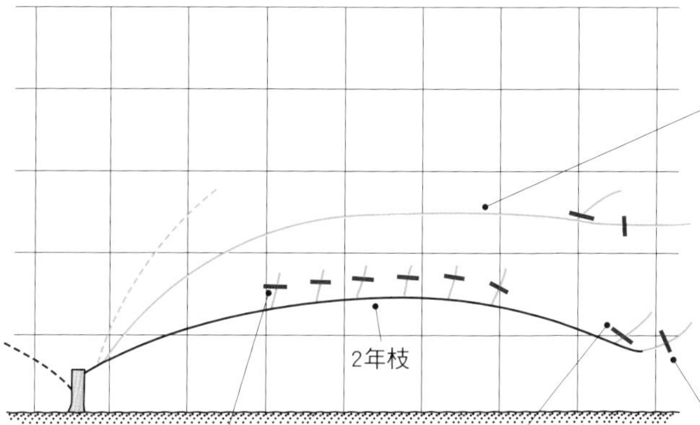
1年枝朝水平牽引。
隨著牽引的過程，枝條達到大約30公分。
2年枝
第2年1月
去年開過花的枝條，保留2節，在節的5公釐之上切除。
弱小的腋枝從基部切除。
枝端任其生長，如果和相鄰植株的枝條衝突，則在節的5公釐之上切除。

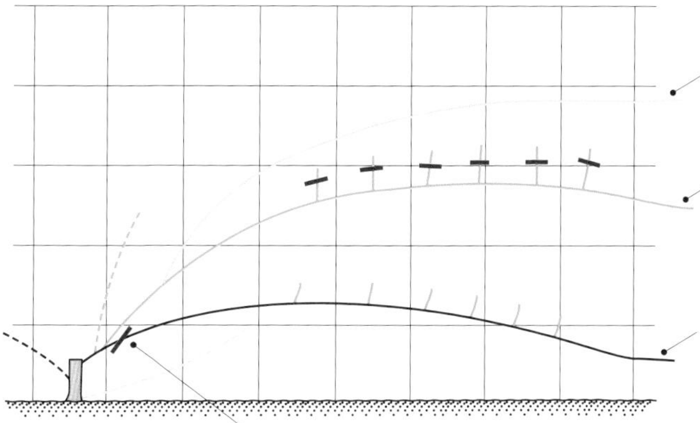
1年枝
2年枝
3年枝
第3年1月
3年枝從基部切除（若枝太少，再等1年）。

以後，重複以上過程。

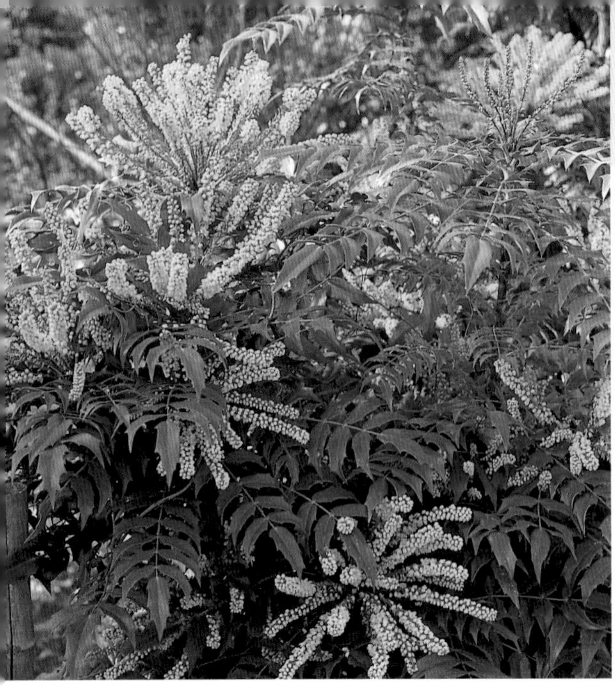

十大功勞 【博愛】

開花期　因冬～春的溫度而頗有差別。
肥料　氮元素、磷酸、鉀元素等量的化學合成肥料。
繁殖方法　用修剪取下來的枝條扦插。

十大功勞

Mahonia

小蘗科十大功勞屬的常綠灌木

分佈於中國雲南省至臺灣。自然分枝少，不同種的生長速度差別很大。可作為樹高1.5公尺以下的庭園樹木，以觀葉為主，也可作為中型盆栽。移植、修剪容易。透過扦插、種子繁殖。

	1	2	3	4	5	6	7	8	9	10	11	12
生長			十大功勞開花					花芽分化開始～花芽存在期				
	【博愛】開花			【博愛】結果						【博愛】開花		
庭園樹木		十大功勞修剪			【博愛】修剪							
	施肥（1次）											
		種植、移植								種植、移植		
盆栽		十大功勞修剪			【博愛】修剪							
	施肥（1次）									施肥（1次）		
		種植、移植								種植、移植		

●栽培環境

庭園樹木　不適宜寒冷地區。日照好，冬季期間保持一定程度的低溫可令葉色美麗。對土質不怎麼挑剔。

盆栽　大型品種【博愛】不適合盆栽。

放置場所　十大功勞、狹葉十大功勞以觀葉為主，半日陰也沒有關係。

用土　不需特別選擇。

●至開花所需時間

扦插後1～3年。

●不開花的主要原因

不適當的修剪。

修剪的基本方法①〈植株的整理〈減少幹數〉〉

在離地面附近的任何部位切除都很容易萌芽。不過，在有側芽、側枝的適當位置之上修剪，是最好的切除方法。

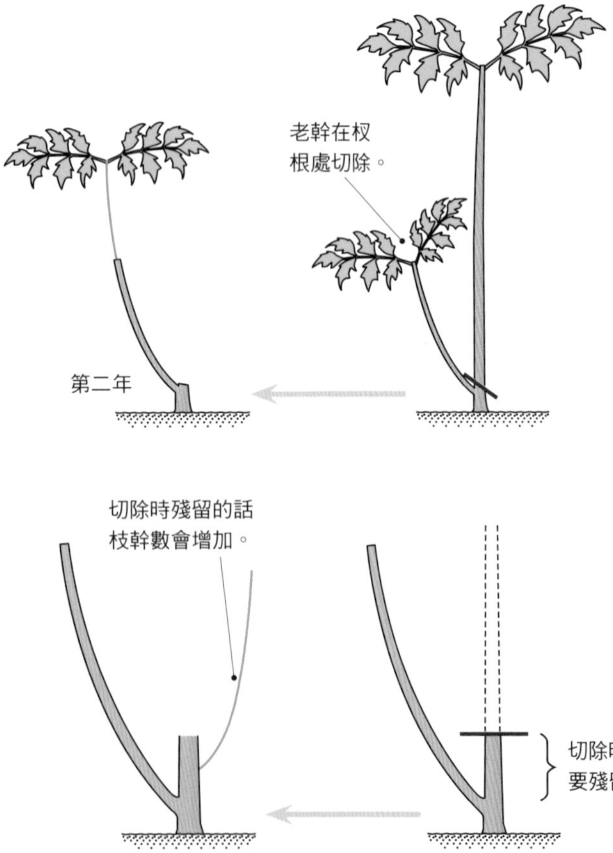
老幹在杈根處切除。
第二年
切除時殘留的話枝幹數會增加。
切除時不要殘留。

修剪的基本方法②（降低樹高）

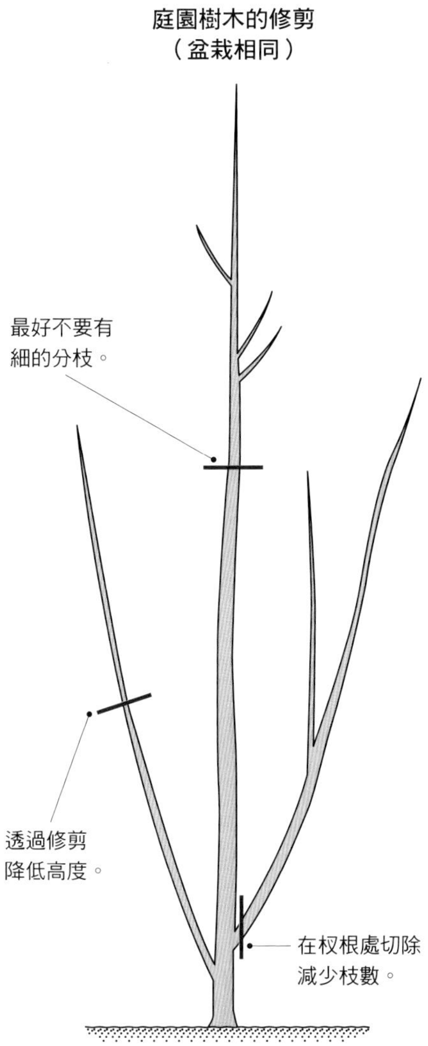

庭園樹木的修剪
（盆栽相同）
最好不要有
細的分枝。
透過修剪
降低高度。
在杈根處切除，
減少枝數。

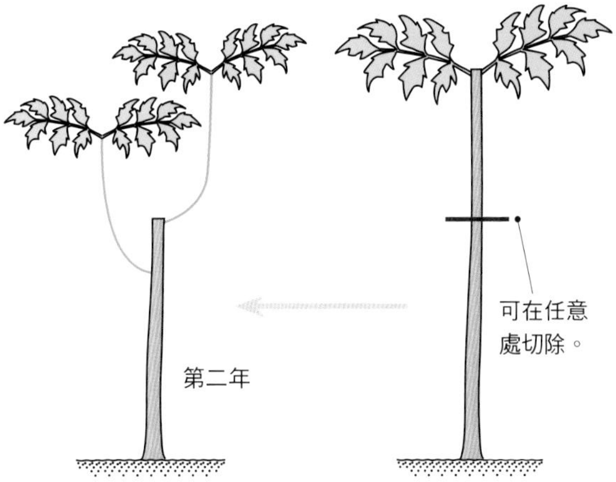

可在任意
處切除。
第二年

庭園樹木、盆栽的修剪

由於十大功勞成長非常緩慢，實際上幾乎沒有修剪的必要，樹高超出預想之後，可修剪至任意高度。而【博愛】成長非常快，應修剪至視線以下能夠看見花的高度。如果樹高達到3公尺以上則易傾倒，是以不得不修剪，此時如果有側枝，將其保留。

盆栽與庭園樹木同樣，僅在樹高達到預想之後再修剪。

花芽的生發方式

枝、幹伸出後，前端生出花芽。另外，植株長高後，也可以冒出作為側芽的花芽。花芽中包含下一年的枝和花。

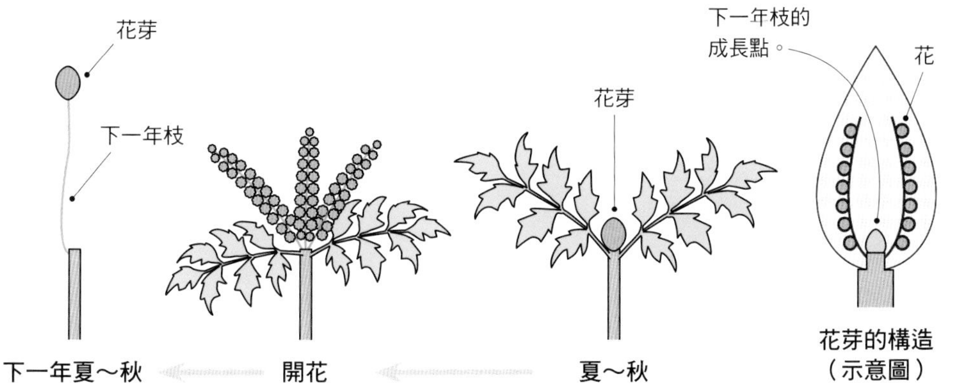

花芽
下一年枝
下一年夏～秋
開花
花芽
夏～秋
下一年枝的
成長點。
花
花芽的構造
（示意圖）

吊鐘藤

吊鐘藤

Bignonia capreolata

別名：美隆藤
紫葳科紫葳屬的常綠藤本

分佈於美國南部的攀緣植物。利用自身的吸盤和捲鬚附著於他物上。成長很快，適合籬笆、牆面等的綠化。修剪容易。透過扦插繁殖，不過有些難度。

	1	2	3	4	5	6	7	8	9	10	11	12
生長					開花			花芽分化開始～花芽存在期				
庭園樹木					修剪		修剪	修剪				
					施肥（1次）							
			種植									

修剪 花後～秋季之前可以隨時進行。
肥料 氮元素、磷酸、鉀元素等量的化學合成肥料。
繁殖方法 扦插，不過稍微有些難度。

●栽培環境

庭園樹木 不適宜寒冷地區。能接受充分日照的地方為佳，喜好排水良好的土壤。

盆栽 不適合。

●至開花所需時間 數年。

●不開花的主要原因 秋季以後進行了修剪。

修剪的基本方法

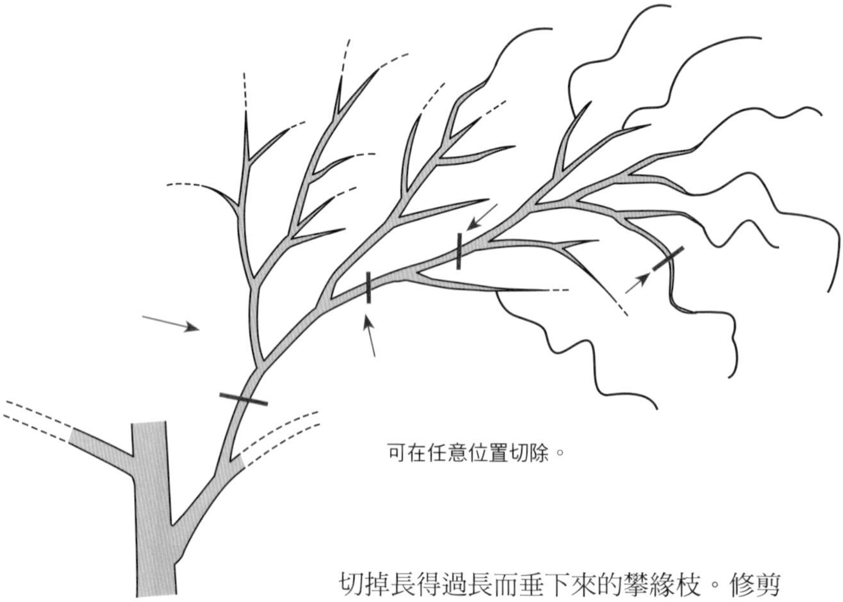

切掉長得過長而垂下來的攀緣枝。修剪可以在花後～秋季之前隨時進行。

牽引到牆面的吊鐘藤

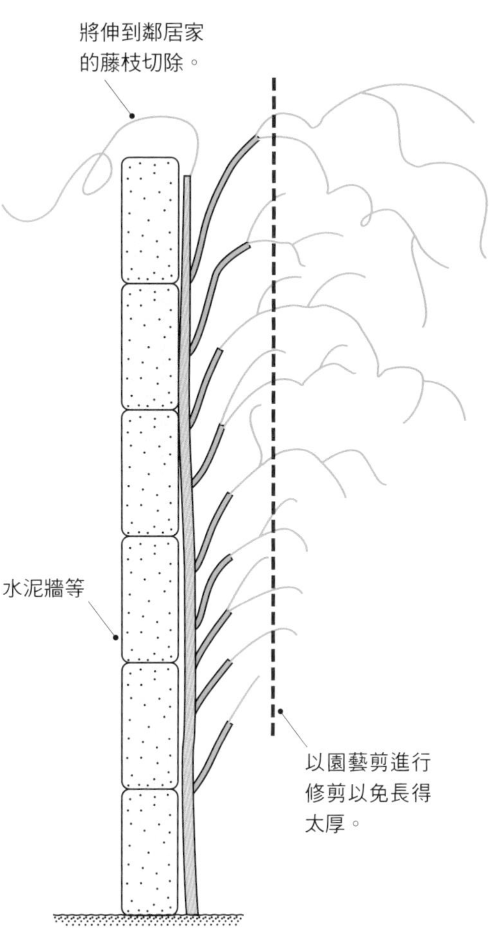
將伸到鄰居家
的藤枝切除。
水泥牆等
以園藝剪進行
修剪以免長得
太厚。

由於成長非常快，有必要反覆進行修剪。如果藤枝太重疊，會因為自身的重量而從牆上脫落。想令其爬上水泥牆，應時常進行強剪以減輕藤枝的重量。

花芽的生發方式

並沒有明顯的花芽分化期，秋天停止生長的藤枝，前端部分有葉的節上生出花芽。特別是垂下來的藤枝，前端往往容易生出花芽。

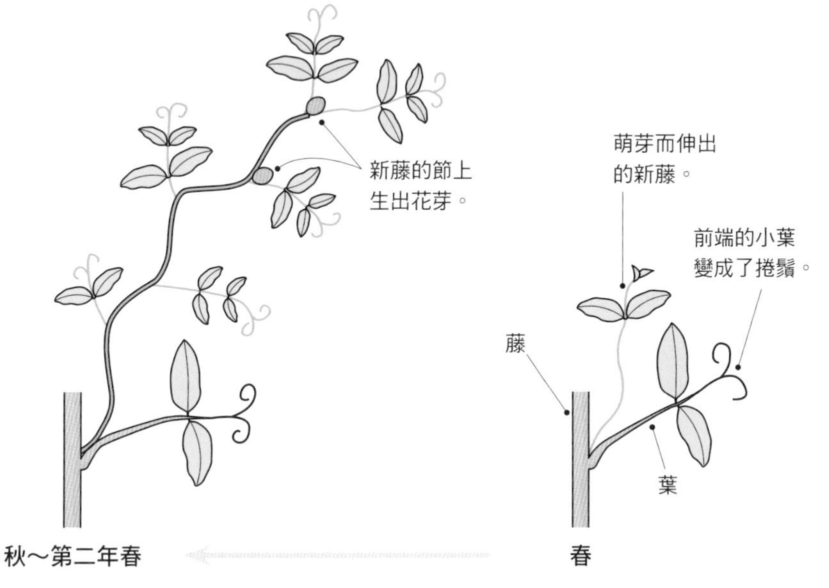
新藤的節上
生出花芽。
萌芽而伸出
的新藤。
前端的小葉
變成了捲鬚。
藤
葉
秋～第二年春
春

山荊子

Malus × cerasifera

薔薇科蘋果屬的落葉小喬木

山荊子的花與果實

原產地不詳。除了可以盆栽，還可以作為庭園樹木觀賞。與花相比，果實更具有觀賞價值，必須透過近緣種花粉授粉結果。移植、修剪容易。透過嫁接繁殖。

	1	2	3	4	5	6	7	8	9	10	11	12
生長				開花				花芽分化開始～花芽存在期				
庭園樹木		修剪										修剪
		①施肥（1次）			②施肥（1次）			③施肥（1次）				
			種植								種植	
盆栽		修剪										修剪
		④施肥（1次）			⑤施肥（1次）			⑥施肥（1次）				
		種植、移植									種植	

肥料　①、④、⑤、⑥為含氮元素少的化學合成肥料。②、③僅對幼樹施含氮元素多的化學合成肥料。
繁殖方法　10～12月播種（採種）。

●栽培環境

庭園樹木 日照好的地方。對土質不怎麼挑剔。

盆栽 **放置場所** 日照好的地方。

用土 園土6、砂2、纖維草炭2的混合土。單用桐生砂、鹿沼土也可以。

●至開花所需時間

充分施肥培育的2～3年實生苗（由種子發芽長成的苗），盆栽後快的話1～2年開花。庭園樹木需3～5年。

修剪的基本方法

幼樹容易生徒長枝，即使對徒長枝進行了強剪，以後往往還是會生出徒長枝。徒長枝頂部的芽，萌芽後容易變成徒長枝，而徒長枝中部的芽長成短枝。

●徒長枝的修剪

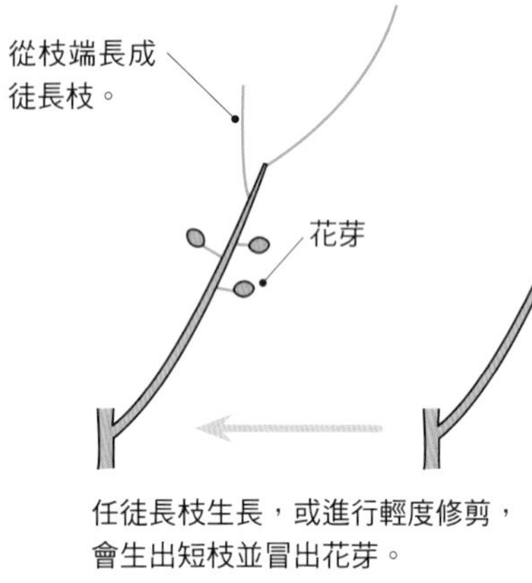
從枝端長成
徒長枝。
花芽
任徒長枝生長，或進行輕度修剪，
會生出短枝並冒出花芽。

●對徒長枝進行水平牽引

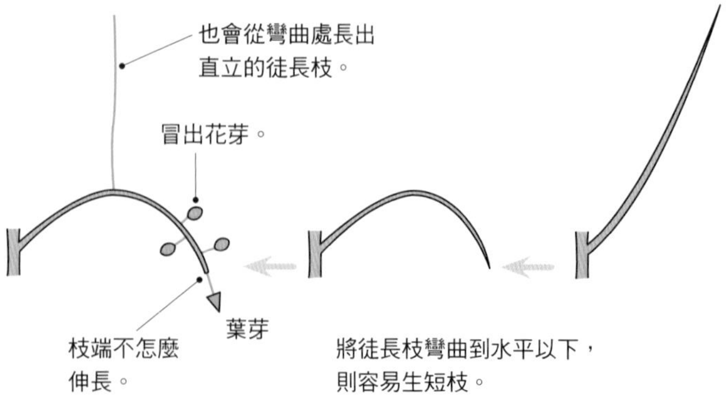
也會從彎曲處長出
直立的徒長枝。
冒出花芽。
葉芽
枝端不怎麼
伸長。
將徒長枝彎曲到水平以下，
則容易生短枝。

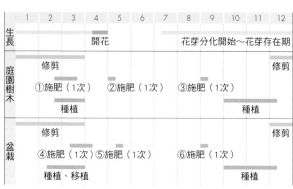

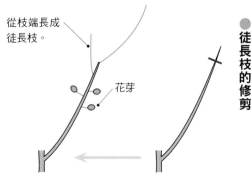

不開花、不結果的主要原因

A 無短枝…❶樹木尚未成熟。❷由於過度修剪，淨長了一些徒長枝。❸水、肥料豐富，生長非常旺盛。

B 有短枝花卻不開…❶日照不足。❷從春天至花芽分化期，極端的水、肥料不足，病蟲害，過濕引起的落葉。

C 結實的短枝上不開花…❶和不結實的短枝比起來，容易著花不良。❷從春天至花芽分化期，日照、水、肥料不足。

D 開了花卻沒有結實…❶只有1株，而且花數少。❷沒有傳粉昆蟲，無法授粉。

花芽的生發方式

短枝前端的節，有時在中段的節上，7~8月花芽分化。生過一次花芽的短枝，每年都會生出花芽。然而，由於修剪等原因，伸出的短枝變成長枝，則不生花芽。

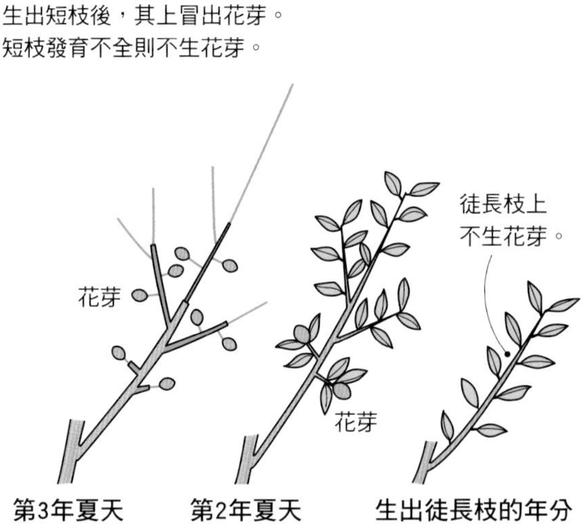
生出短枝後，其上冒出花芽。
短枝發育不全則不生花芽。
花芽
花芽
徒長枝上
不生花芽。
第3年夏天
第2年夏天
生出徒長枝的年分

庭園樹木、盆栽的修剪

也有每年將伸長的枝條剪短，以塑造喜好樹形的方法，但這樣至開花所花費的年數更長。在此將介紹著花早，且能令初學者簡單上手的修剪方法。

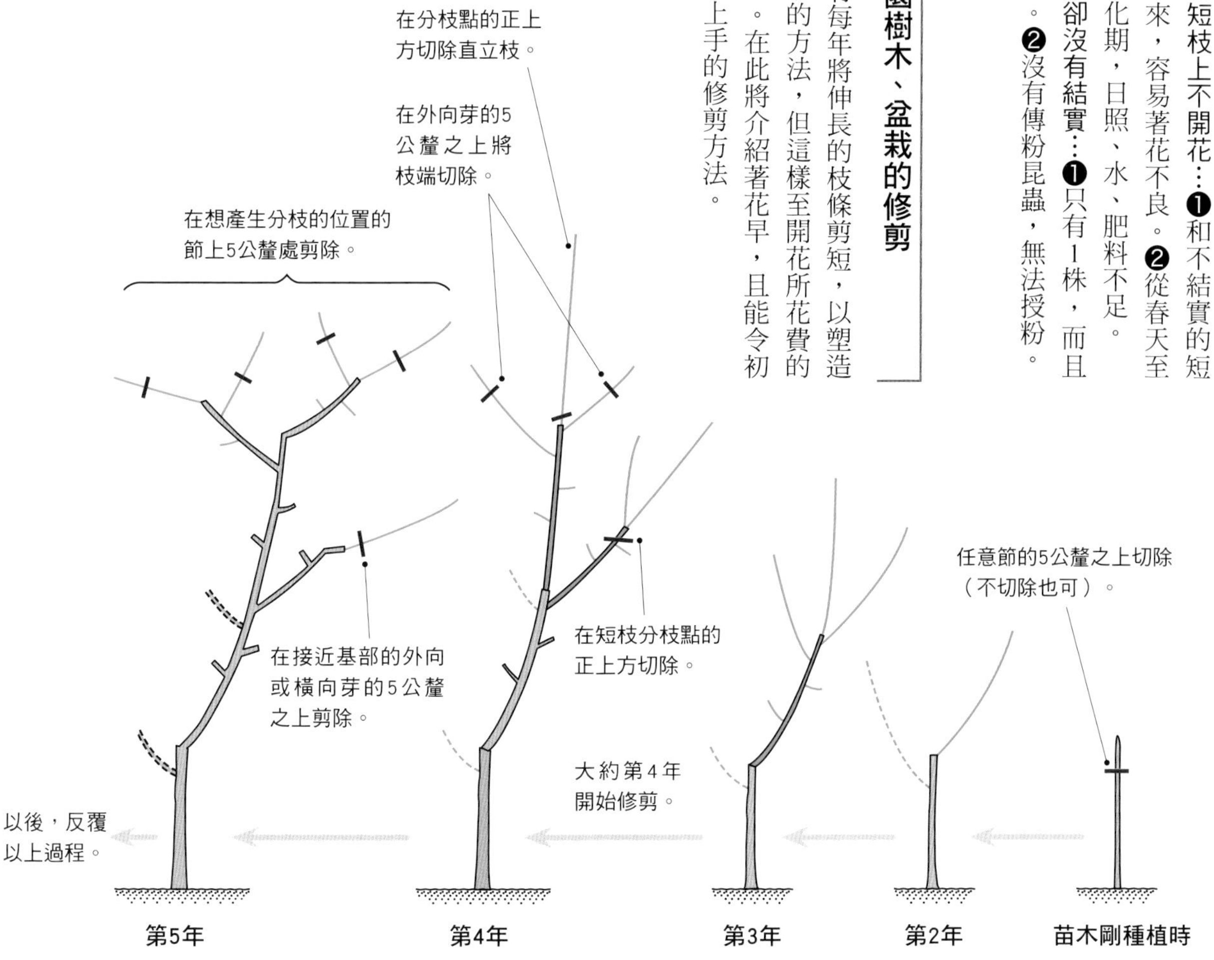
在分枝點的正上方切除直立枝。
在外向芽的5公釐之上將枝端切除。
在想產生分枝的位置的節上5公釐處剪除。
任意節的5公釐之上切除（不切除也可）。
在短枝分枝點的正上方切除。
在接近基部的外向或橫向芽的5公釐之上剪除。
大約第4年開始修剪。
以後，反覆以上過程。
第5年
第4年
第3年
第2年
苗木剛種植時

多花紫藤

多花紫藤

Wisteria floribunda

別名：日本紫藤
豆科紫藤屬的落葉藤本

日本本州、四國、九州的野生植物。多作為攀緣棚架上的庭木，也有可作為中、大型盆栽觀賞的種類或品種。移植容易，老枝的修剪困難。透過嫁接繁殖。

		1	2	3	4	5	6	7	8	9	10	11	12
生長						開花					花芽分化～花芽存在期		
庭園樹木			修剪						新梢修剪				修剪
				①施肥（1次）							②施肥（1次）		
				種植、移植								種植	
盆栽			修剪				新梢修剪						修剪
				③施肥（1次）									
				種植、移植								種植、移植	

肥料　①中僅對幼樹施含氮元素多的化學合成肥料。②為含氮元素少的化學合成肥料。③為含氮元素多的化學合成肥料。
繁殖方法　2月中旬～3月嫁接。6～7月中旬扦插。

●栽培環境

庭園樹木 日照好的地方。只要不太乾燥即可，對土質不挑剔。

盆栽 **放置場所** 日照好的地方。

用土 園土7、砂2、腐葉土1的混合土。適合稍有黏性的土質。

●至開花所需時間

一年生品種、山藤系的白花紫藤等品種盆栽2～3年，其他多數品種一般為5～10年。

●不開花的主要原因

A 樹木尚未成熟。

B 生出的藤太多…❶肥料過多、多濕。❷根系過度發達。❸盆栽，花盆過大或移植太頻繁。

C 枝太細…❶反覆對新梢進行不合理的修剪。❷肥料不足、日照不足。❸盆栽的花盆太小。

修剪的基本方法

修剪和著花沒有直接的關係，即使任其生長，經過一定的年月也必定會開花。如果對藤枝進行強剪，則再次長出的藤上不著花。不過，透過對新梢進行修剪而使藤枝停止伸長，成為短枝，也會生出花芽。6月開始花芽分化。

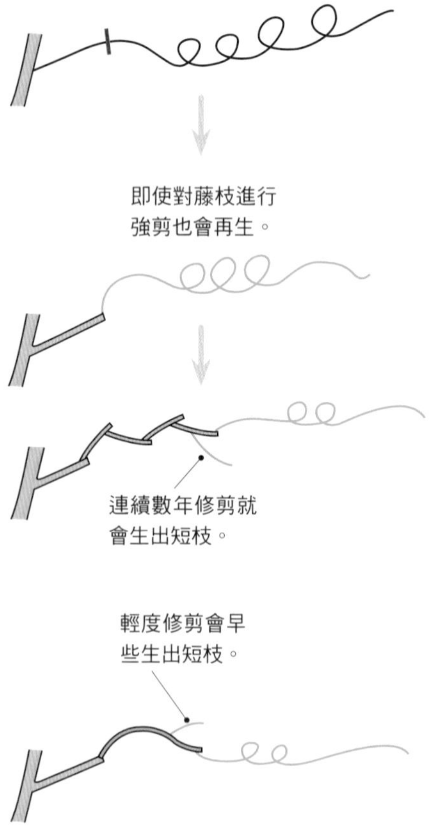
即使對藤枝進行
強剪也會再生。
連續數年修剪就
會生出短枝。
輕度修剪會早
些生出短枝。

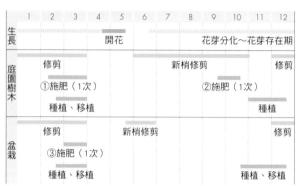

庭園樹木的修剪

以攀緣棚架的標準形式為例，對藤枝進行修剪時，要考慮到不要使新梢過於擁擠。

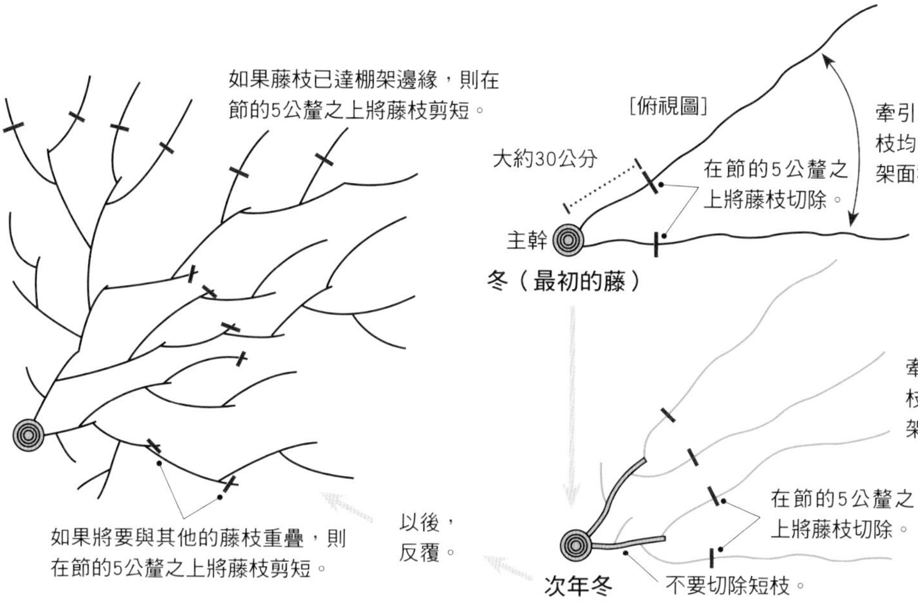

如果藤枝已達棚架邊緣，則在節的5公釐之上將藤枝剪短。
[俯視圖]
大約30公分
在節的5公釐之上將藤枝切除。
牽引時將藤枝均分於棚架面積。
主幹
冬（最初的藤）
牽引時將藤枝均分於棚架面積。
在節的5公釐之上將藤枝切除。
如果將要與其他的藤枝重疊，則在節的5公釐之上將藤枝剪短。
以後，反覆。
次年冬
不要切除短枝。

盆栽的修剪

基本上與庭園樹木相同。如果開始著花，則數年的時間都不會生出藤枝。

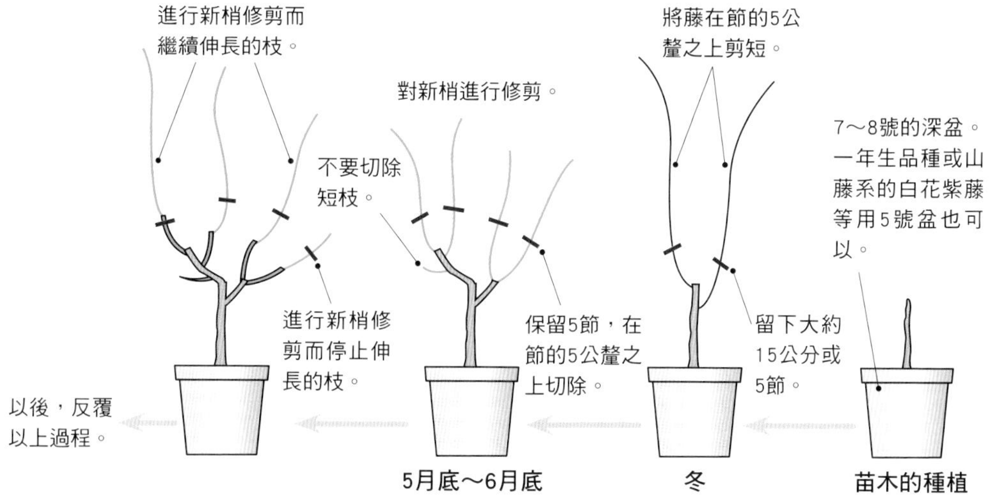

進行新梢修剪而繼續伸長的枝。
對新梢進行修剪。
將藤在節的5公釐之上剪短。
7～8號的深盆。一年生品種或山藤系的白花紫藤等用5號盆也可以。
不要切除短枝。
進行新梢修剪而停止伸長的枝。
保留5節，在節的5公釐之上切除。
留下大約15公分或5節。
以後，反覆以上過程。
5月底～6月底
冬
苗木的種植

花芽的生發方式

短枝的節上生出花芽，長枝（藤）上不生花芽。由於幼樹的藤枝生長旺盛，所以不生花芽。如果短枝不粗壯，也不生花芽。

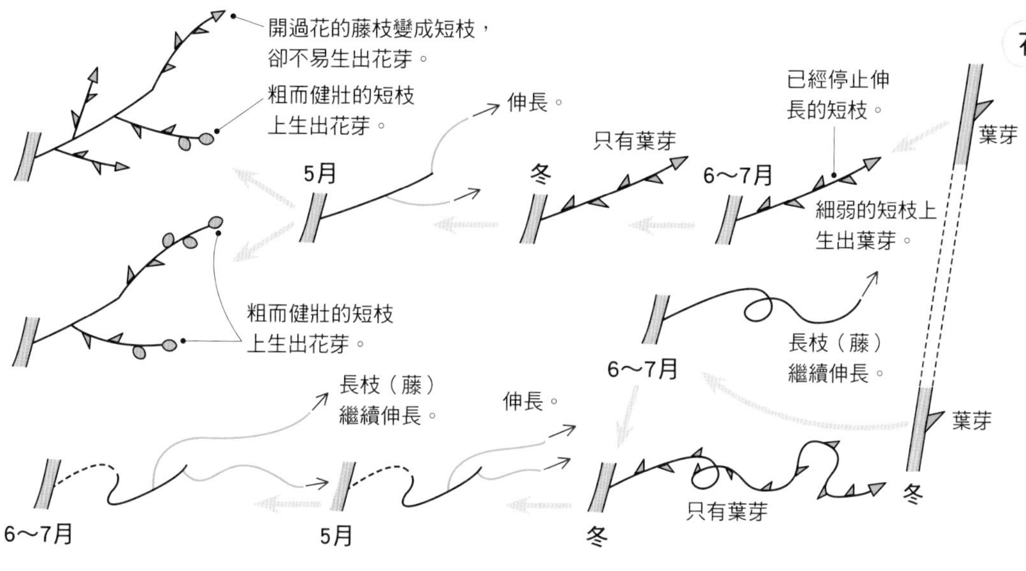

開過花的藤枝變成短枝，卻不易生出花芽。
粗而健壯的短枝上生出花芽。
伸長。
只有葉芽
已經停止伸長的短枝。
5月
冬
6～7月
細弱的短枝上生出葉芽。
葉芽
粗而健壯的短枝上生出花芽。
長枝（藤）繼續伸長。
6～7月
長枝（藤）繼續伸長。
伸長。
葉芽
只有葉芽
冬
6～7月
5月
冬

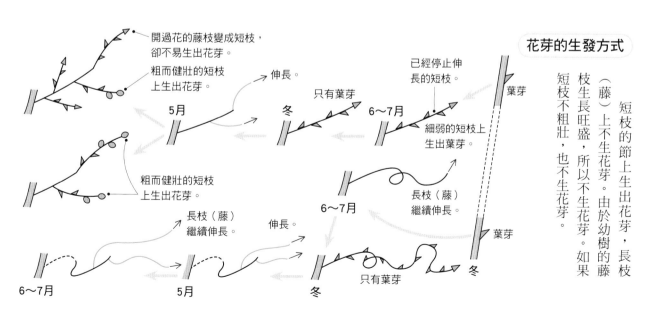

錦帶花

錦帶花

Weigela florida

別名：五色海棠、山脂麻
忍冬科錦帶花屬的落葉灌木

錦帶花及其近緣種分佈於日本、朝鮮半島以及中國。一般作為樹高2公尺左右的庭園樹木。不適合盆栽。移植、修剪容易，可簡單地透過扦插進行繁殖。

	1	2	3	4	5	6	7	8	9	10	11	12
生長					開花		花芽分化開始（?）～花芽存在期					
庭園樹木						修剪						
		施肥（1次）			施肥（1次）							
		種植、移植									種植、移植	

肥料　含氮元素多的化學合成肥料。
繁殖方法　3～8月扦插。

●栽培環境

庭園樹木 日照好的地方，喜好排水良好的砂質土。寒冷地區也能輕鬆種植。

盆栽 不適合。

●至開花所需時間　小苗種植後3～4年。

●不開花的主要原因

❶日照不足。
❷秋至冬季進行了強剪。

修剪的基本方法

從生出花芽至開花期間進行修剪，會切掉花芽。花後切除著花部分與任其生長相比，枝條張幅的大小會有所不同。

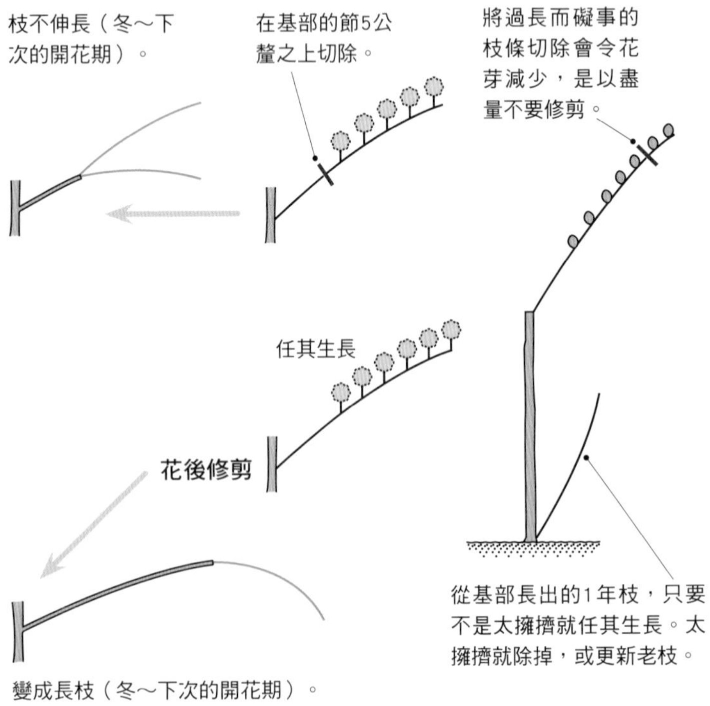
枝不伸長（冬～下次的開花期）。
在基部的節5公釐之上切除。
將過長而礙事的枝條切除會令花芽減少，是以盡量不要修剪。
任其生長
花後修剪
變成長枝（冬～下次的開花期）。
從基部長出的1年枝，只要不是太擁擠就任其生長。太擁擠就除掉，或更新老枝。

庭園樹木的修剪

可以任其生長，想限制枝條張幅的情況下，可以在花後進行修剪。枝數尚少的幼樹，可以針對各枝條，修剪至1年枝基部的葉芽；長成大樹後，由於費時、費力，只需簡單地剪短即可。秋至冬季想將枝端修剪整齊時，盡量只進行輕度修剪。

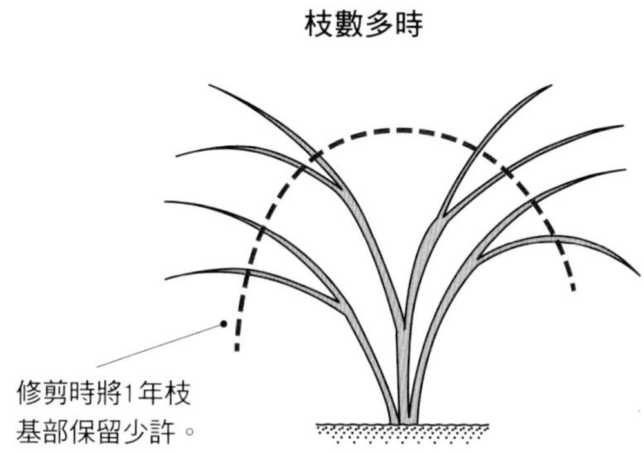

枝數多時
修剪時將1年枝
基部保留少許。

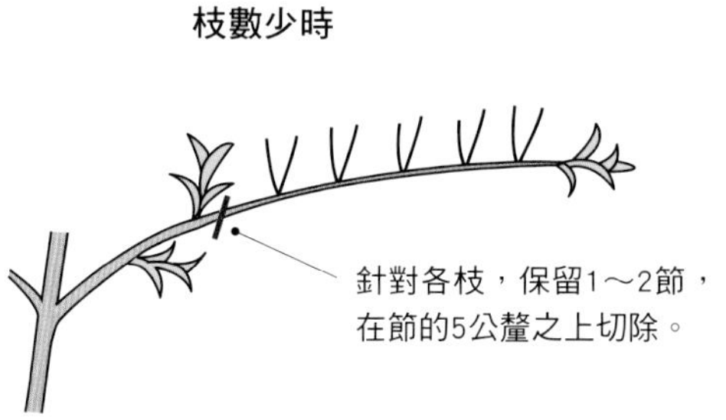

枝數少時
針對各枝，保留1～2節，
在節的5公釐之上切除。

花芽的生發方式

在新梢上部的節上生出花芽。花芽萌發後長出短枝，其前端開花。而開過花的短枝以後不再生出花芽，並枯乾。

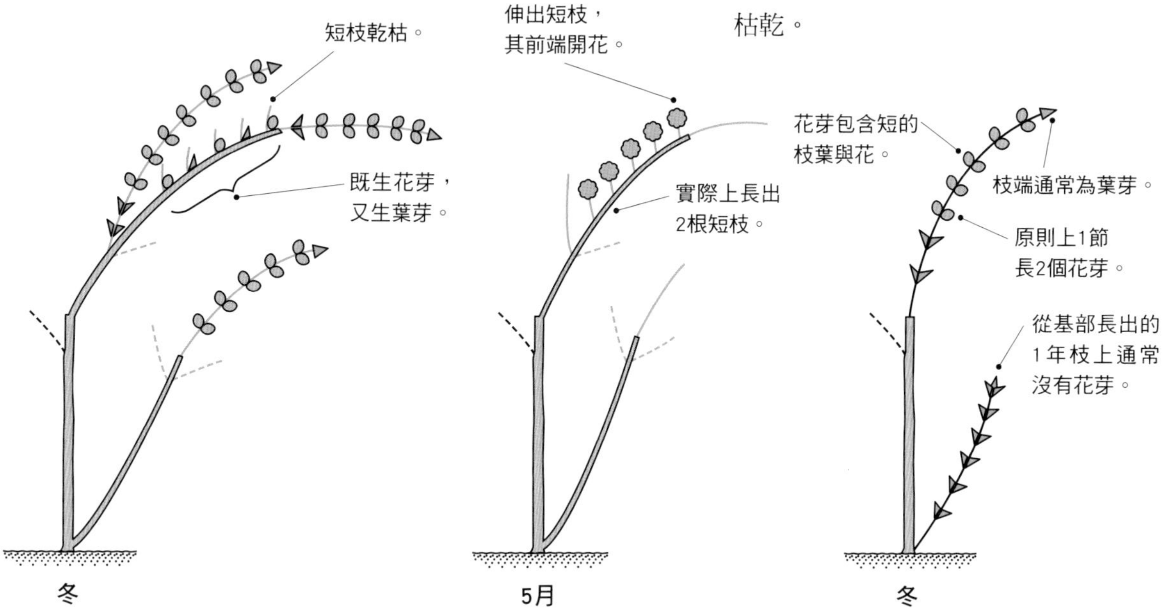

短枝乾枯。
既生花芽，
又生葉芽。
冬
伸出短枝，
其前端開花。
實際上長出
2根短枝。
5月
花芽包含短的
枝葉與花。
枝端通常為葉芽。
原則上1節
長2個花芽。
從基部長出的
1年枝上通常
沒有花芽。
冬

【鐮田藤】

肥料　①、⑥為苦土石灰。②、③、④、⑤、⑦、⑧、⑨、⑩、⑪為含氮元素多的化學合成肥料。
繁殖方法　9月下旬～10月嫁接（砧木使用芍藥的根）。

牡丹

Paeonia

別名：百花王、富貴花
芍藥科芍藥屬的落葉灌木

原產於中國，改良品種為陝西省的野生品種。有眾多的園藝品種。主要作為庭園樹木，也可作為大型盆栽。不適合酸性土。不宜移植。

	1	2	3	4	5	6	7	8	9	10	11	12
生長					開花				花芽分化～花芽存在期			
庭園樹木	①施肥（1次）		②施肥（1次）		摘花梗、修剪A ③施肥（1次）		④施肥（1次）		修剪B ⑤施肥（1次） 種植			
盆栽	⑥施肥（1次）		⑦施肥（1次）		摘花梗 ⑧施肥（1次）	摘芽 ⑨施肥（1次）	⑩施肥（1次）		修剪 ⑪施肥（1次） 種植、移植			

●栽培環境

庭園樹木 不適合溫暖地區。日照好的地方，喜好排水良好、富含有機質的土壤。而且適合中性至弱鹼性的土壤。

盆栽 不適合溫暖地區。

放置場所 日照好的地方。

用土 園土4、砂3、腐葉土3的混合土，或用赤玉土6～7、腐葉土3～4的混合土。

●至開花所需時間

嫁接1年苗第三年開花。

●不開花的主要原因

A枝太細、葉太小、節間距短…❶多濕、排水不良。❷土壤為強酸性。

B看起來不太健康…❶日照不足。❷肥料不足。

C出芽後，新葉發育不良，蜷縮。之後的枝葉生長不良…芽線蟲病。

修剪的基本方法

花芽形成前對新梢進行修剪，殘餘的新梢上位節上生出花芽。如果不在花後立即摘除花梗以免結果，則很難生出花芽。

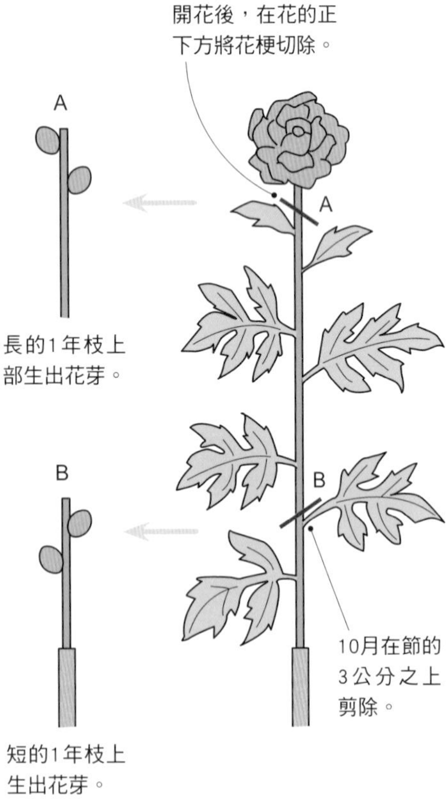
開花後，在花的正下方將花梗切除。
A
A
長的1年枝上部生出花芽。
B
B
10月在節的3公分之上剪除。
短的1年枝上生出花芽。

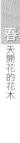

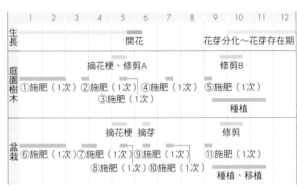

庭園樹木的修剪

A 開花期即使將要倒伏也任其生長，花後在低的位置切除。牡丹容易生潛伏芽，不考慮節、芽的情況下，修剪至很低的位置也沒有關係。這種修剪方法，植株既不會長太高，著花也好，是適合一般家庭的整枝方法。

B 春季開過花的新梢，10月修剪時保留基部3～4節。這方法可使每年植株不會長得太高。不過，著花容易變差，所以確保枝條的健壯是很有必要的。

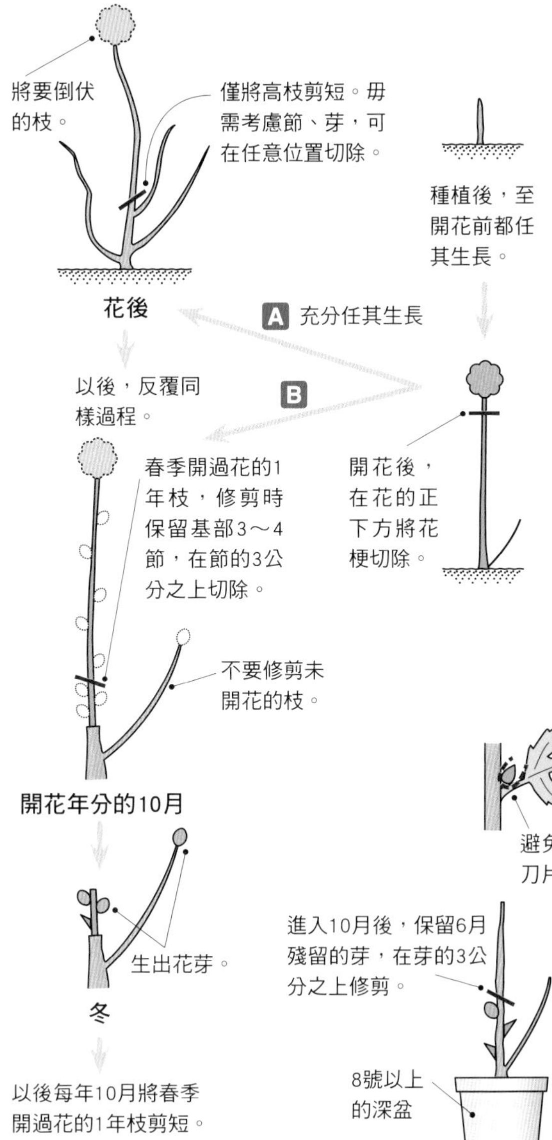
將要倒伏的枝。
僅將高枝剪短。毋需考慮節、芽，可在任意位置切除。
種植後，至開花前都任其生長。
花後
A 充分任其生長
以後，反覆同樣過程。
B
開花後，在花的正下方將花梗切除。
春季開過花的1年枝，修剪時保留基部3～4節，在節的3公分之上切除。
不要修剪未開花的枝。
開花年分的10月
生出花芽。
冬
以後每年10月將春季開過花的1年枝剪短。

盆栽的修剪

與庭園樹木的修剪B相同，6月保留從基部以上3～4節的腋芽，而將其餘的腋芽摘除。

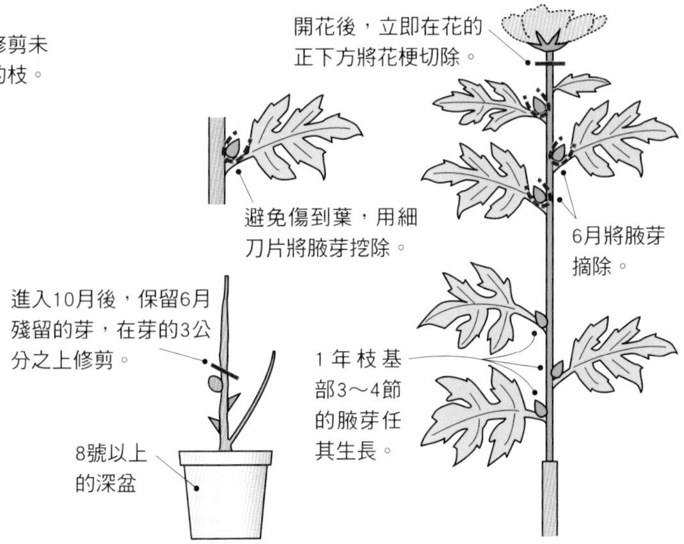
開花後，立即在花的正下方將花梗切除。
避免傷到葉，用細刀片將腋芽挖除。
6月將腋芽摘除。
進入10月後，保留6月殘留的芽，在芽的3公分之上修剪。
1年枝基部3～4節的腋芽任其生長。
8號以上的深盆

花芽的生發方式

新梢的前端生出花芽，入秋以後花芽才算真正地形成。花芽萌發後長出較長的枝，其前端開花。

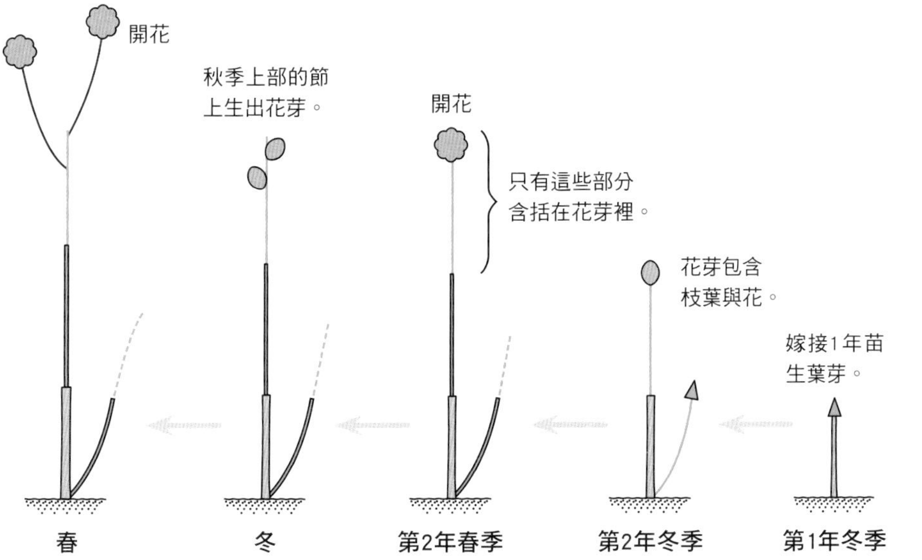
開花
秋季上部的節上生出花芽。
開花
只有這些部分含括在花芽裡。
花芽包含枝葉與花。
嫁接1年苗生葉芽。
春
冬
第2年春季
第2年冬季
第1年冬季

【Burgundy】

木蘭花

Magnolia

別名：辛夷
木蘭科木蘭屬的落葉或常綠灌木～喬木

原產於東亞和北美。有交配品種和眾多的園藝品種。常作為樹高5公尺以下的庭木，也有適合中型盆栽的品種。根粗，成年樹的移植稍嫌困難。

		1	2	3	4	5	6	7	8	9	10	11	12
生長				開花						花芽分化開始～花芽存在期			
庭園樹木		修剪											修剪
			①施肥（1次）										
			種植									種植	
盆栽		修剪											修剪
					②施肥（1次）						③施肥（1次）		
			種植、移植										種植、移植

肥料　①中對未開花的植株施含氮元素多的化學合成肥料，對開花植株施含氮元素少的化學合成肥料。②、③為含氮元素少的化學合成肥料。
繁殖方法　2月中旬～3月上旬嫁接（砧木為日本辛夷）。木蘭2月下旬～3月中旬分株。日本毛玉蘭3月中旬扦插。

●栽培環境

庭園樹木 一般移植困難，所以要慎重考慮種植地點。雖然能耐受輕微的背陰，但還是要盡量選日照好的地方。對土質不挑剔，但要避免多濕地。

盆栽 將日本毛玉蘭、星木蘭作為親本之一的交配品種適合盆栽。

放置場所 日照好的地方。

用土 單用赤玉土。

●至開花所需時間

日本毛玉蘭系列品種種植後2～3年。其他品種大約5年。

●不開花的主要原因

❶樹木尚未成熟。
❷盆栽的水、肥料不足引起的發育不良，枝太細。
❸修剪過的枝條太多。

修剪的基本方法

修剪後的萌芽情況一般都不好，新生出的枝條有1～2根。並沒有特別修剪的必要，想限制樹高、樹枝張幅的情況下，可以進行疏剪。放任徒長枝生長也沒有關係，而如果想調整樹形，只能進行輕度修剪，否則枝條會再次徒長。

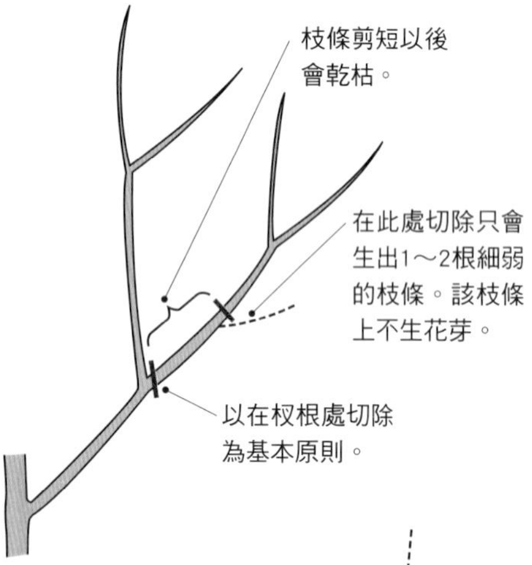
枝條剪短以後會乾枯。
在此處切除只會生出1～2根細弱的枝條。該枝條上不生花芽。
以在杈根處切除為基本原則。

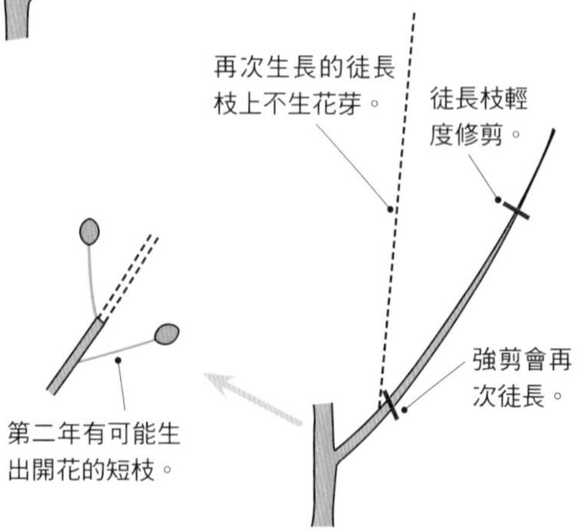
再次生長的徒長枝上不生花芽。
徒長枝輕度修剪。
強剪會再次徒長。
第二年有可能生出開花的短枝。

庭園樹木的修剪

任其生長會使著花情況最好。在限制樹高、樹枝張幅或除去密枝的情況下，可進行疏剪。對於徒長枝，從枝條姿態的角度考慮，如有必要再修剪。

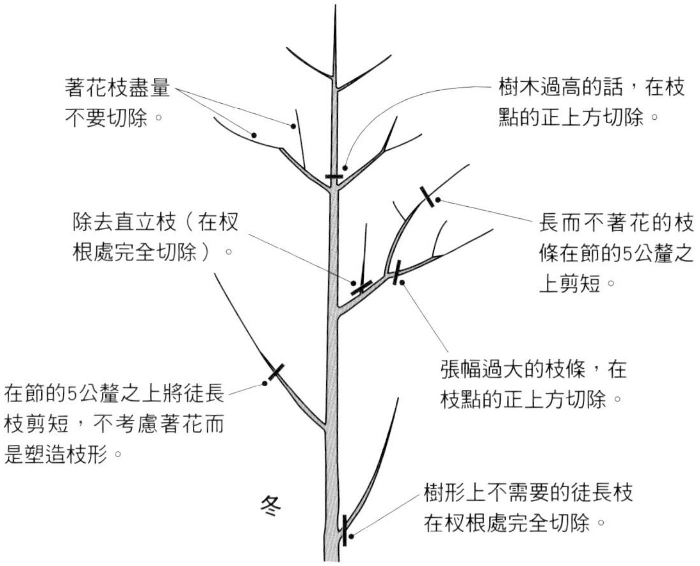
著花枝盡量不要切除。
樹木過高的話，在枝點的正上方切除。
除去直立枝（在杈根處完全切除）。
長而不著花的枝條在節的5公釐之上剪短。
張幅過大的枝條，在枝點的正上方切除。
在節的5公釐之上將徒長枝剪短，不考慮著花而是塑造枝形。
冬
樹形上不需要的徒長枝在杈根處完全切除。

盆栽的修剪

由於有必要限制大小，所以不得不進行修剪。修剪的要領與庭園樹木相同。

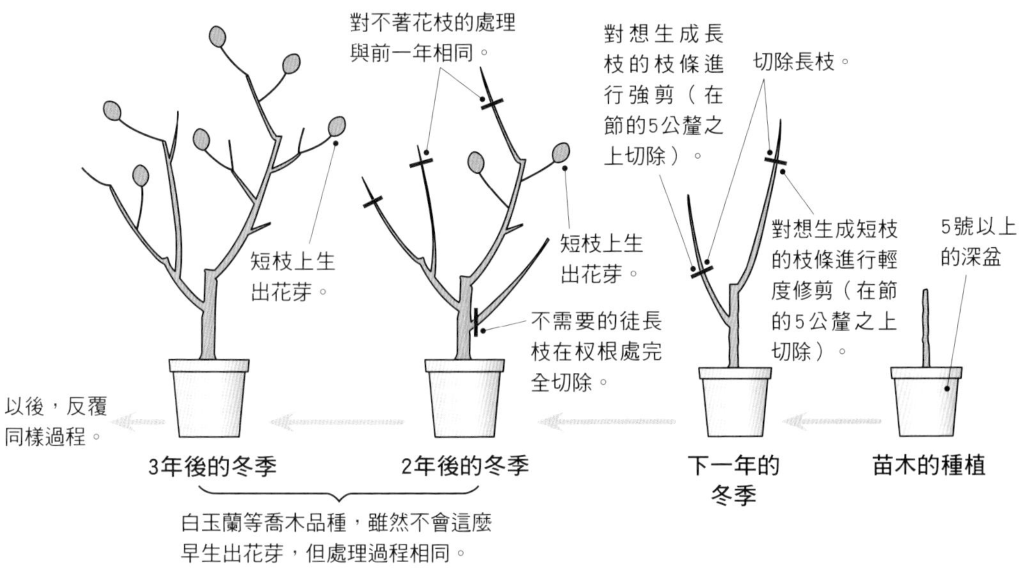
苗木的種植
5號以上的深盆
下一年的冬季
對想生成長枝的枝條進行強剪（在節的5公釐之上切除）。
切除長枝。
對想生成短枝的枝條進行輕度修剪（在節的5公釐之上切除）。
2年後的冬季
對不著花枝的處理與前一年相同。
短枝上生出花芽。
不需要的徒長枝在杈根處完全切除。
3年後的冬季
短枝上生出花芽。
以後，反覆同樣過程。
白玉蘭等喬木品種，雖然不會這麼早生出花芽，但處理過程相同。

花芽的生發方式

徒長枝上不生花芽。短枝的前端只開1朵花。落葉性的品種一般在6月花芽分化。

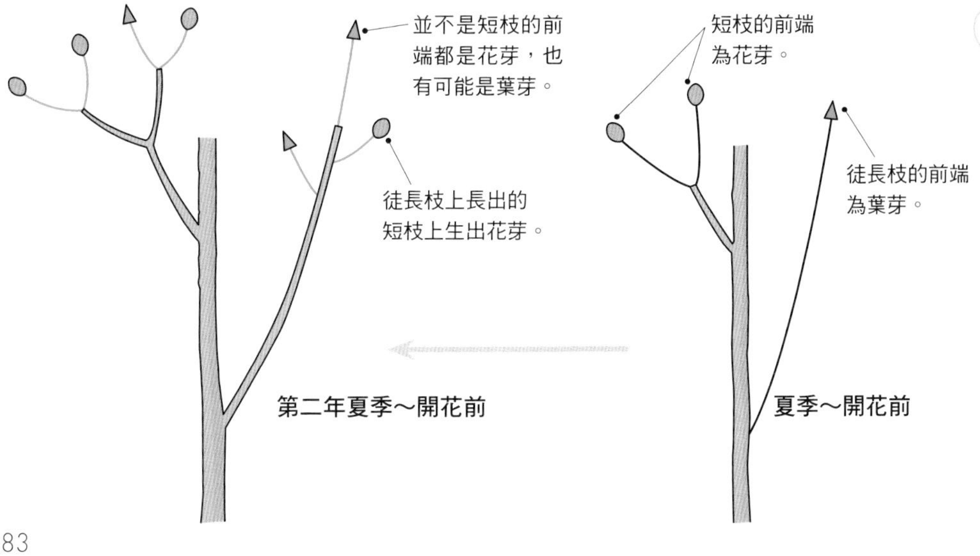
夏季～開花前
短枝的前端為花芽。
徒長枝的前端為葉芽。
第二年夏季～開花前
並不是短枝的前端都是花芽，也有可能是葉芽。
徒長枝上長出的短枝上生出花芽。

貝利氏相思樹

線葉金合歡

Acacia

別名：アカシア類
豆科金合歡屬的常綠喬木

澳大利亞野生。不適合盆栽，一般作為家庭種植、樹高5公尺以下的庭木。生長旺盛，不可移植。修剪容易。扦插困難，靠種子繁殖。

	1	2	3	4	5	6	7	8	9	10	11	12
生長			開花				花芽分化開始～花芽存在期					
庭園樹木				修剪								
			施肥（1次）									
				種植、移植								

肥料　僅對苗木施含氮元素多的化學合成肥料。

●栽培環境

庭園樹木 不適合寒冷地區。選擇日照好的地方種植。只要不多濕即可，對土質不挑剔。

盆栽 不適合。

●至開花所需時間　播種繁殖的1～2年苗，種植後5～8年開花。

●不開花的主要原因

❶樹木尚未成熟。

❷將1年枝切除。

花芽的生發方式

夏季新梢的前端冒出花芽，次年春天開花。通常在連續2年伸長的枝上生出花芽。

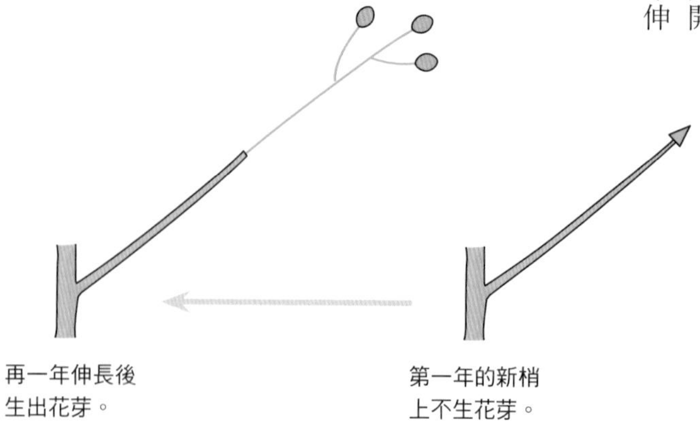
再一年伸長後
生出花芽。
第一年的新梢
上不生花芽。

修剪的基本方法

在任何地方修剪都容易生不定芽，而枝條長粗後切除容易乾枯，所以最好在2～4年枝處切除。

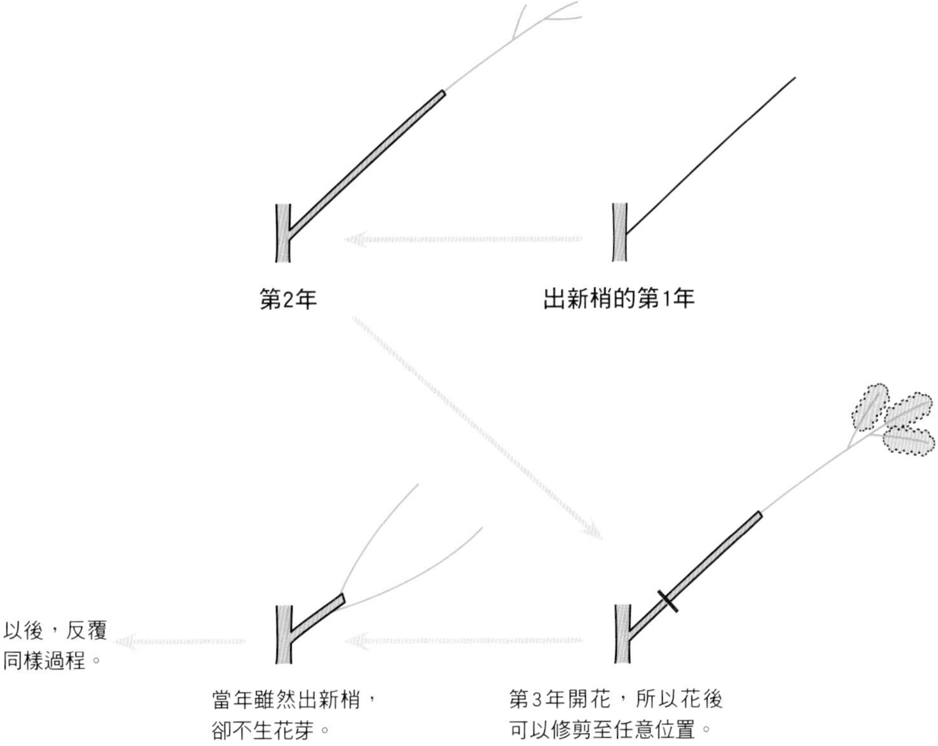
出新梢的第1年
第2年
第3年開花，所以花後
可以修剪至任意位置。
當年雖然出新梢，
卻不生花芽。
以後，反覆
同樣過程。

為了能在夏天生出花芽，此後直至開花都不要進行修剪。此前枝條的充分伸長對於生出花芽很有必要，所以應在花後進行修剪。

庭園樹木的修剪

如果是十分寬敞的庭園，不修剪則花更多、更漂亮。若有必要限制樹高和樹枝張幅，可在花後將開花枝當中伸得過長，或所有的開花枝切除。由於枝條長粗很快，如果不趁著細的時候修剪，以後作業就很困難了。

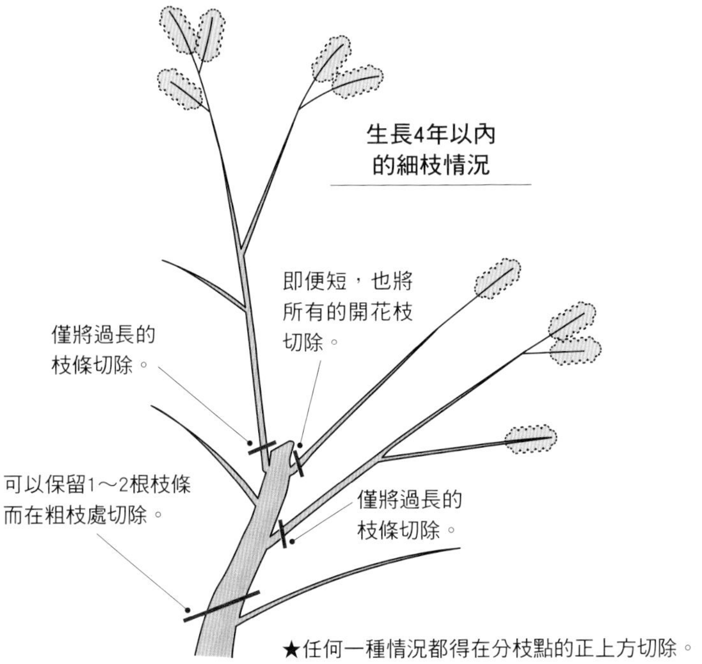
生長4年以內
的細枝情況
即便短，也將
所有的開花枝
切除。
僅將過長的
枝條切除。
可以保留1～2根枝條
而在粗枝處切除。
僅將過長的
枝條切除。
★任何一種情況都得在分枝點的正上方切除。

八重棣棠

棣棠

Kerria japonica

薔薇科棣棠屬的落葉灌木

分佈於日本北海道至九州、朝鮮半島、中國黃河流域以南。地面的枝生長旺盛，叢植。庭園樹木樹高1.5公尺以下，也可盆栽於中型以上花盆。移植容易。靠分株繁殖。

	1	2	3	4	5	6	7	8	9	10	11	12
生長				開花			花芽分化開始～花芽存在期					
庭園樹木							枯枝修剪					
		①施肥（1次）		②施肥（1次）								
			種植、移植								種植、移植	
盆栽							枯枝修剪					
				③施肥（1次）					④施肥（1次）			
			種植								種植、移植	

肥料　①、②、③為含氮元素少的化學合成肥料。④為氮元素、磷酸、鉀元素等量的化學合成肥料。

栽培環境

庭園樹木 能接受半日以上日照的地方。對土質不挑剔。

盆栽 **放置場所** 能接受半日以上日照的地方。

用土 只要不是過度黏的土質即可。也可以單用赤玉土。

至開花所需時間 扦插2～3年苗，種植後大約2年開花。

不開花的主要原因

❶日照不足。

❷夏季之後進行過強剪。

修剪的基本方法

只需將枯枝切除。越修剪，乾枯的枝越多，花數也減少。

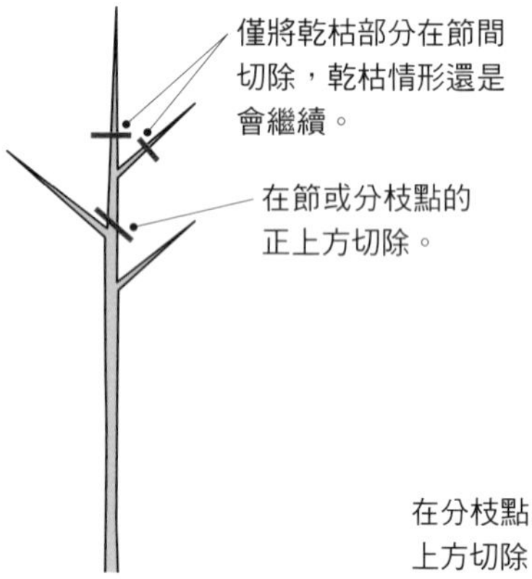
僅將乾枯部分在節間切除，乾枯情形還是會繼續。
在節或分枝點的正上方切除。

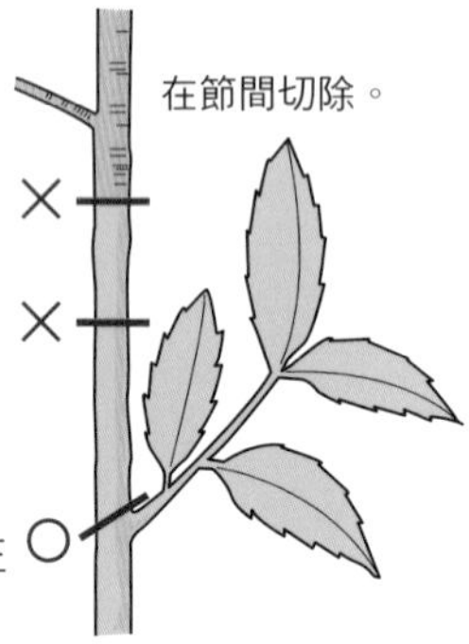
在節間切除。
在分枝點的正上方切除。

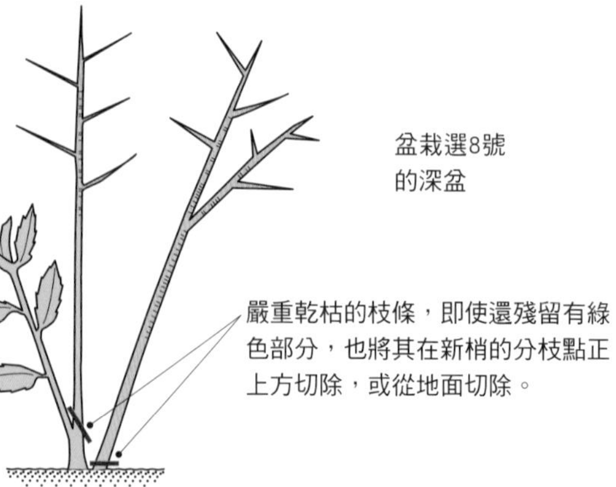
盆栽選8號的深盆
嚴重乾枯的枝條，即使還殘留有綠色部分，也將其在新梢的分枝點正上方切除，或從地面切除。

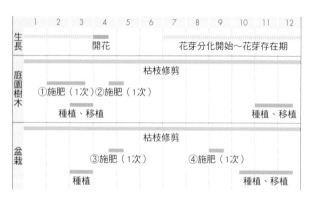

枯枝要隨時除去，密枝從地面疏去。

新梢的節上生出花芽。花芽萌發後長出短枝，其前端開花。

花芽的生發方式

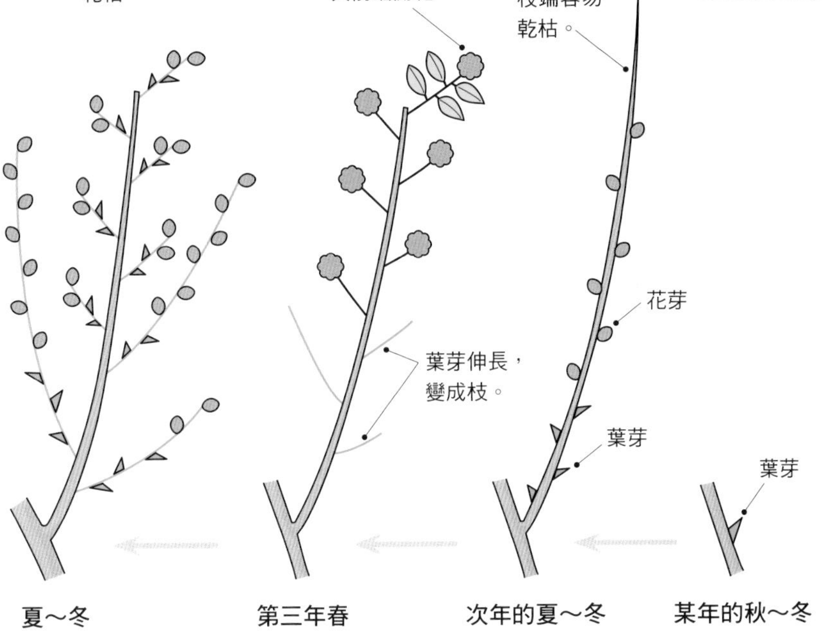
2年枝容易
乾枯。
花芽長出短枝，
其前端開花。
枝端容易
乾枯。
花芽
葉芽伸長，
變成枝。
葉芽
葉芽
夏～冬
第三年春
次年的夏～冬
某年的秋～冬

小知識

棣棠與白棣棠往往容易混淆

雖然是完全不同屬的植物，但是人們往往容易將棣棠與白棣棠弄錯。同屬於薔薇科，但棣棠的葉是互生的，基本種為5瓣花；而白棣棠的葉是對生的，為4瓣花。而且，棣棠的枝細，下垂的枝條劃出優美的弧線；而白棣棠的枝幹則直立生長。

棣棠中有一種【白花棣棠】的品種，開單瓣黃白色的花，但千萬不要與白棣棠混淆了。

棣棠為5瓣花。

白棣棠的花為4瓣花，花後結出4顆黑色的果實。

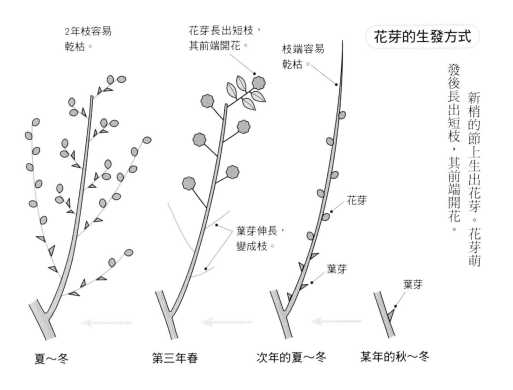

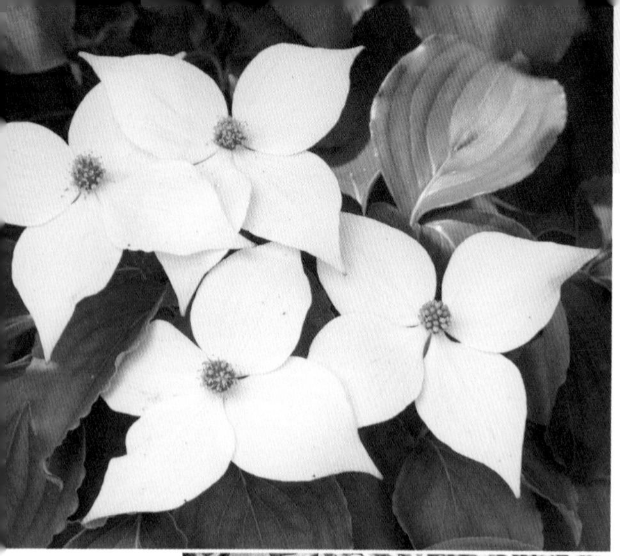

四照花

Cornus kousa

山茱萸科山茱萸屬的落葉喬木

分佈於日本本州以南、朝鮮半島，中國長江流域以南有其變種。除了紅花品種、垂枝品種，還有若干其他的園藝品種。成年樹的移植稍嫌困難。靠種子繁殖，園藝品種可以嫁接。

	1	2	3	4	5	6	7	8	9	10	11	12
生長					開花			花芽分化開始～花芽存在期				
庭園樹木		徒長枝修剪			花後修剪							
						施肥（1次）			施肥（1次）			
		種植、移植										種植、移植

肥料　氮元素、磷酸、鉀元素等量的化學合成肥料。
繁殖方法　實生。園藝品種靠嫁接。

四照花

●栽培環境

庭園樹木　選擇能充分接受日照的地方。不適合乾燥地。

盆栽　除了矮性品種，其他的一般不適合盆栽。

●至開花所需時間　嫁接苗需3年以上。

●不開花的主要原因

❶樹木尚未成熟。
❷生長太旺盛。
❸夏季之後進行了修剪。

修剪的基本方法

不要對徒長枝進行不適當的修剪。著花之前應盡量任其生長。著花以後，只需在必要的範圍內疏除長得過高的枝條和橫向伸得過開的枝條。

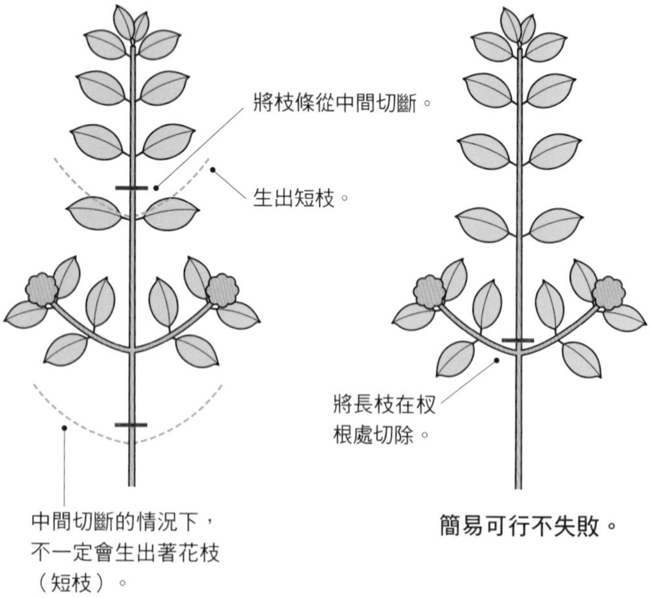
將枝條從中間切斷。
生出短枝。
中間切斷的情況下，不一定會生出著花枝（短枝）。
將長枝在杈根處切除。
簡易可行不失敗。

庭園樹木的修剪

成年樹幾乎沒有修剪的必要。只需將長得過高的枝、礙事的枝疏去，以抑制樹高和枝條張幅。

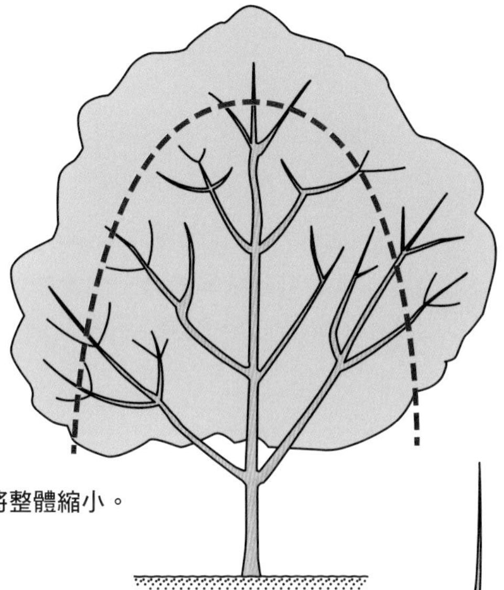

將整體縮小。

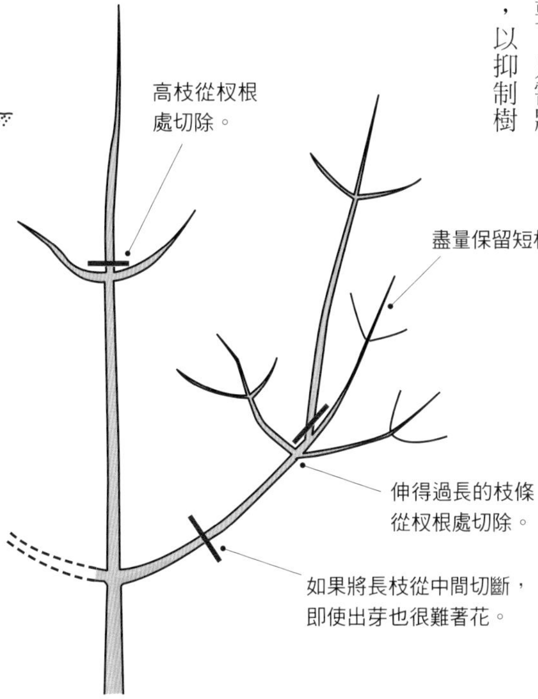

高枝從杈根處切除。
盡量保留短枝。
伸得過長的枝條從杈根處切除。
如果將長枝從中間切斷，即使出芽也很難著花。

紅花四照花

花芽的生發方式

徒長枝上不生花芽。花芽在短枝的前端僅生1個。

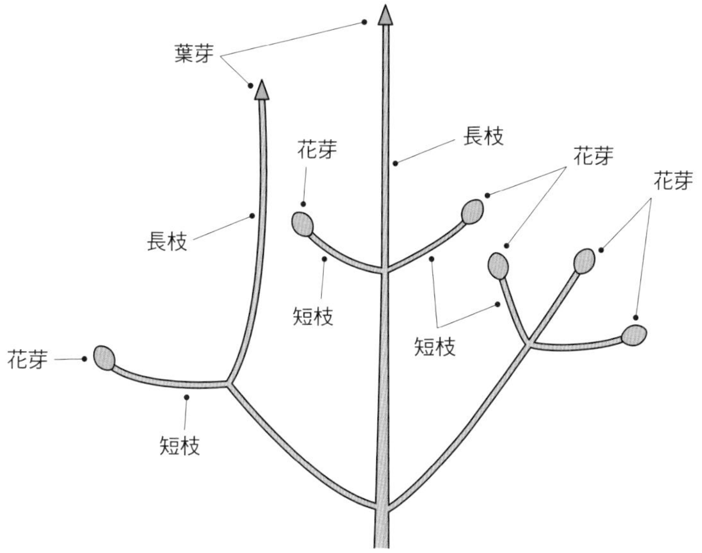

葉芽
長枝
花芽
花芽
花芽
長枝
短枝
短枝
花芽
短枝

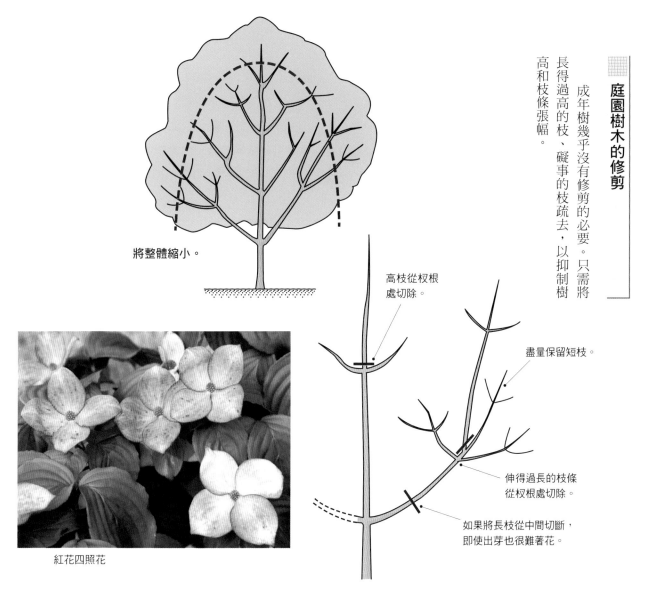

噴雪花

噴雪花

Spiraea thunbergii

別名：珍珠花
薔薇科繡線菊屬的落葉灌木

原產地不詳，一般認為是中國東部。通常作為庭園樹木，也有可以作為盆栽、吊盆欣賞的品種。移植容易，耐修剪。透過分株、扦插、自然實生繁殖。

		1	2	3	4	5	6	7	8	9	10	11	12
生長				開花					花芽分化開始～花芽存在期				
庭園樹木	修剪	秋～冬季修剪			花後修剪			新梢修剪				秋～冬季修剪	
	施肥			①施肥（1次）									
	種植			種植									種植
盆栽	修剪	秋～冬季修剪			花後修剪		新梢修剪					秋～冬季修剪	
	施肥		②施肥（1次）			液體肥料（1次）		液體肥料（1次）					
	種植			種植、移植									種植、移植

肥料　①、②為含氮元素多的化學合成肥料。
繁殖方法　3～4月中旬、12月分株。3月中旬～下旬、6～9月上旬扦插。

栽培環境

庭園樹木 能接受半日以上日照的地方。對土質不挑剔，避免容易乾燥的地方。

盆栽 **放置場所** 日照好的地方。

用土 隨意。單用赤玉土也可。

至開花所需時間

扦插後1～2年。

不開花的主要原因

❶嚴重的日照不足。
❷秋至冬季修剪過度。
❸盆栽花芽分化期過度乾燥。

花芽的生發方式

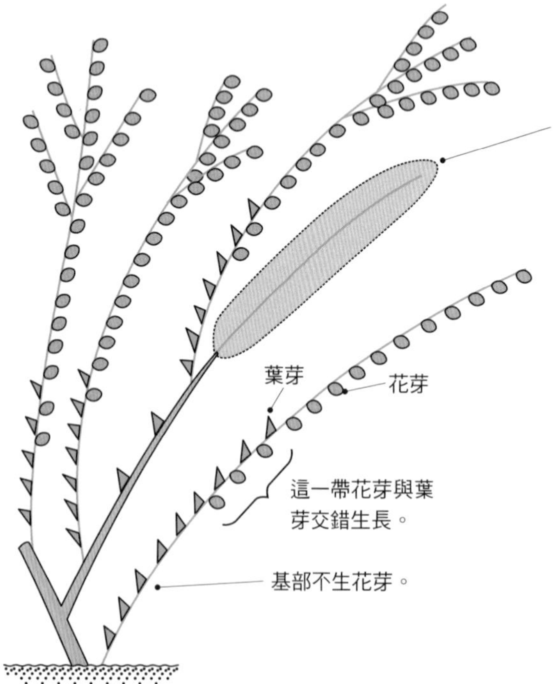
2年枝的著花部分不長枝。
葉芽
花芽
這一帶花芽與葉芽交錯生長。
基部不生花芽。

春季伸出的新梢節上11月生出花芽，而新梢的基部不生花芽。花芽與葉芽不會長在同一個節上。

修剪的基本方法

在葉芽之上切除必定會萌芽，即使從地面附近完全切除，地面也會長出蘖生枝。即便8月末~9月上旬對新梢進行修剪，也會再萌芽。花後應將著花部分切除，否則種子散落，自然萌生雜亂無章的芽。

庭園樹木的修剪

如果庭園寬敞就沒有必要修剪。在想限制枝條張幅的情況下，修剪時可以保留任意長度。依修剪時枝條的選擇和修剪的程度，樹形會有所變化。

盆栽的修剪

花後修剪至地面附近。如果相對於花盆，枝條伸得過開而有傾倒的危險時，可以庭園樹木為基準，秋季以後剪去枝端。

新梢修剪

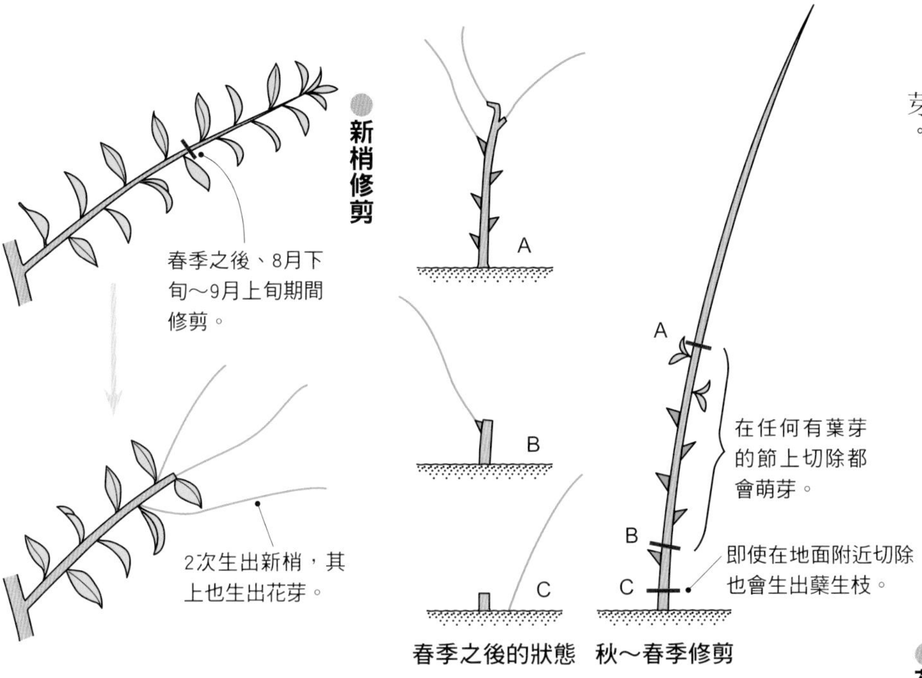
春季之後、8月下旬～9月上旬期間修剪。
2次生出新梢，其上也生出花芽。
A
B
C
在任何有葉芽的節上切除都會萌芽。
即使在地面附近切除也會生出蘖生枝。
春季之後的狀態
秋～春季修剪

花後修剪

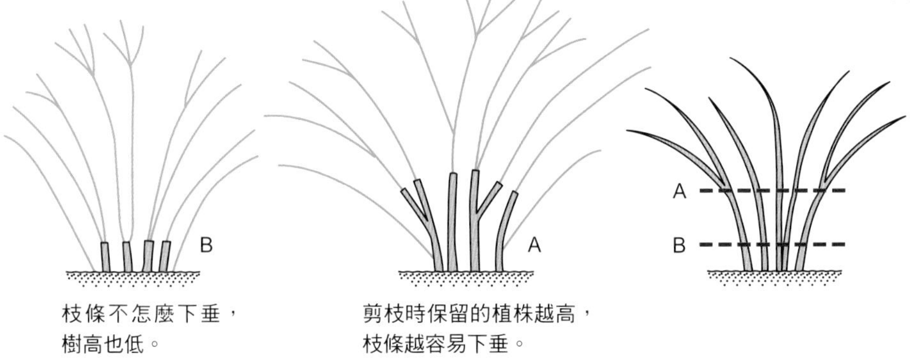
B
A
A
B
枝條不怎麼下垂，樹高也低。
剪枝時保留的植株越高，枝條越容易下垂。

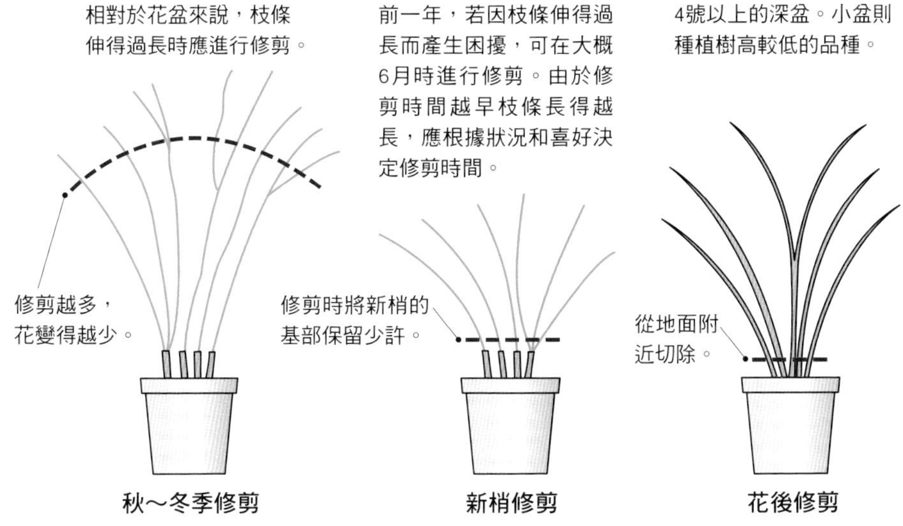
相對於花盆來說，枝條伸得過長時應進行修剪。
前一年，若因枝條伸得過長而產生困擾，可在大概6月時進行修剪。由於修剪時間越早枝條長得越長，應根據狀況和喜好決定修剪時間。
4號以上的深盆。小盆則種植樹高較低的品種。
修剪越多，花變得越少。
修剪時將新梢的基部保留少許。
從地面附近切除。
秋～冬季修剪
新梢修剪
花後修剪

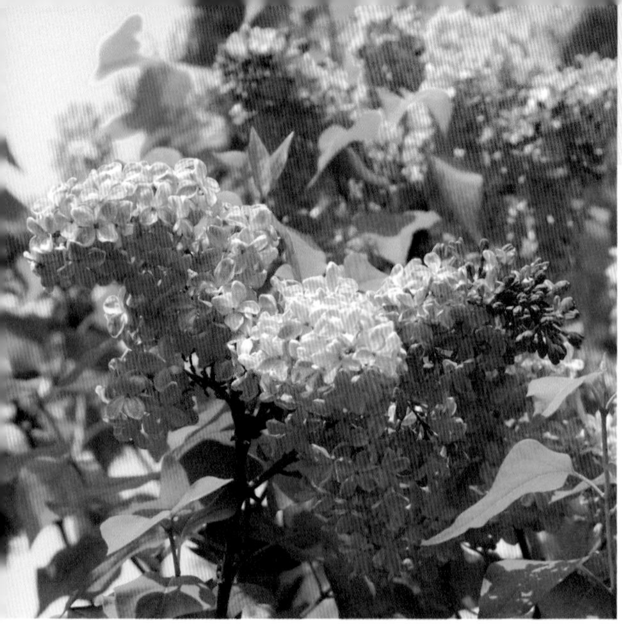

歐洲丁香

歐洲丁香

Syringa vulgaris

別名：洋丁香
木樨科丁香屬的落葉灌木或小喬木

主要分佈於歐洲東南部，有眾多的園藝品種。喜好寒冷地區，家庭中一般作為樹高3公尺以下的庭園樹木。移植、修剪容易。透過嫁接繁殖。

	1–12月
生長	開花；花芽分化開始～花芽存在期
庭園樹木	修剪；①施肥（1次）；②施肥（1次）；③施肥（1次）；種植、移植；種植、移植
盆栽	修剪；④施肥（1次）；⑤施肥（1次）；⑥施肥（1次）；種植、移植；種植、移植

肥料　①、②、④、⑤為含氮元素多的化學合成肥料。③、⑥為含氮元素少的化學合成肥料。
繁殖方法　2月中旬～3月上旬嫁接（砧木為水蠟樹）。2月中旬～3月中旬、11月中旬～12月中旬分株。2月下旬～3月中旬、5月中旬～6月扦插。

●栽培環境

庭園樹木　不適合溫暖地區。種植於日照好的地方。不適宜多濕地，所以應選擇排水良好的地方。

盆栽　**放置場所**　日照好的地方。

用土　單用園土。排水不太好則使用園土6、砂2、腐葉土2的混合土。單用赤玉土也可以。

●至開花所需時間

通常種植後2～3年。

●不開花的主要原因

❶夏季之後至開花期間進行了修剪。

❷土質不好，或氣候過於溫暖。

❸盆栽，花盆太小、過度乾燥、肥料極端不足等原因，造成新梢的萌芽、伸長情況不好。

修剪的基本方法

從生出花芽的夏季開始至開花期間，修剪必定會失去花芽。花後修剪，根據樹木的生長狀況、修剪位置、枝的年齡，恐怕當年不會生出花芽，或導致乾枯。可將太高的枝條疏去。

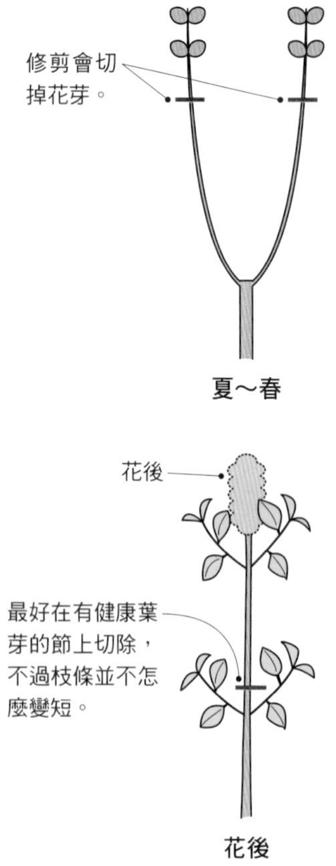

修剪會切掉花芽。
夏～春
花後
最好在有健康葉芽的節上切除，不過枝條並不怎麼變短。
花後

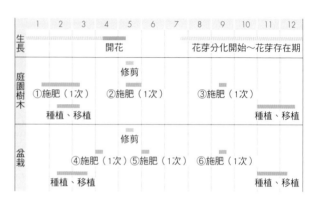

庭園樹木的修剪

橫向伸出、細而短的枝條可隨時切除。放任著花枝生長，想降低植株高度的情況下，可將枝條剪短或進行疏剪。

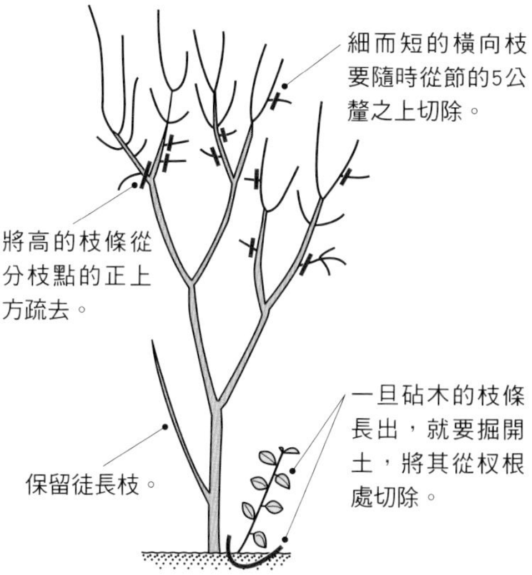
細而短的橫向枝
要隨時從節的5公
釐之上切除。
將高的枝條從
分枝點的正上
方疏去。
一旦砧木的枝條
長出，就要掘開
土，將其從杈根
處切除。
保留徒長枝。

花後的疏剪

花後
剪與不剪都跟著
花沒有關係。
不修剪而任
其生長是最
安全的。
在著花枝基部芽的5
公釐之上切除，萌芽
後變成枝條，但是有
可能不生花芽。
如果有較粗的橫枝，
可在其上方（分枝點
的正上方）切除。

花後修剪

盆栽的修剪

苗木種植後至著花前任其生長，開花以後再剪短。密枝、放任生長也不生花芽的弱枝要隨時切除。

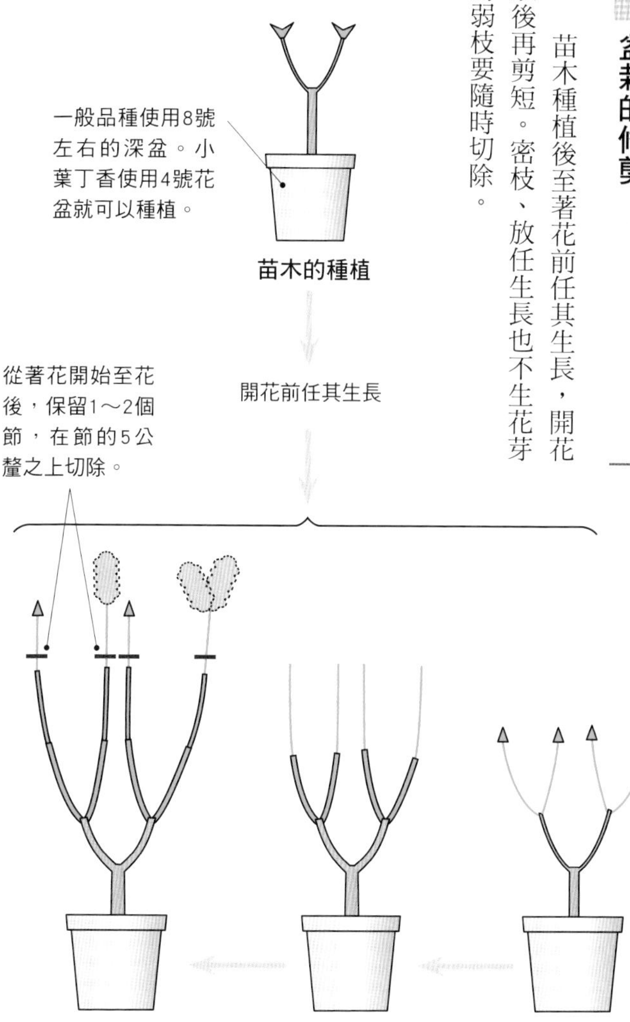
一般品種使用8號
左右的深盆。小
葉丁香使用4號花
盆就可以種植。
苗木的種植
開花前任其生長
從著花開始至花
後，保留1～2個
節，在節的5公
釐之上切除。

花芽的生發方式

比較粗的新梢前端生出花芽。

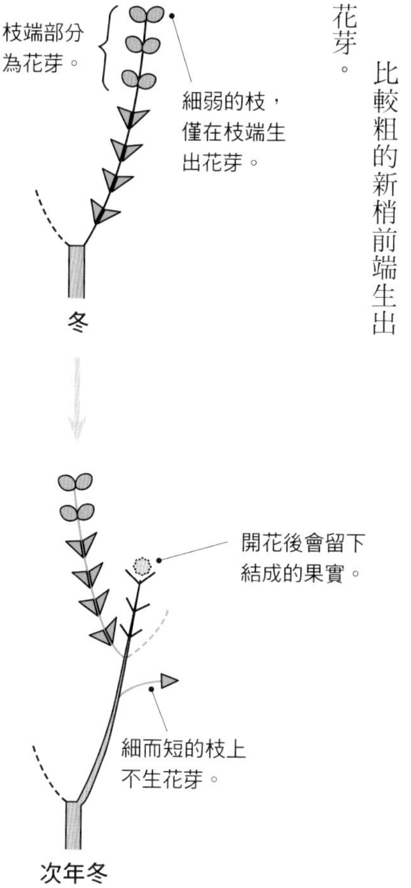
枝端部分
為花芽。
細弱的枝，
僅在枝端生
出花芽。
冬
開花後會留下
結成的果實。
細而短的枝上
不生花芽。
次年冬

【Linwood】（園藝品種）

連翹

Forsythia suspensa

別名：一串金、旱連子
木樨科連翹屬的落葉灌木

幾乎全中國都有分佈。近緣種有朝鮮連翹、單葉連翹等。通常作為庭園樹木，也有可以盆栽的品種。移植、修剪容易。透過分株、扦插繁殖。

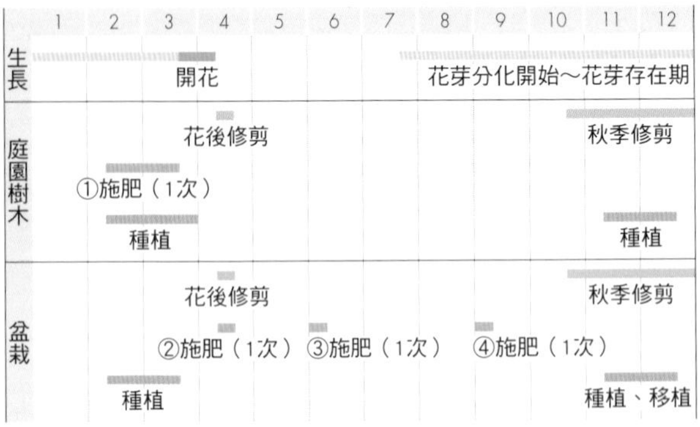
1 2 3 4 5 6 7 8 9 10 11 12
生長
開花
花芽分化開始～花芽存在期
庭園樹木
花後修剪
秋季修剪
①施肥（1次）
種植
種植
盆栽
花後修剪
秋季修剪
②施肥（1次）
③施肥（1次）
④施肥（1次）
種植
種植、移植

肥料　①、②為含氮元素多的化學合成肥料。③、④為含氮元素少的化學合成肥料。
繁殖方法　3月、11月中旬～12月中旬分株。3～9月中旬扦插。

●栽培環境

庭園樹木 日照好的地方。對土質不挑剔。

盆栽 **放置場所** 日照好的地方。

用土 單用園土。黏土質則混入3～5成的砂。單用赤玉土也可以。

●至開花所需時間 當年扦插的苗種植後2～3年。

●不開花的主要原因

❶日照不足。

❷秋季修剪過度。

修剪的基本方法

有的節上只有花芽，有的節上花芽與葉芽混生，有的節上只有葉芽，修剪時請將葉芽保留。

即使在節間切除，也不會生出不定芽。

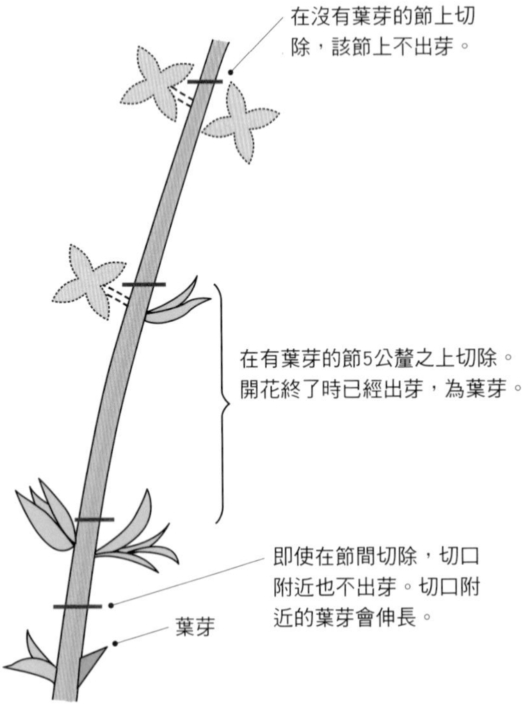
在沒有葉芽的節上切除，該節上不出芽。
在有葉芽的節5公釐之上切除。開花終了時已經出芽，為葉芽。
即使在節間切除，切口附近也不出芽。切口附近的葉芽會伸長。
葉芽

庭園樹木的修剪

如果是寬敞的庭園就沒有修剪的必要。想限制枝條張幅的情況下，花後修剪可保留任意的葉芽。想更進一步限制時，可在10～11月將枝端剪短，不過修剪程度越強花數會越減少。

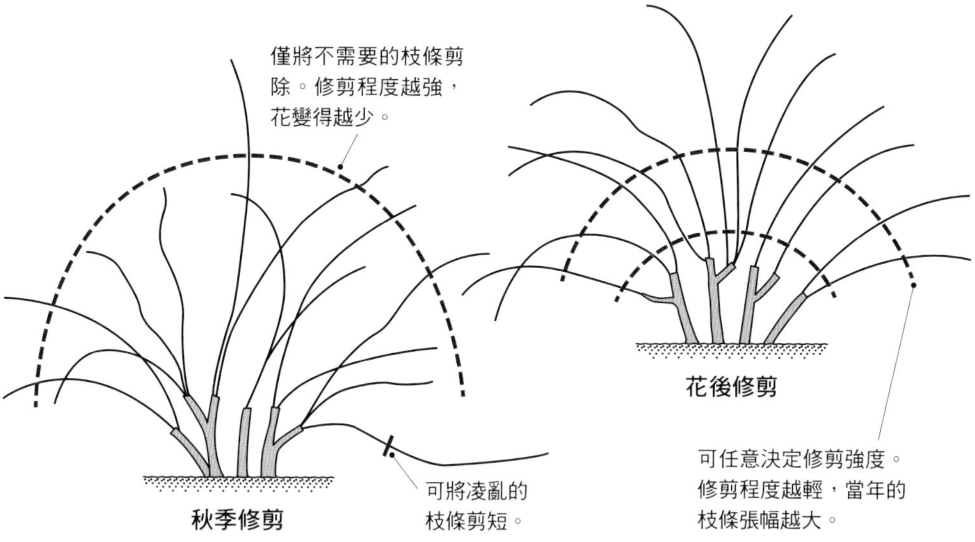
僅將不需要的枝條剪除。修剪程度越強，花變得越少。
可將凌亂的枝條剪短。
秋季修剪
花後修剪
可任意決定修剪強度。修剪程度越輕，當年的枝條張幅越大。

盆栽的修剪

與庭園樹木相同，按照預想減少枝數可塑造良好的樹形。秋季修剪應確保盡量將花芽留下。如果花芽不好確認，可等到長出花蕾後再修剪。

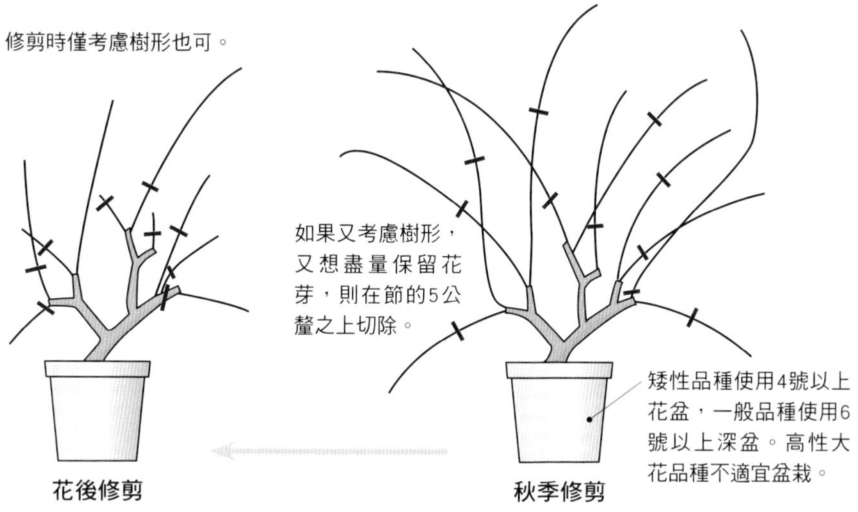
修剪時僅考慮樹形也可。
如果又考慮樹形，又想盡量保留花芽，則在節的5公釐之上切除。
矮性品種使用4號以上花盆，一般品種使用6號以上深盆。高性大花品種不適宜盆栽。
花後修剪
秋季修剪

花芽的生發方式

春季在伸出的新梢各節上生出花芽。然而，長枝基部的節上不怎麼生出花芽。花芽分化從夏季至秋季陸續進行，不會一齊分化。

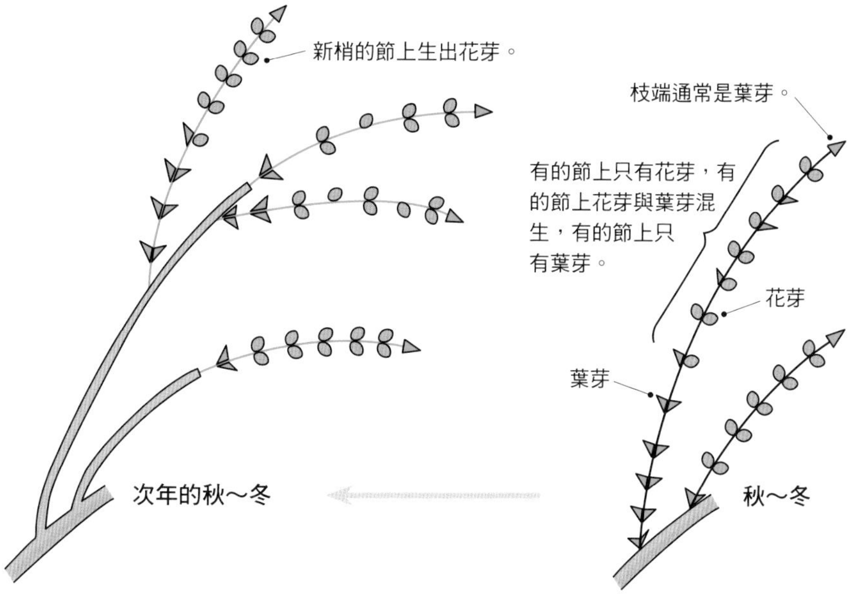
新梢的節上生出花芽。
枝端通常是葉芽。
有的節上只有花芽，有的節上花芽與葉芽混生，有的節上只有葉芽。
花芽
葉芽
次年的秋～冬
秋～冬

紅花日本杜鵑

日本杜鵑

Rhododendron japonicum

杜鵑花科杜鵑花屬的落葉灌木

分佈於日本北海道至九州的山地。不適應溫暖地區。作為樹高2公尺以下的庭園樹木，也可作為大型盆栽觀賞。移植、修剪容易。透過扦插、壓條繁殖。

	1	2	3	4	5	6	7	8	9	10	11	12
生長				開花				花芽分化開始～花芽存在期				
庭園樹木					修剪							
		①施肥（1次）		②施肥（1次）					③施肥（1次）			
			種植、移植								種植、移植	
盆栽					修剪							
		④施肥（1次）		液體肥料（一週1次）				液體肥料（一週1次）				
			種植、移植								種植、移植	

肥料　①、②、③、④為油渣2：骨粉1。
繁殖方法　4月上旬～中旬播種（9～10月採種）。

●**栽培環境**

庭園樹木 適合寒冷地區。可耐受半日陰，夏季炎熱的地區，應選擇高溫期半日陰的地方種植。喜好排水良好、富含有機質的土壤。

盆栽 適合寒冷地區。

放置場所 日照好的地方。夏季半日陰且避開午後的陽光。

用土 鹿沼土單用，或使用鹿沼土7～8、纖維草炭2～3的混合土。

●**至開花所需時間** 因苗的大小而有所不同，但一般種植後3～5年以內。溫暖地區購買著花株比較穩妥。

●**不開花的主要原因**

❶高溫、排水不良、肥料過多等造成的嚴重生長不良。

❷杜鵑軍配蟲刺吸葉片的汁液，玫斑鑽夜蛾幼蟲引起的蟲害等。

花芽的生發方式

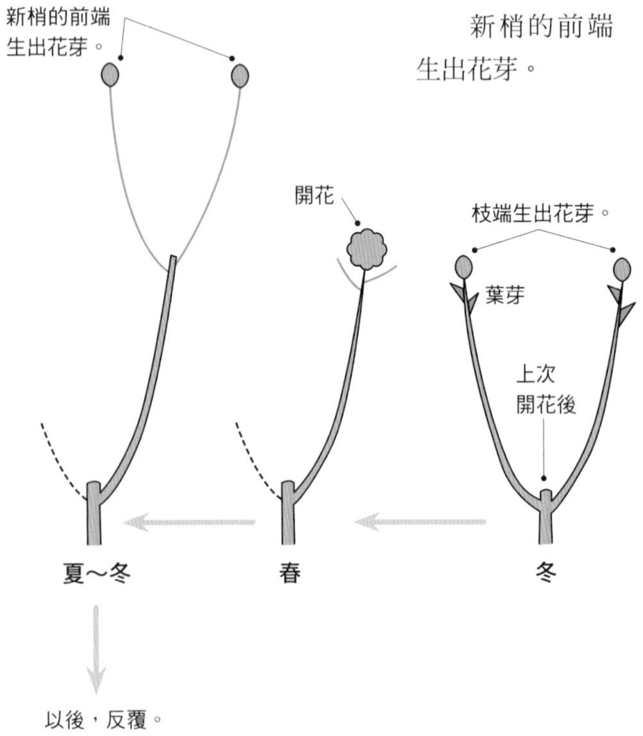
新梢的前端
生出花芽。
新梢的前端
生出花芽。
開花
枝端生出花芽。
葉芽
上次
開花後
夏～冬
春
冬
以後，反覆。

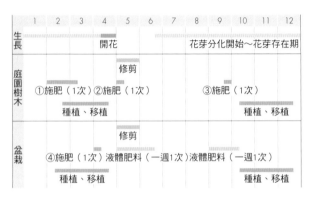

修剪的基本方法

從花後至5月修剪，新梢上才容易生出花芽；此後，修剪越遲越不容易生出花芽。花芽形成以後進行修剪，會將花芽切掉，以致不開花。

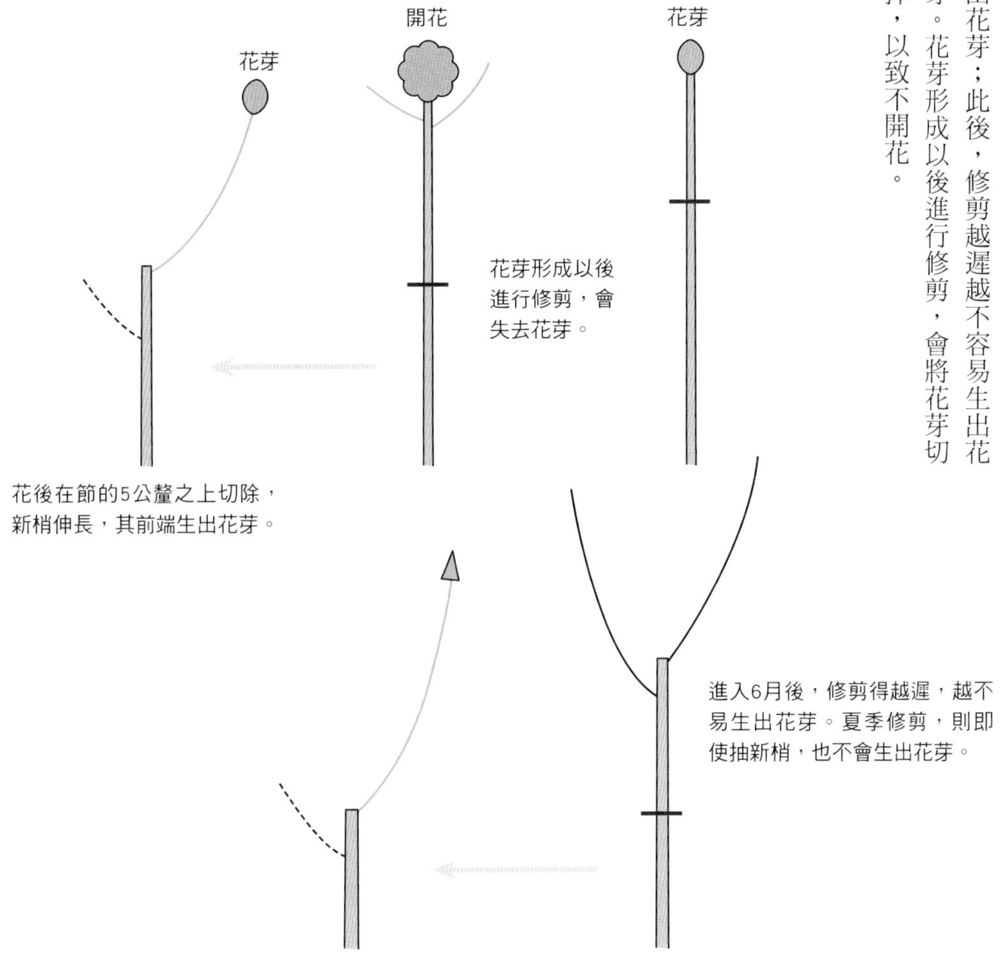
花芽
開花
花芽
花芽形成以後
進行修剪，會
失去花芽。
花後在節的5公釐之上切除，
新梢伸長，其前端生出花芽。
進入6月後，修剪得越遲，越不
易生出花芽。夏季修剪，則即
使抽新梢，也不會生出花芽。

庭園樹木．盆栽的修剪

通常不修剪。為了不使樹木過高而造成困擾，應疏去長枝。如果生長狀況好，修剪倒不必顧慮，而由於枝條容易直立，所以至開花時期還能保持整潔的圓形修剪姿態頗有難度。

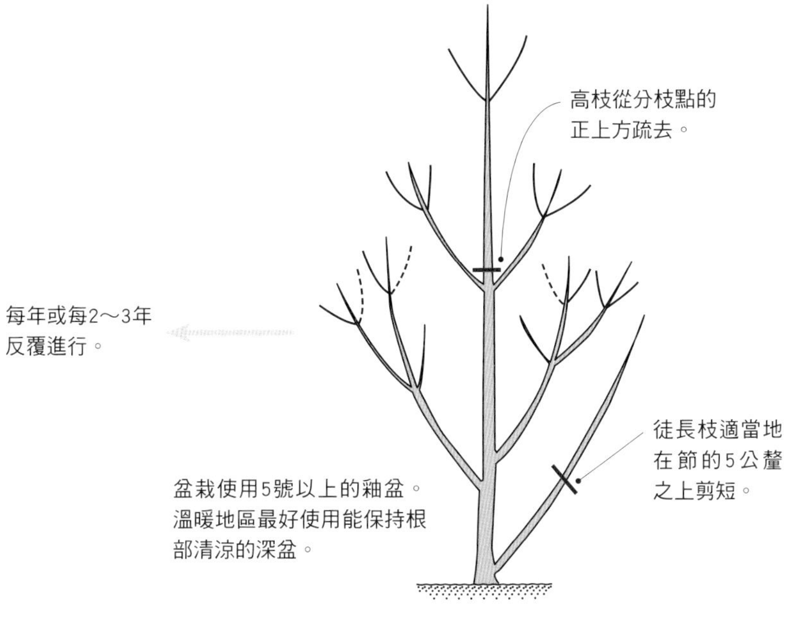
高枝從分枝點的
正上方疏去。
每年或每2～3年
反覆進行。
徒長枝適當地
在節的5公釐
之上剪短。
盆栽使用5號以上的釉盆。
溫暖地區最好使用能保持根
部清涼的深盆。

小知識◉

修剪以後枝條的生長方式

樹木的枝條不會無秩序地生長。其生長方式對所有的樹種來說都有著一定程度的共通性。將這些性質牢牢地記在腦中，則塑造樹形時，便可以預測修剪以後枝條的生發方式，且大有裨益。

法則1 枝端芽會成為生長最好的枝條

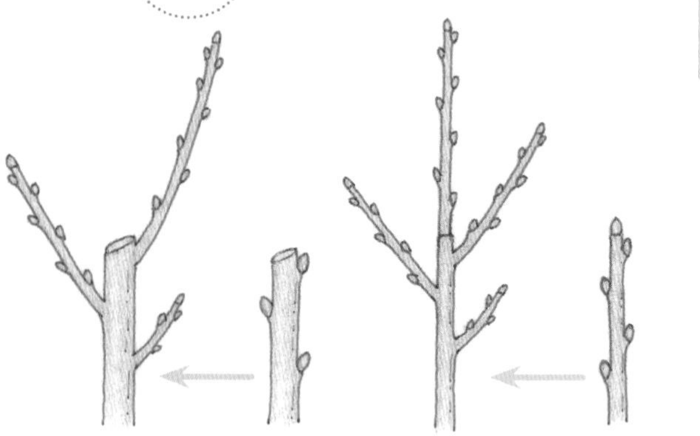
即使修剪過，枝端的芽
還是生長最好。
枝端的芽生長最好
（頂芽優勢法則）。

不可能長成這樣的形狀。

法則2 垂直向上的芽生長最好（垂枝性的樹木另當別論）

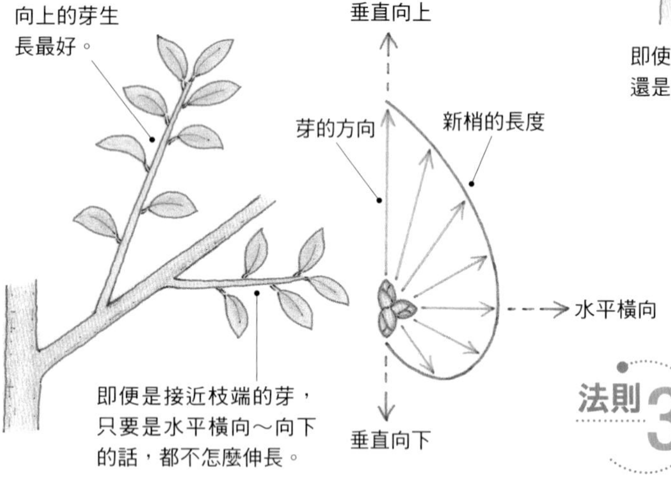
向上的芽生長最好。
垂直向上
芽的方向
新梢的長度
水平橫向
垂直向下
即便是接近枝端的芽，只要是水平橫向～向下的話，都不怎麼伸長。

法則3 細枝上長出細的新梢

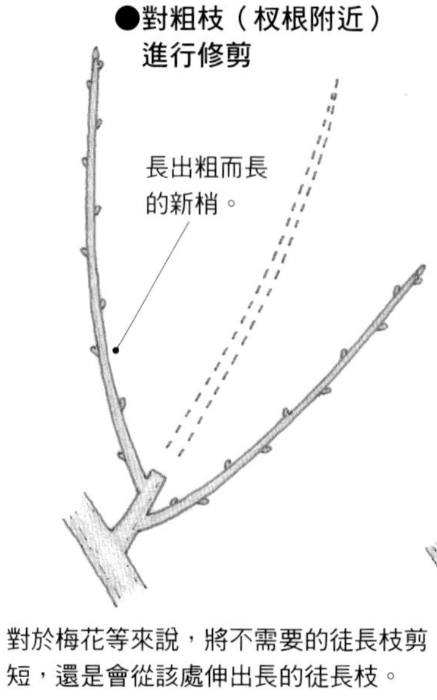
●對粗枝（杈根附近）進行修剪
長出粗而長的新梢。
對於梅花等來說，將不需要的徒長枝剪短，還是會從該處伸出長的徒長枝。

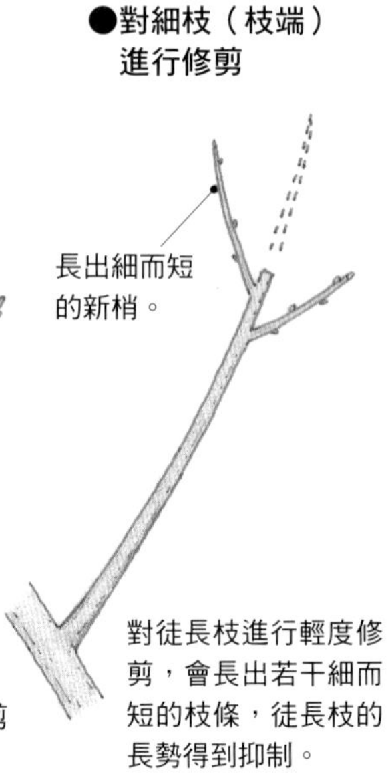
●對細枝（枝端）進行修剪
長出細而短的新梢。
對徒長枝進行輕度修剪，會長出若干細而短的枝條，徒長枝的長勢得到抑制。

法則4 枝條會順著芽的方向生長

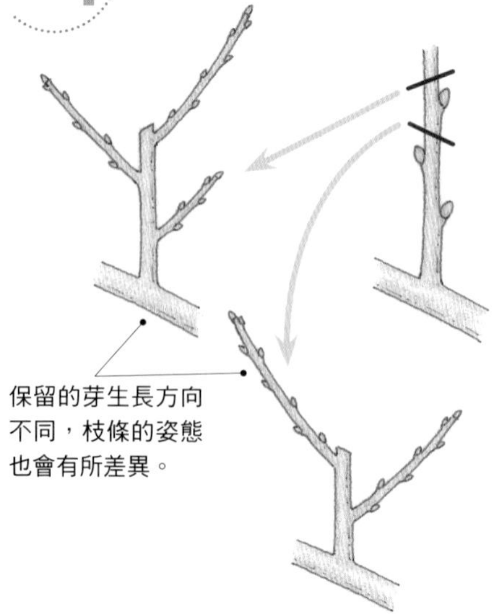
保留的芽生長方向不同，枝條的姿態也會有所差異。

夏

天開花的花木

八仙花

八仙花

Hydrangea macrophylla

虎耳草科八仙花屬的落葉灌木

原產於日本。有包含原生種、雜交種在內的眾多品種。庭園樹木一般保持在樹高2公尺以下，也有可作為中型盆栽觀賞的品種。移植、修剪容易。透過扦插、分株繁殖。

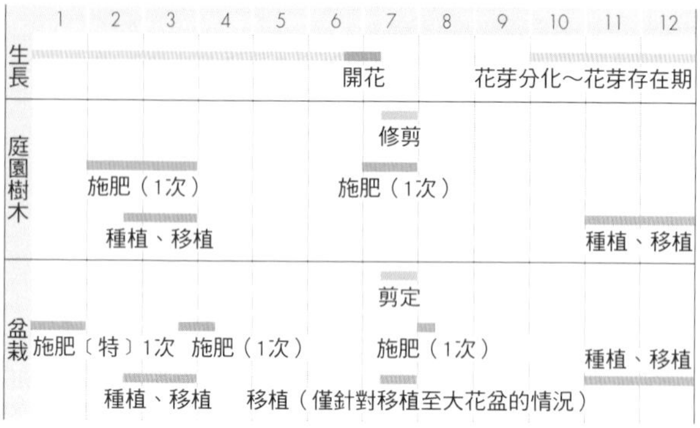
1 2 3 4 5 6 7 8 9 10 11 12
生長
開花
花芽分化～花芽存在期
庭園樹木
修剪
施肥（1次）
施肥（1次）
種植、移植
種植、移植
盆栽
剪定
施肥〔特〕1次
施肥（1次）
施肥（1次）
種植、移植
種植、移植
移植（僅針對移植至大花盆的情況）

肥料 通常施含氮元素多的化學合成肥料。施肥〔特〕表示對紅花品種施苦土石灰。對藍花品種施過磷酸石灰。

繁殖方法 3月中旬或7月中旬～8月中旬扦插。2月中旬～3月、或11～12月分株。

栽培環境

庭園樹木 適合稍微溫暖的地域，可耐受輕微的日陰。對土質不怎麼挑剔。應選擇夏季不易乾燥的地方種植。

盆栽 **放置場所** 置於日照好的地方，盛夏則半日陰。寒冷地區冬季期間注意保溫，以免凍傷。

用土 園土7、砂3的混合土，或園土6、砂2、纖維草炭2的混合土。

至開花所需時間

苗木種植後，庭木用的普通品種3年以內會開花，西洋繡球則當年開花。

不開花的主要原因

❶8月以後對全部的枝端進行了修剪。

❷對全部的枝條進行了強剪。

❸嚴重的日照不足。

❹夏季乾燥等引起的嚴重生長不良。

❺早期的落葉。

修剪的基本方法

節上有芽，不論是花芽還是葉芽，都會伸出新梢。由於花芽主要分佈於枝端，若花芽形成期前後及之後進行修剪，會導致花芽消失或減少。

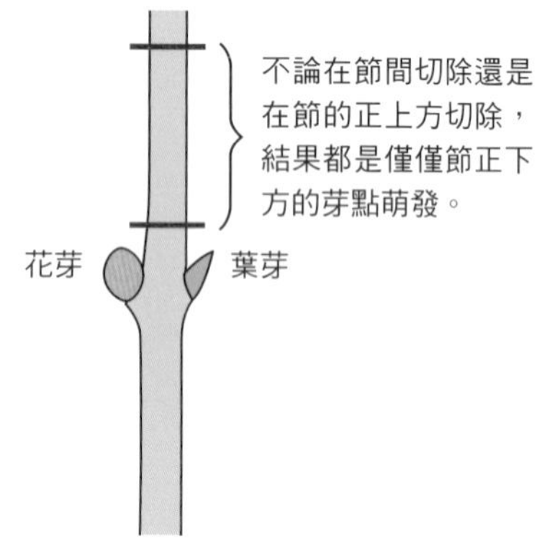
不論在節間切除還是在節的正上方切除，結果都是僅僅節正下方的芽點萌發。
花芽
葉芽

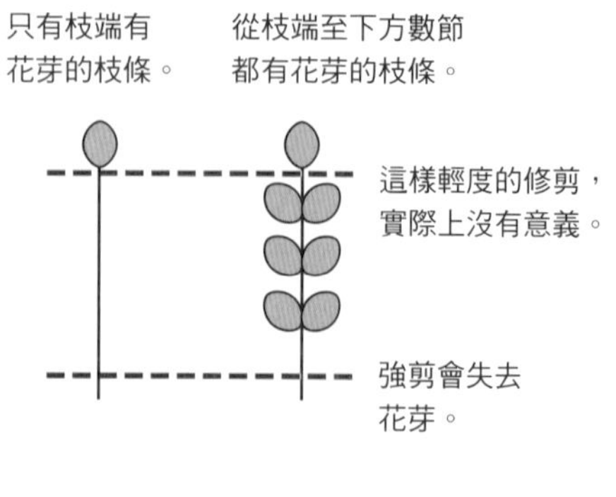
只有枝端有花芽的枝條。
從枝端至下方數節都有花芽的枝條。
這樣輕度的修剪，實際上沒有意義。
強剪會失去花芽。

庭園樹木的修剪

僅對開過花的枝條，在花後進行修剪。該方法不會令植株長得過大，且每年都會開花，適合小庭園。

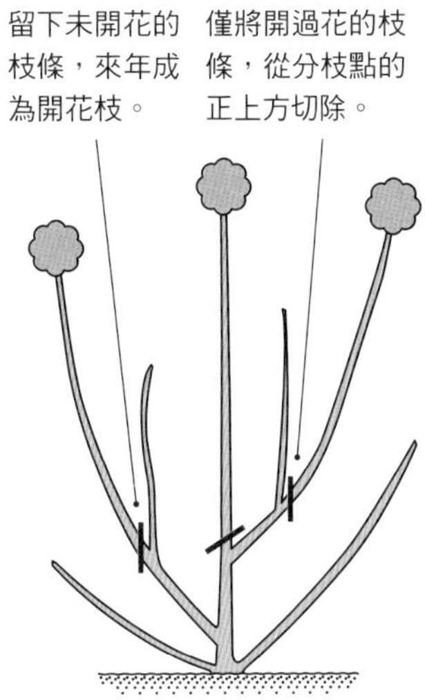
僅將開過花的枝條，從分枝點的正上方切除。
留下未開花的枝條，來年成為開花枝。

盆栽的修剪

因苗木的狀態與時期而多少有些不同，但通常開花前放任生長都沒有關係。花後以庭園樹木的修剪為基準，移植於1～2號的大花盆。

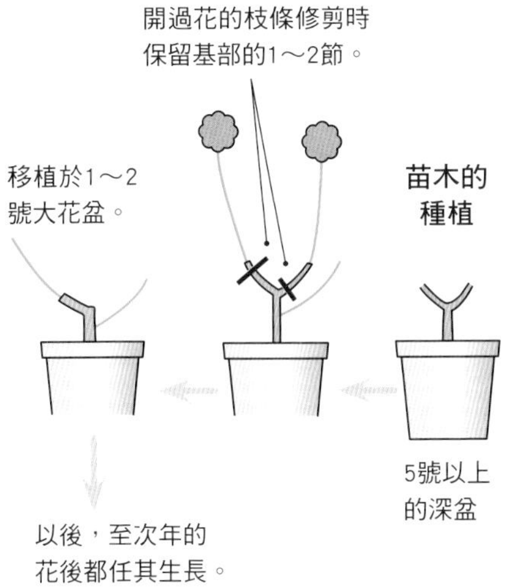
苗木的種植
5號以上的深盆
開過花的枝條修剪時保留基部的1～2節。
移植於1～2號大花盆。
以後，至次年的花後都任其生長。

花芽的生發方式

庭木用普通品種

新梢上生出花芽，花芽在次年春天萌發，伸出新梢，其前端開花。低枝在前端生有花芽，高枝在前端及其下數節均生有花芽。細弱的枝上不生花芽。

西洋繡球

基本上與普通品種相同，而且有的品種在老枝的基部也會生出花芽。不耐寒的品種如果受凍，則花芽容易枯死。

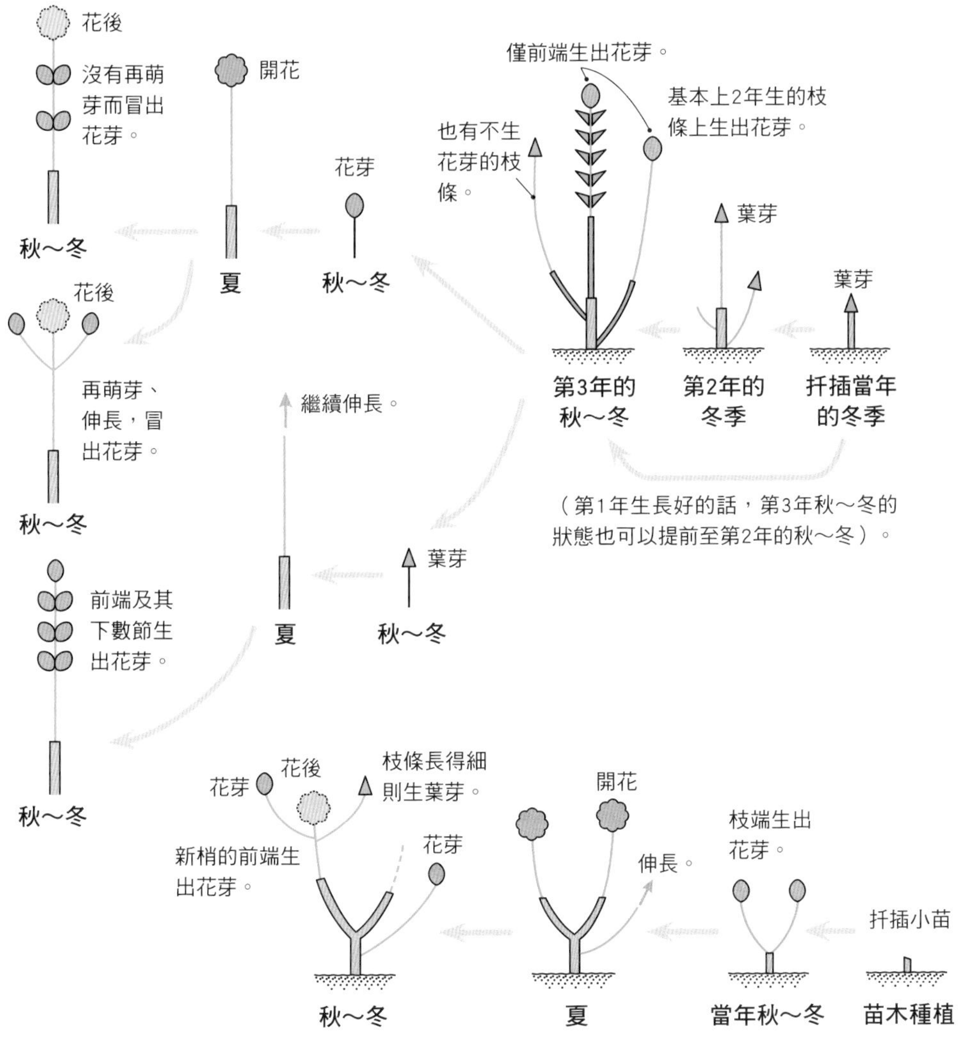
扦插當年的冬季
葉芽
第2年的冬季
葉芽
第3年的秋～冬
僅前端生出花芽。
基本上2年生的枝條上生出花芽。
也有不生花芽的枝條。
（第1年生長好的話，第3年秋～冬的狀態也可以提前至第2年的秋～冬）。
花芽
秋～冬
開花
夏
花後
沒有再萌芽而冒出花芽。
秋～冬
葉芽
秋～冬
繼續伸長。
夏
花後
再萌芽、伸長，冒出花芽。
秋～冬
前端及其下數節生出花芽。
秋～冬
苗木種植
扦插小苗
當年秋～冬
枝端生出花芽。
夏
開花
伸長。
秋～冬
花芽
花後
枝條長得細則生葉芽。
新梢的前端生出花芽。
花芽

木立性青麻

青麻

Abutilon

錦葵科青麻屬的常綠藤本

蔓性風鈴花分佈於巴西。另外的木立性青麻有各種各樣的雜交品種。寒冷地區落葉。溫暖地區可以庭園栽種，而一般都植於中型以上花盆。移植、修剪容易。可簡單地透過扦插繁殖。

肥料　氮元素、磷酸、鉀元素等量的化學合成肥料。
繁殖方法　5～9月扦插。

		1	2	3	4	5	6	7	8	9	10	11	12
生長	花芽分化開始～開花期						■	■	■	■	■	■	
	開花						■	■	■	■	■	■	■
庭園樹木	修剪				■								
	施肥（1次）				■					■			
	種植、移植			■	■								
盆栽	修剪				■								
	施肥（1次）				■		■			■			
	種植、移植				■								

栽培環境

庭園樹木　不適宜寒冷地區。選擇日照好、排水好的地方種植。

盆栽 **放置場所**　日照好的地方。

用土　使用排水好的土壤。

至開花所需時間

春天種植後，矮性品種當年開花。高性品種則2～3年以後。

不開花的主要原因

❶日照不足。
❷嚴重的生長不良。

修剪的基本方法

在枝、幹、藤的任意處修剪都會萌芽。不過，在離地面附近切除，即使萌芽、伸長，當年也有可能不開花。其影響程度由品種、栽培條件來決定。寒冷地區冬季由枝端開始乾枯，所以入春以後先確定出芽的位置再修剪較為明智。

花芽的生發方式

蔓性風鈴花與木立性品種都一樣，一邊成長一邊在節上生出花芽，從早先冒出的（藤、枝的基部）花芽開始陸續開花。由於成長期間會陸續生出花芽並開花，如果成長不良的話，就無法生出花芽。

木立性品種的修剪
（蔓性風鈴花也基本上相同）

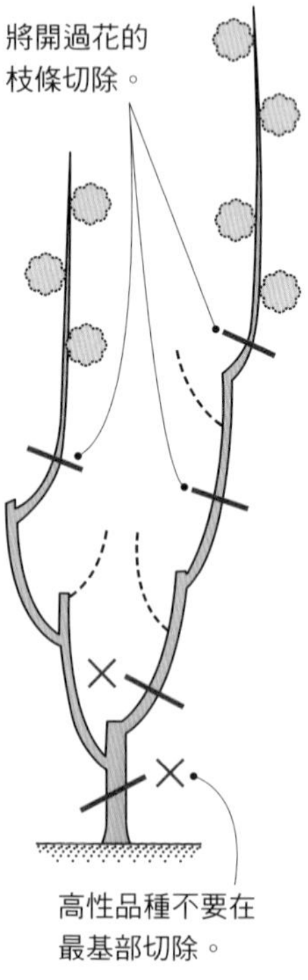
將開過花的
枝條切除。
高性品種不要在
最基部切除。

蔓性風鈴花的
花芽生發方式

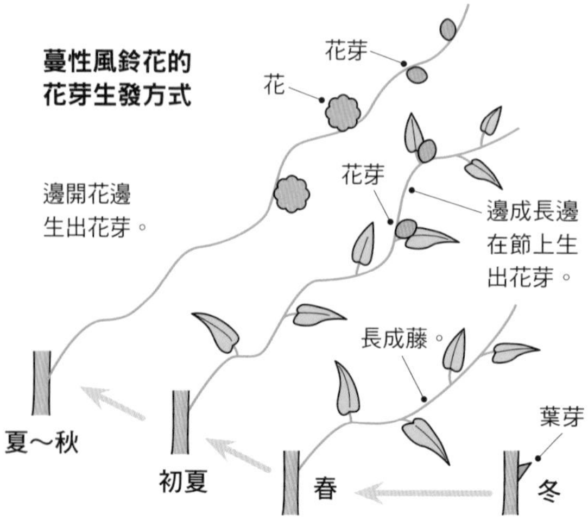
邊開花邊
生出花芽。
花芽
花
花芽
邊成長邊
在節上生
出花芽。
長成藤。
葉芽
夏～秋
初夏
春
冬

庭園樹木的修剪

蔓性風鈴花只需將伸得過長而不好看的藤切除。藤過密的話，可以隨意進行強剪。木立性品種與盆栽相同。

蔓性風鈴花的修剪①

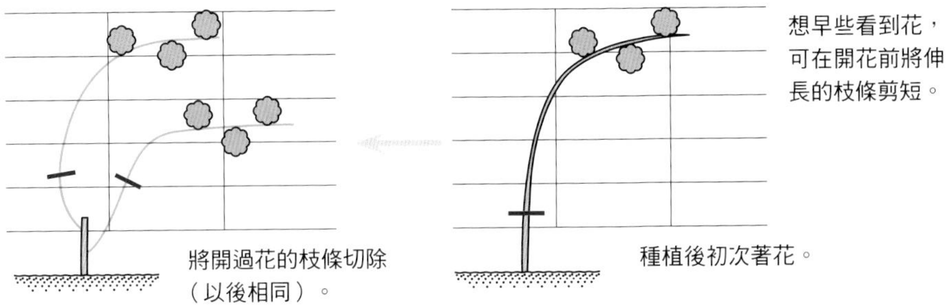
想早些看到花，
可在開花前將伸
長的枝條剪短。
種植後初次著花。
將開過花的枝條切除
（以後相同）。

蔓性風鈴花的修剪②

想早些讓藤伸展時。

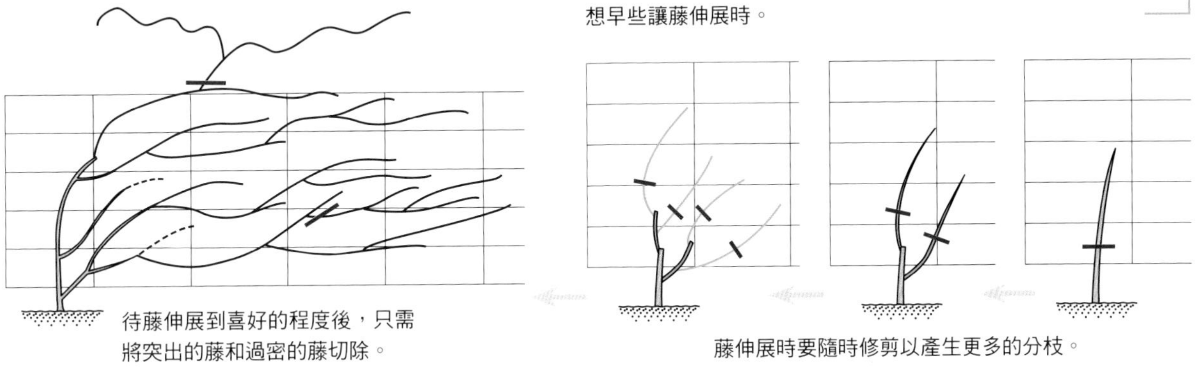
待藤伸展到喜好的程度後，只需
將突出的藤和過密的藤切除。
藤伸展時要隨時修剪以產生更多的分枝。

盆栽的修剪

每年進行修剪以抑制樹高。

木立性品種的情況

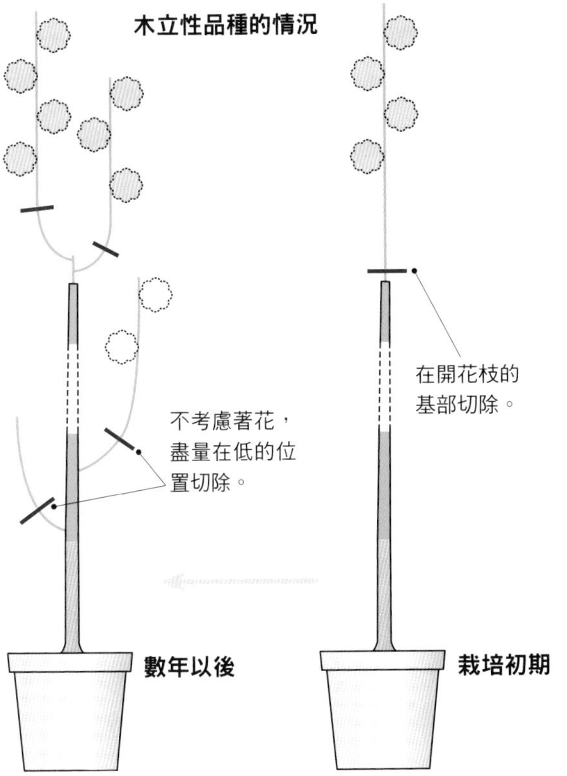
在開花枝的
基部切除。
不考慮著花，
盡量在低的位
置切除。
數年以後
栽培初期

木立性品種的修剪

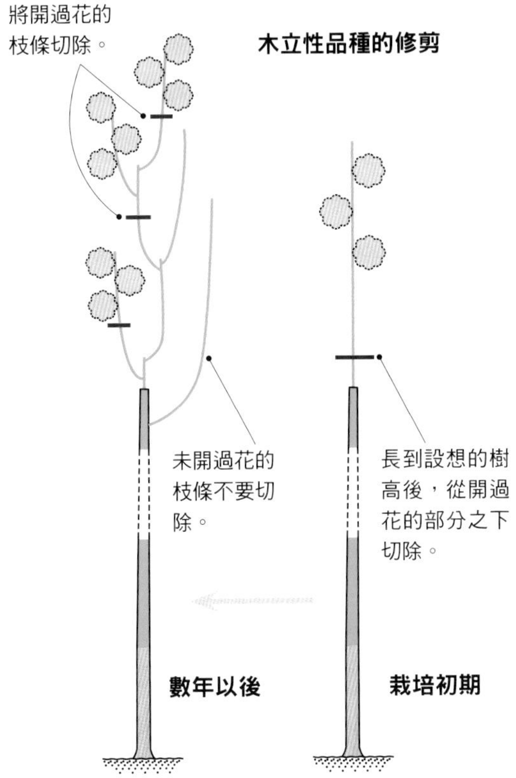
將開過花的
枝條切除。
未開過花的
枝條不要切
除。
長到設想的樹
高後，從開過
花的部分之下
切除。
數年以後
栽培初期

大花六道木

大花六道木

Abelia × grandiflora

別名：ハナツクバネウツギ、ハナゾノツクバネウツギ
忍冬科六道木屬的半落葉性灌木

一般所栽培的韭蓮為種間雜交品種。修剪至樹高1公尺以下可作為樹籬。有耐廢氣的特點。移植、修剪容易，可簡單地透過扦插繁殖。

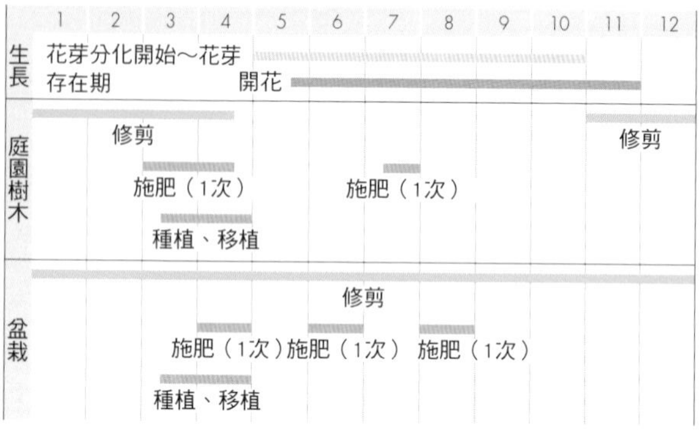
1
2
3
4
5
6
7
8
9
10
11
12
生長
花芽分化開始～花芽存在期
開花
庭園樹木
修剪
施肥（1次）
施肥（1次）
種植、移植
修剪
盆栽
修剪
施肥（1次）
施肥（1次）
施肥（1次）
種植、移植

肥料　含氮元素多的化學合成肥料。
繁殖方法　5～9月上旬扦插。

栽培環境

庭園樹木　適合溫暖地區。日照好的地方為佳，對土質不怎麼挑剔，不過砂質且排水良好的土壤能更好地生長。

盆栽　**放置場所**　日照好的地方。寒冷地區冬季期間應移到不會使植株凍傷的室內，且盡量接受日照。

用土　園土7、砂3的混合土等。

至開花所需時間

種植後1年以內。

不開花的主要原因

日照不足。

花芽的生發方式

由於四季開花，溫度一高就會伸出新梢，其前端部分生出花芽並開花，如此反覆。

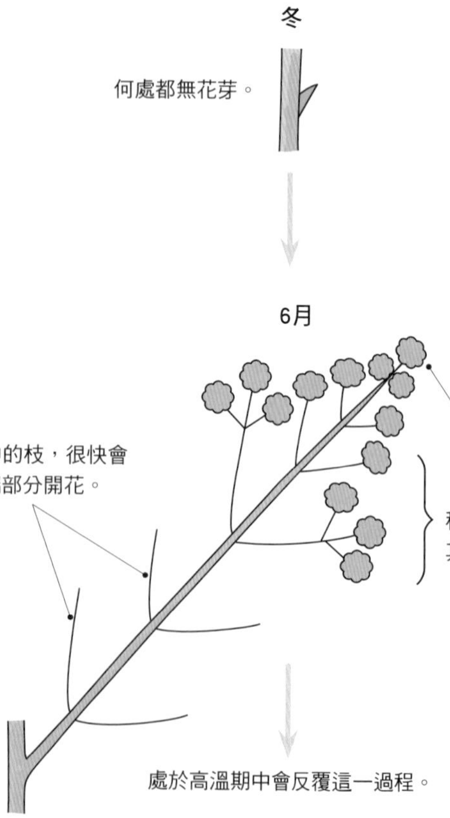
冬
何處都無花芽。
6月
伸出的新梢前端部分開花。
伸長中的枝，很快會在枝端部分開花。
稍下部伸出短枝，其枝端部分開花。
處於高溫期中會反覆這一過程。

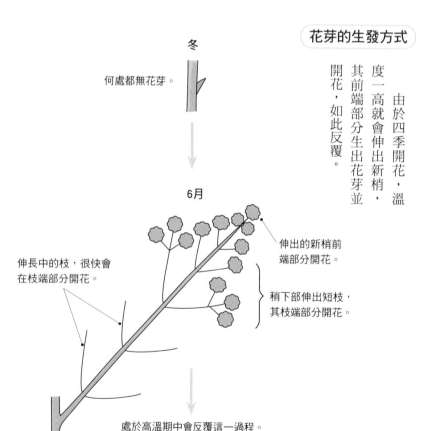

修剪的基本方法

成長期間，在任何時間、任何部位修剪都會再萌芽、伸長並開花。不過，強剪容易長出徒長枝，以致開花要花費更長的時間。冬季在任何部位修剪都不會直接對著花產生影響。

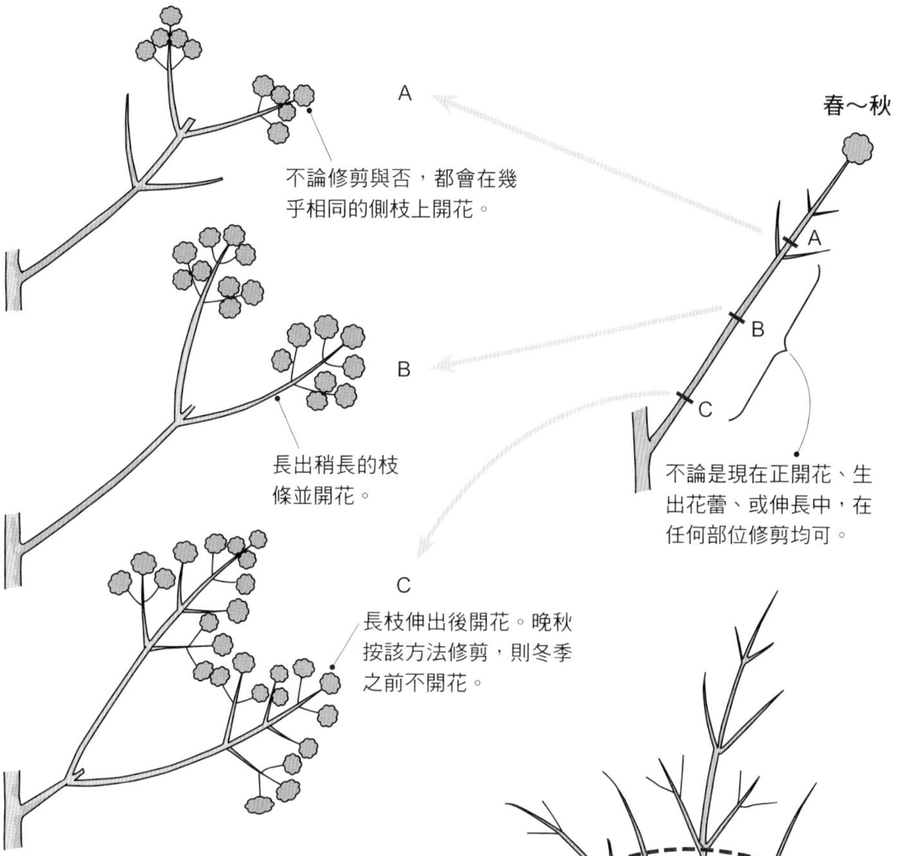
春～秋
A
B
C
不論是現在正開花、生出花蕾、或伸長中，在任何部位修剪均可。
不論修剪與否，都會在幾乎相同的側枝上開花。
長出稍長的枝條並開花。
長枝伸出後開花。晚秋按該方法修剪，則冬季之前不開花。

庭園樹木的修剪

通常1年1次，在冬季期間進行修剪。其他時間也可以隨時進行修剪，不過修剪後至著花的期間看不到花。由於不會長成大樹，不用特別去修剪也可以。

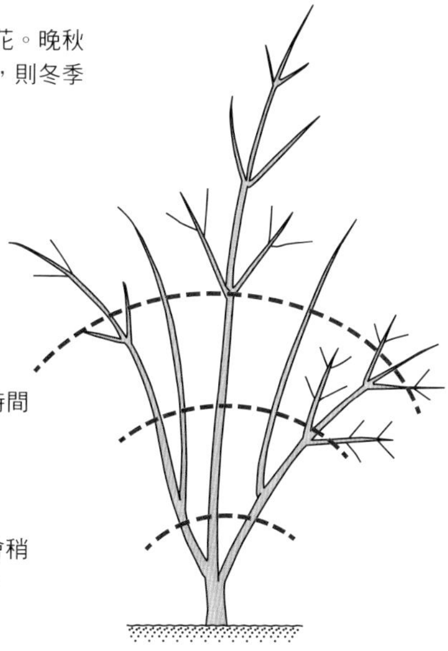

成長期的修剪

輕度修剪，則與下次開花的時間間隔短。小枝變多。

冬季期間的修剪

輕度修剪，則最初的開花期會稍微提前。長成小枝多的植株。

盆栽的修剪

根據花盆的大小和自己的喜好隨時進行修剪。通常在冬季期間將枝條剪短。

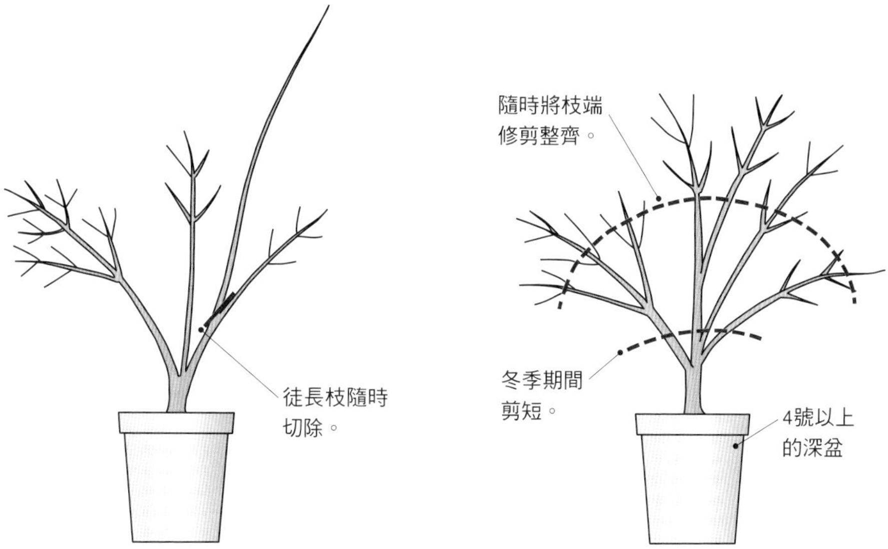
徒長枝隨時切除。
隨時將枝端修剪整齊。
冬季期間剪短。
4號以上的深盆

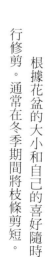

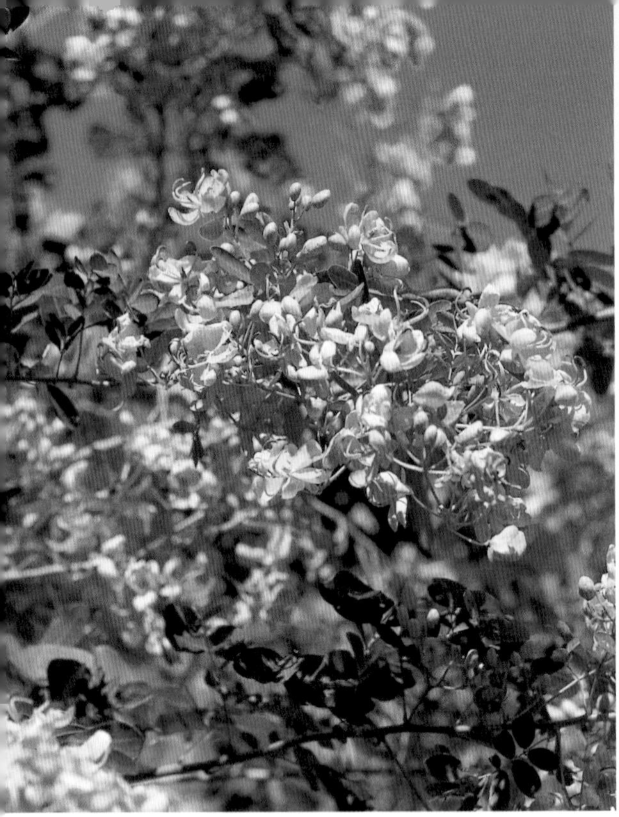

傘房決明

傘房決明

Cassia corymbosa

和名：ハナセンナ
豆科決明屬的半常綠灌木

分佈於巴西中部至阿根廷北部。溫暖地區為常綠，一般多為落葉灌木。庭園樹木通常樹高2公尺以下。怕移植，修剪容易。扦插困難。

	1	2	3	4	5	6	7	8	9	10	11	12
生長	花芽分化開始～花芽存在期				開花			開花				
庭園樹木			修剪 施肥（1次） 種植、移植			修剪 施肥（1次）						

肥料 氮元素、磷酸、鉀元素等量的化學合成肥料。
繁殖方法 修剪的情況下；暖冬未修剪的情況下，5～1月連續開花。

栽培環境

庭園樹木 不適宜寒冷地區。喜好日照充足、排水良好、稍微乾燥的地方。

盆栽 不適合。

至開花所需時間

苗木種植後當年或下一年開花。

不開花的主要原因

首先沒有不開花這回事，應考慮是不是嚴重的日照不足。

修剪的基本方法

為了限制樹高、樹枝張幅，可將開過花的枝條切除。同時將所有的枝條一齊剪短，則下次花朵也會整齊地開放。

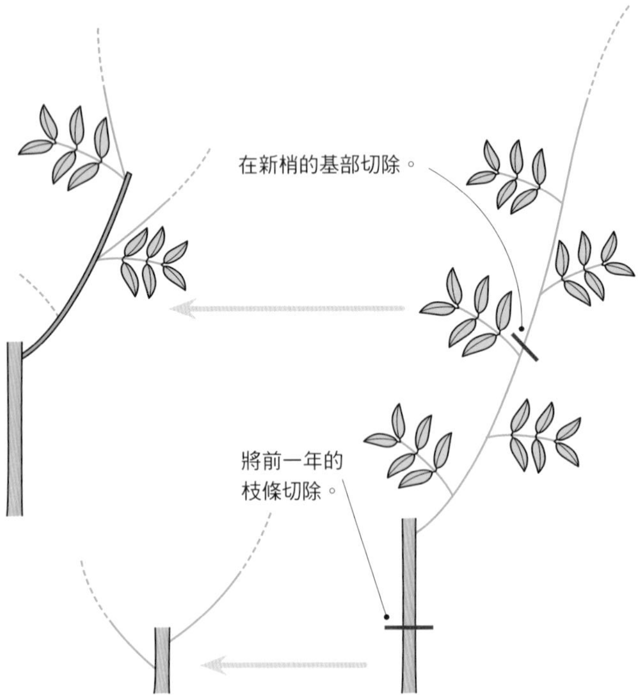
在新梢的基部切除。
將前一年的
枝條切除。

如果處於春天至秋天的高溫期，
則何時修剪都會萌芽。

庭園樹木的修剪①（標準修剪法）

通常只修剪成圓形。春天萌芽前（溫暖地區冬季也可）進行修剪，或確認萌芽後進行保芽修剪。花大致都謝了之後，再次進行修剪。

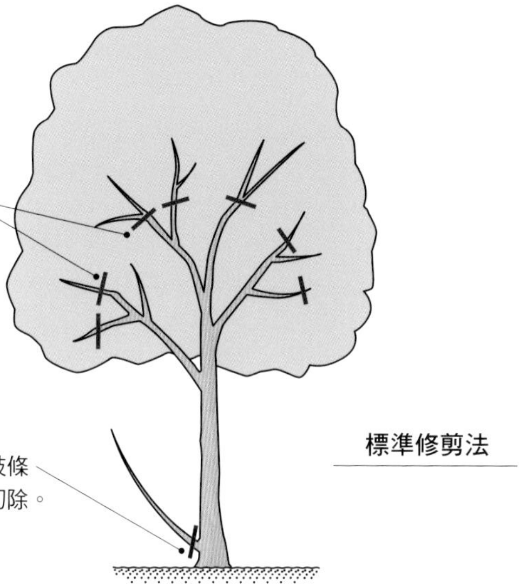

在任意部位修剪。
不需要的枝條
從杈根處切除。
標準修剪法

庭園樹木的修剪②（變換樹形修剪法）

由於枝數少，枝條張幅不會太大。不過，想變成如圖所示的樹形，從幼樹開始就應將下部的枝條保留。

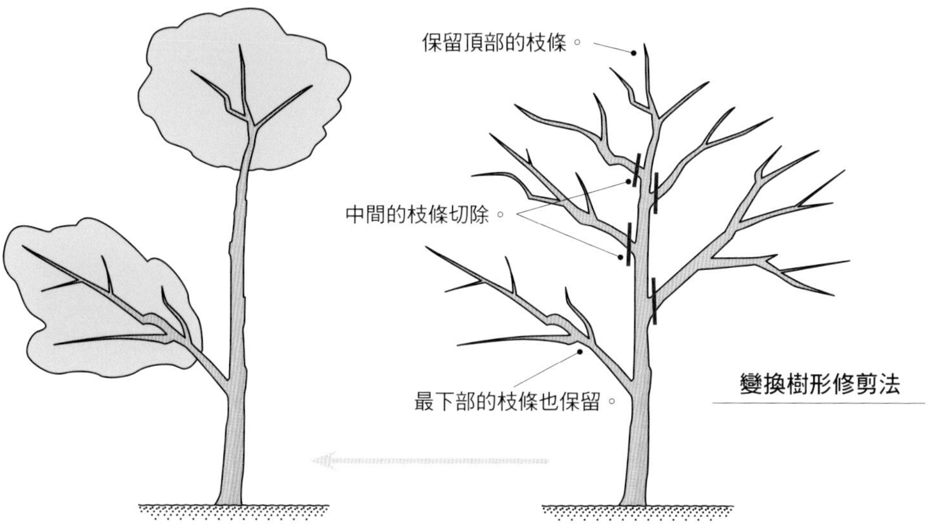

保留頂部的枝條。
中間的枝條切除。
最下部的枝條也保留。
變換樹形修剪法

花芽的生發方式

枝條伸出後在枝的前端部分生出花芽，花芽不斷發育直至開花。

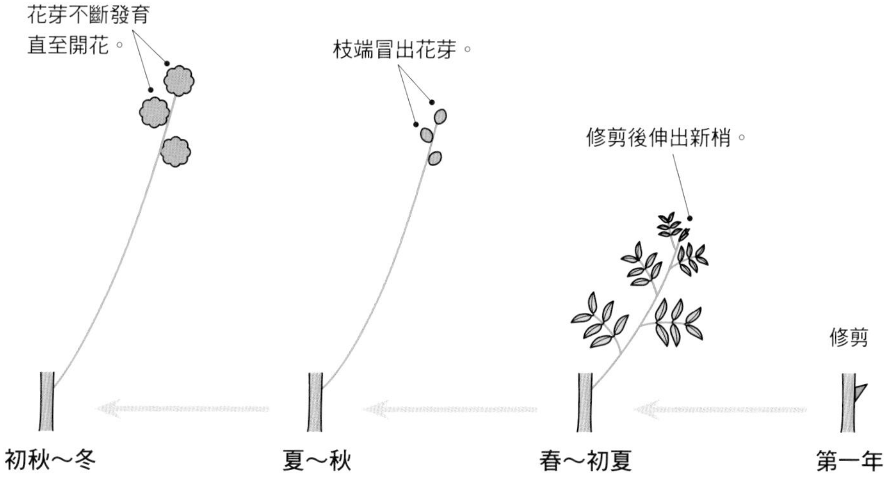

修剪
第一年
修剪後伸出新梢。
春～初夏
枝端冒出花芽。
夏～秋
花芽不斷發育
直至開花。
初秋～冬

天使的號角

肥料　氮元素、磷酸、鉀元素等量的化學合成肥料。
繁殖方法　6月切取樹枝，除去葉片進行扦插。
※庭園樹木在溫暖地方露天過冬。盆栽在室內過冬。

曼陀羅

Brugmansia × hybrida

別名：洋金花、山茄子
茄科曼陀羅屬的常綠灌木

分佈於中、南美的曼陀羅屬的雜交品種。垂下的喇叭形花朵又被人們親暱地稱為天使的號角。移植、修剪容易。可簡單地透過扦插繁殖。

	1	2	3	4	5	6	7	8	9	10	11	12
生長		花芽分化開始～			開花							
		花芽存在期										
庭園樹木				修剪								
				施肥（1次）				施肥（1次）				
				種植、移植								
盆栽				修剪								
				施肥（1次）		施肥（1次）		施肥（1次）				
				種植、移植								

栽培環境

庭園樹木 不適宜寒冷地區。溫暖地區採取簡單的防寒措施便可成活。選擇日照好、排水良好的地方種植。

盆栽 **放置場所** 一般放置於最低攝氏5度以上的室內過冬。

用土 使用排水好的土壤。對土質不怎麼挑剔。

至開花所需時間

快的話種植後次年開花。

不開花的主要原因

❶樹木尚未成熟。
❷低溫導致樹枝乾枯、樹木變小。
❸生長過於旺盛。
❹極端發育不良。

修剪的基本方法

僅切除過度伸長的枝條。

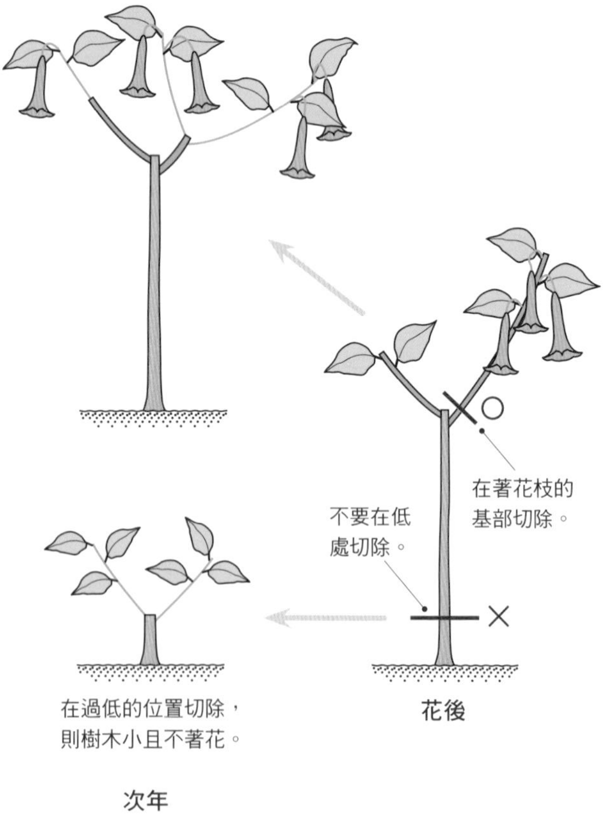

在著花枝的基部切除。
不要在低處切除。
花後
在過低的位置切除，則樹木小且不著花。
次年

庭園樹木的修剪

可以在任意部位修剪。如果冬季低溫導致枝端乾枯，可在春季開始萌芽後在芽上方切除。

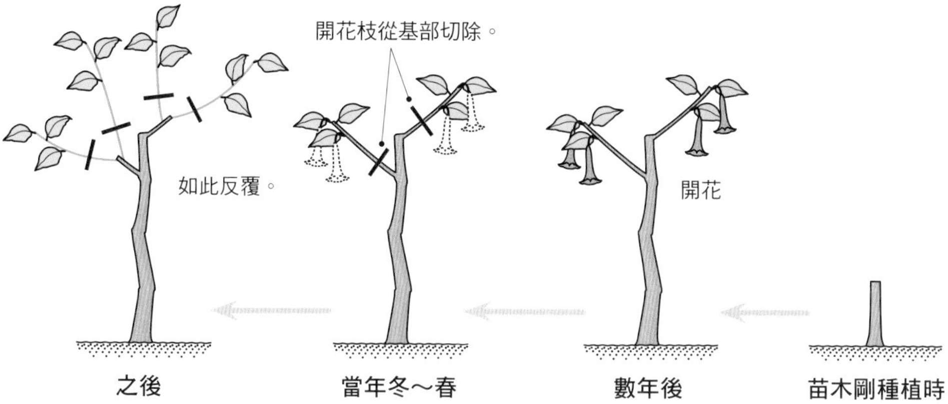

開花枝從基部切除。
如此反覆。
開花
之後
當年冬～春
數年後
苗木剛種植時

盆栽的修剪

以庭園樹木為基準。室內過冬的情況下，首先應將枝條剪短以便放入室內，第二年春天移至戶外時，確認萌芽部位，再次進行修剪。

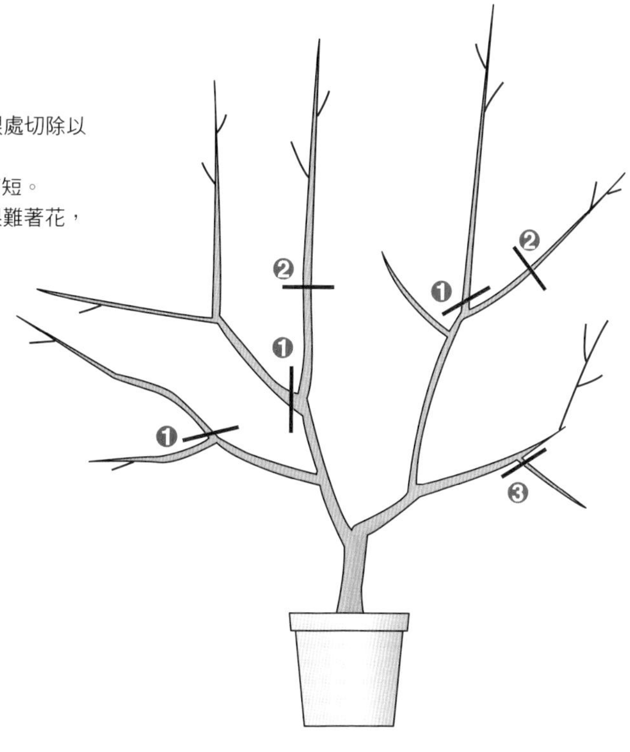

❶ 將長枝、大枝從杈根處切除以減少枝數。
❷ 只將想保留的枝條剪短。
❸ 向下生長的小枝，很難著花，應切除。

花芽的生發方式

溫度高而伸出枝條後，在節上生出花芽。然而，枝條旺盛地持續伸長期間，只顧長葉，不易著花。

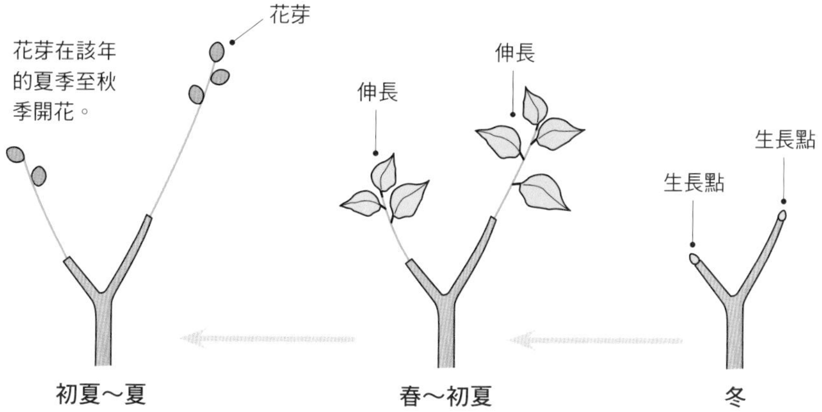

花芽
花芽在該年的夏季至秋季開花。
伸長
伸長
生長點
生長點
初夏～夏
春～初夏
冬

紅瓶刷樹

紅瓶刷樹

Callistemon

別名：紅千層
桃金孃科紅千層屬的常綠灌木

分佈於澳大利亞。庭園樹木樹高3公尺左右，也有可作為中型以上盆栽觀賞的品種。耐修剪，而移植困難。靠實生、扦插繁殖。

	1	2	3	4	5	6	7	8	9	10	11	12
生長					開花		花芽分化開始（?）～花芽存在期					
庭園樹木						修剪						
			施肥（1次）									
			種植、移植									
盆栽						修剪						
				施肥（1次）		施肥（1次）						
			種植、移植									

肥料　含氮元素多的化學合成肥料。
繁殖方法　4月播種（採種）。7月中旬～8月扦插（密閉）。

栽培環境

庭園樹木 日本關東地區以西的太平洋沿岸可以栽培。只有小苗才可以移植，所以應慎重選擇種植場所。日照好的地方為佳，對土質不怎麼挑剔。

盆栽 使用矮性品種。

放置場所 日照好的地方。寒冷地區冬季期間放入室內以免凍傷，白天充分接受日照。

用土 園土6、砂2、腐葉土2的混合土，或赤玉土7～8、腐葉土2～3的混合土。

至開花所需時間

矮性品種種植後1～2年。高性品種3～5年。

不開花的主要原因

❶日照不足。
❷進行了修剪。
❸盆栽，過乾或過濕、極度肥料不足引起的生長不良，新梢太細。

花芽的生發方式

新梢的前端在夏天生出花芽。花芽萌發後，伸出新梢，由於新梢的周圍著花，所以形成以新梢為軸心，串連全花的瓶刷形狀。

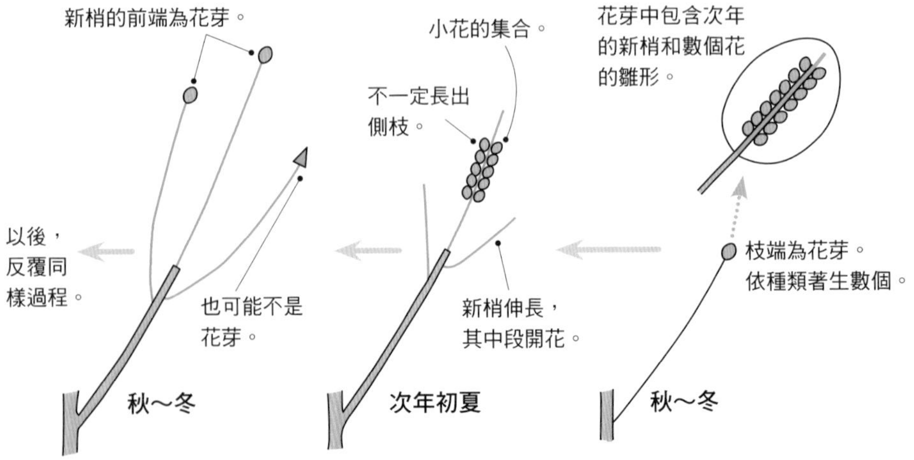
花芽中包含次年的新梢和數個花的雛形。
枝端為花芽。依種類著生數個。
秋～冬
小花的集合。
不一定長出側枝。
新梢伸長，其中段開花。
次年初夏
新梢的前端為花芽。
也可能不是花芽。
以後，反覆同樣過程。
秋～冬

修剪的基本方法

修剪後，新枝的出芽情況不好，而老的粗枝容易萌芽。所以，即使將細枝切除也不會產生很多的分枝。開花期和花芽分化期間隔很短，修剪通常會使著花變差。

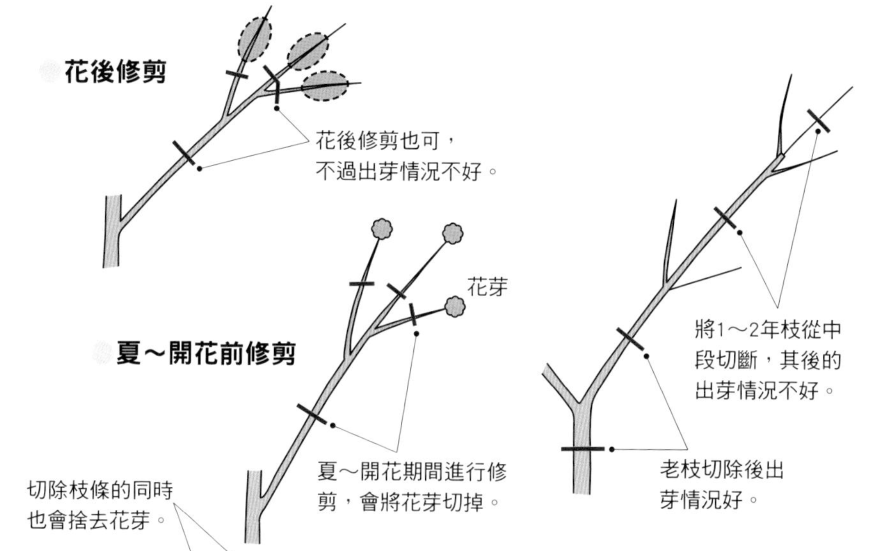

花後修剪
花後修剪也可，
不過出芽情況不好。
花芽
夏～開花前修剪
夏～開花期間進行修剪，會將花芽切掉。
將1～2年枝從中段切斷，其後的出芽情況不好。
老枝切除後出芽情況好。

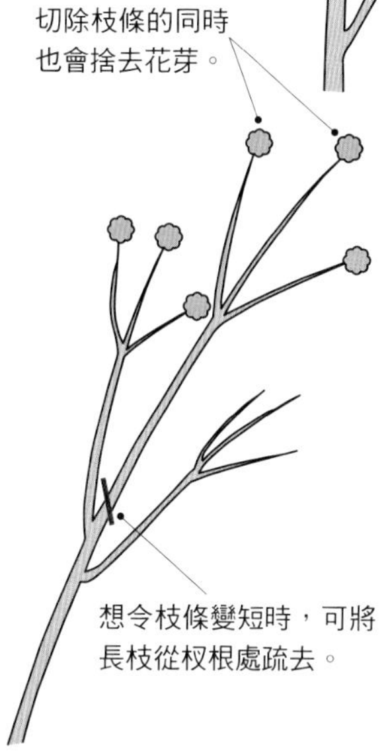

切除枝條的同時
也會捨去花芽。
想令枝條變短時，可將
長枝從杈根處疏去。

庭園樹木的修剪

只要未超出預想的樹高、樹枝張幅，都可以放任生長，此後以疏剪為主，以維持一定的樹高和樹枝張幅。雖說也受品種和栽培條件的影響，但由於一年中，枝條的伸長量比較小，在多數情況下，沒有必要每年都進行修剪。

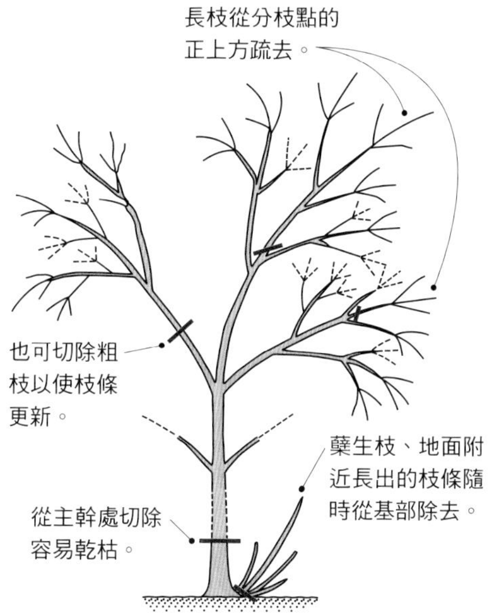

長枝從分枝點的
正上方疏去。
也可切除粗
枝以使枝條
更新。
蘖生枝、地面附
近長出的枝條隨
時從基部除去。
從主幹處切除
容易乾枯。

盆栽的修剪

原則上是透過疏剪維持樹高、樹枝張幅。花後修剪至杈根附近，著花往往會變差。

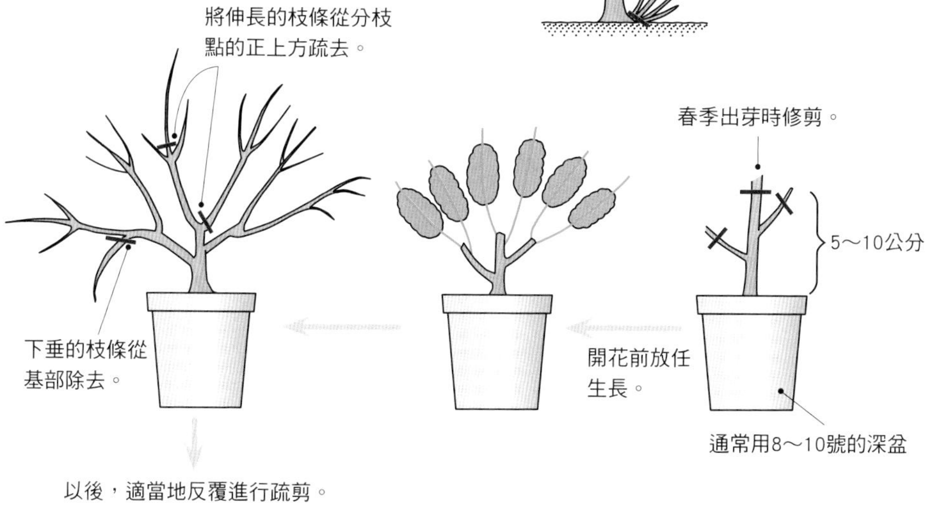

將伸長的枝條從分枝
點的正上方疏去。
春季出芽時修剪。
5～10公分
下垂的枝條從
基部除去。
開花前放任
生長。
通常用8～10號的深盆
以後，適當地反覆進行疏剪。

夾竹桃（紅花品種）

夾竹桃

Nerium oleander var. *indicum*

夾竹桃科夾竹桃屬的常綠小喬木

分佈於印度至地中海沿岸一帶。有眾多的園藝品種。不適宜寒冷地區。一般庭園樹木保持在樹高3公尺以下。盆栽於大花盆中。移植、修剪容易。可簡單地透過扦插、分株繁殖。

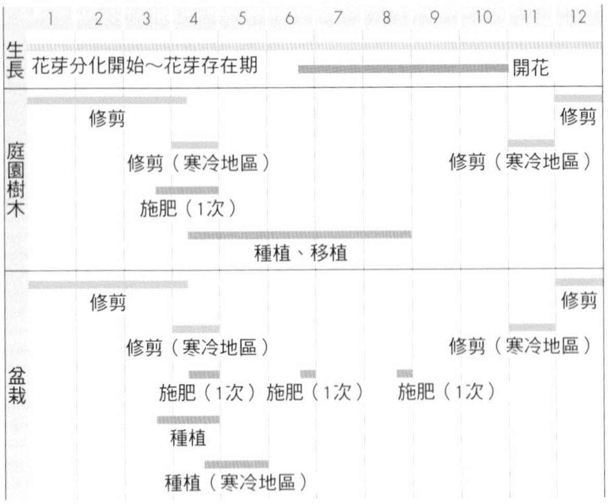
1
2
3
4
5
6
7
8
9
10
11
12
生長
花芽分化開始～花芽存在期
開花
庭園樹木
修剪
修剪
修剪（寒冷地區）
修剪（寒冷地區）
施肥（1次）
種植、移植
盆栽
修剪
修剪
修剪（寒冷地區）
修剪（寒冷地區）
施肥（1次）
施肥（1次）
施肥（1次）
種植
種植（寒冷地區）

肥料　含氮元素多的化學合成肥料。
繁殖方法　5～9月上旬扦插。4月中旬～5月上旬分株。

栽培環境

庭園樹木 適合溫暖地區。日照好的地方為佳，對土質不挑剔，不過重黏土質則生長不好。

盆栽 **放置場所** 日照好的地方。寒冷地區冬季置於室內，且白天日照好，夜晚不是太冷的地方。

用土 可以單用赤玉土。

至開花所需時間 因苗的大小和氣溫而不同，矮性品種春季種植後當年開花。一般的高性品種2～3年。

不開花的主要原因

❶日照不足。
❷盆栽，過度乾燥等引起的極端發育不良。

修剪的基本方法

由於是完全的四季開花植物，所以只要達到可以生長的溫度，在任何部位修剪都會再萌芽並開花。

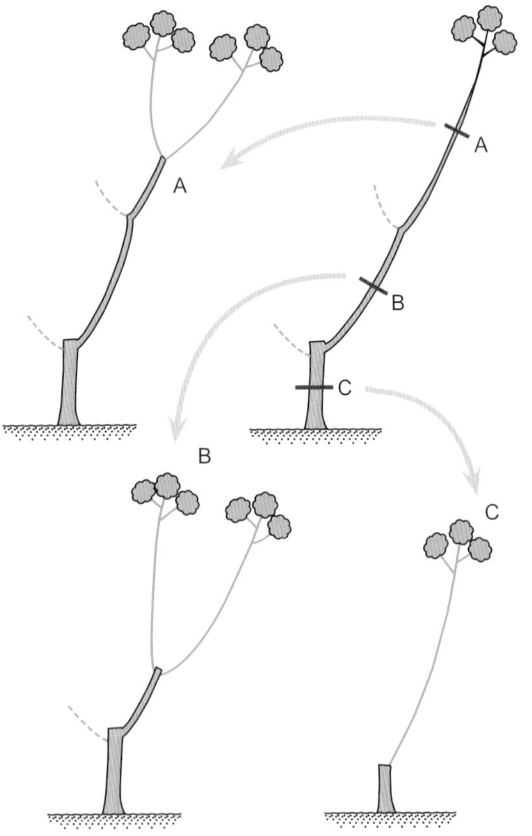
A
A
B
B
C
C

庭園樹木的修剪

雖說何時、在何處修剪均可，不過一般每年進行1次強剪。修剪後的高度可依個人喜好而定。溫暖地區從初冬開始至初春期間均可進行。會凍傷葉、枝端的寒冷地區，冬季不作處理而在春季修剪，或在初冬修剪並堆上厚厚的土。

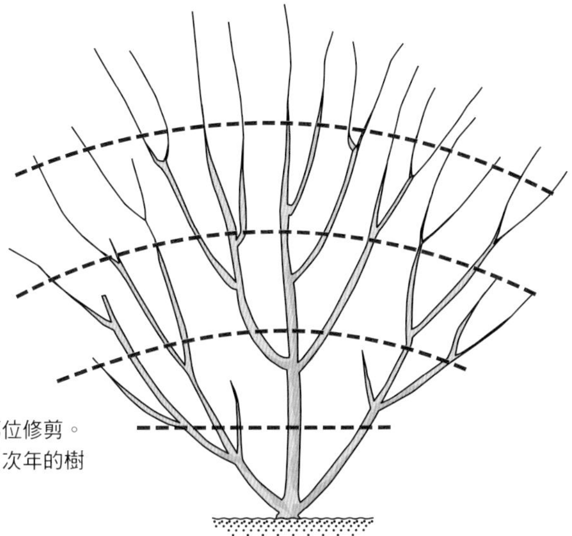
可在任意部位修剪。剪得越短則次年的樹高越低。

盆栽的修剪

同庭園樹木一樣每年進行修剪。有必要相應於植株的大小而移入更大的花盆。隨著花盆一點一點增大，可以欣賞到花團錦簇的盛況。也可以不修剪而每年進行扦插，重新培育植株，該方法可栽培於小花盆中，不過花數也少。

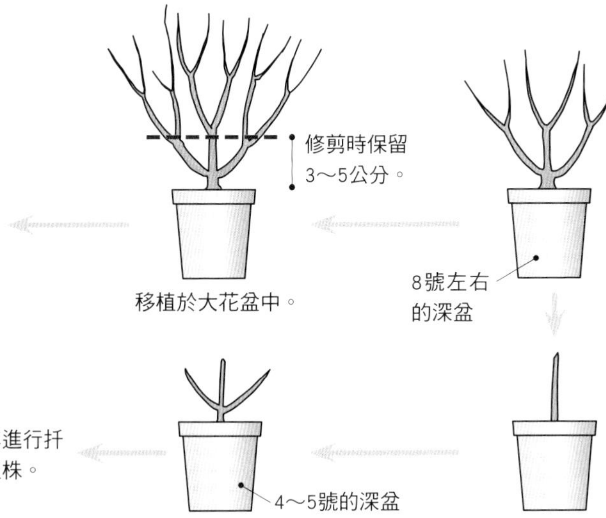
修剪時保留3～5公分。
每年修剪。
移植於大花盆中。
8號左右的深盆
之後，每年進行扦插，更新植株。
4～5號的深盆
夏～秋季扦插。

花芽的生發方式

四季開花，新梢伸出後，前端生出花芽並開花。只要有適宜的溫度，新梢就會和花芽並行發育，所以與各地的氣溫對應，從春天至秋天會連續開花。

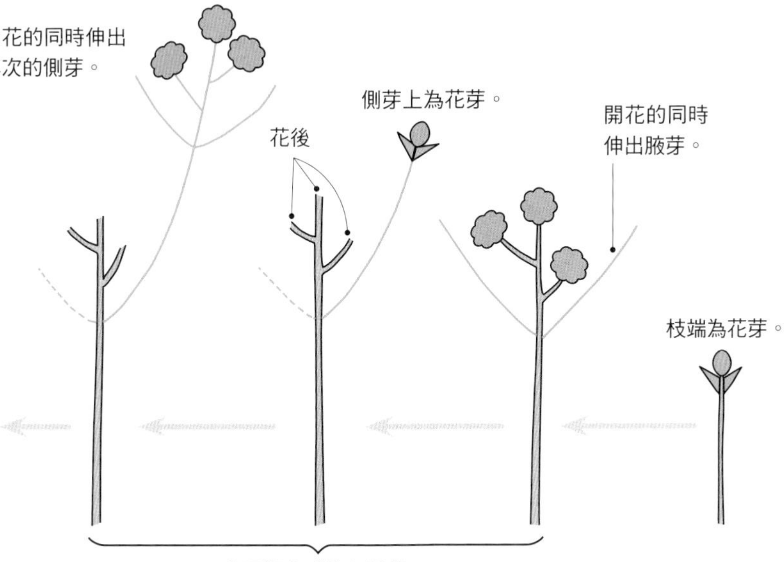
開花的同時伸出其次的側芽。
側芽上為花芽。
花後
開花的同時伸出腋芽。
枝端為花芽。
以後，反覆同樣過程。
高溫期會重複此過程。

金絲梅。葉水平橫向排列著生。

肥料　含氮元素多的化學合成肥料。
繁殖方法　2月中旬～3月、11月中旬～12月中旬分株。5～7月扦插。9月播種（11月採種）。

金絲梅

Hypericum patulum

藤黃科金絲桃屬的常綠～半常綠灌木

分佈於中國的陝西省、湖北省以南各省。一般庭園樹木維持在樹高1公尺以下，也可作為盆栽觀賞。移植、修剪容易。透過扦插、分株繁殖。有近緣種金絲桃。

		1	2	3	4	5	6	7	8	9	10	11	12
生長		花芽分化開始～花芽存在期					開花						
庭園樹木			修剪									修剪	
			施肥（1次）										
			種植、移植									種植、移植	
盆栽			修剪										修剪
				施肥（1次）			施肥（1次）						
				種植、移植								種植、移植	

栽培環境
庭園樹木 日照好的地方。適宜肥沃而排水良好的土壤。
盆栽 **放置場所** 日照好的地方。
用土 園土7、砂或纖維草炭3的混合土。單用赤玉土也可。

至開花所需時間 扦插小苗種植後1～2年。分株苗則下個季節開花。

不開花的主要原因 應考慮是否日照不足。

修剪的基本方法

高溫期間，任何時間，在任何位置修剪都容易再萌芽。冬季沒有花芽，所以進行修剪也不會損傷花芽。春季從出芽至開花期間不能修剪，其他任何時間則都可以修剪。

近緣種金絲桃。
雄蕊長於花瓣。

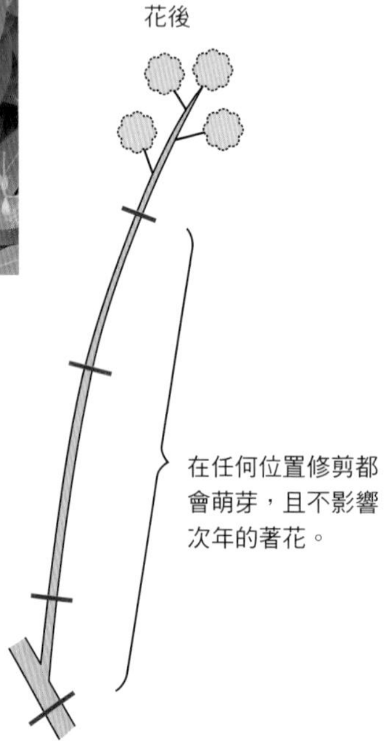
花後
在任何位置修剪都會萌芽，且不影響次年的著花。

庭園樹木的修剪

可以放任生長。在透過修剪限制樹高的情況下，冬季修剪的位置不同，則開花時的枝條姿態也會變化。可依個人喜好來決定修剪位置。花後可以放任生長，礙事的樹枝可隨時修剪至個人喜好的高度及長度。

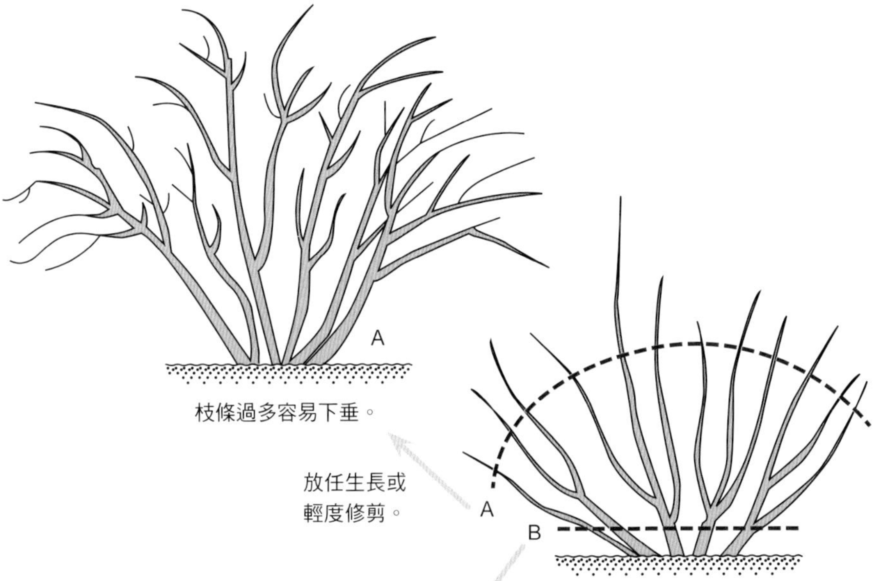
A
枝條過多容易下垂。
放任生長或輕度修剪。
A
B
在靠近地面處修剪。

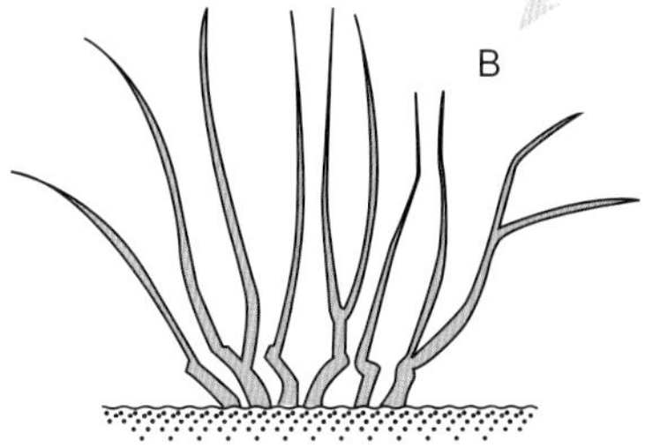
B
枝少而直立。

盆栽的修剪

冬季修剪至靠近地面。與分株、移植同時進行，則作業更加輕鬆。

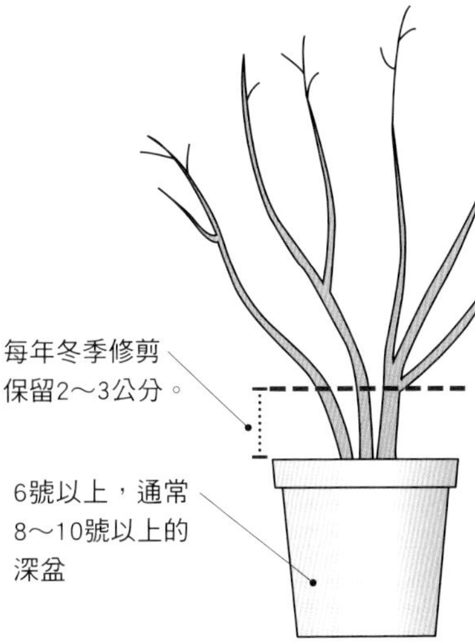
每年冬季修剪保留2～3公分。
6號以上，通常8～10號以上的深盆

花芽的生發方式

新梢伸出，前端生出花芽，直至開花。

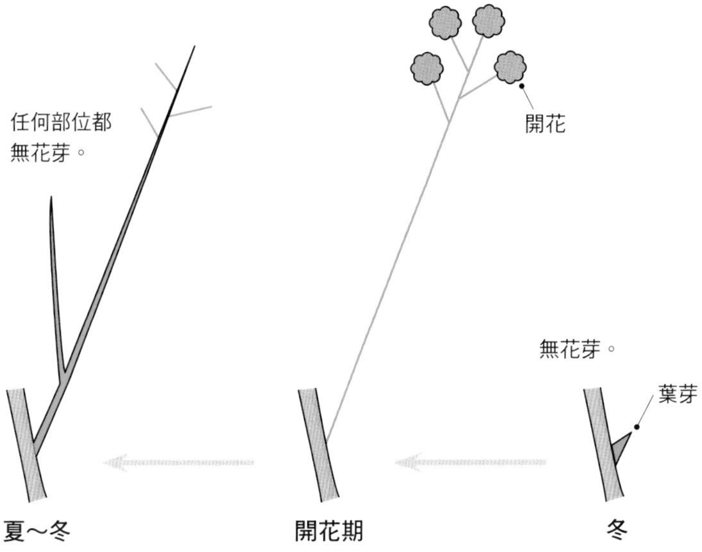
任何部位都無花芽。
開花
無花芽。
葉芽
夏～冬
開花期
冬

大花梔子

梔子花

Gardenia jasminoides

別名：木丹
茜草科梔子屬的常綠灌木

分佈於日本靜岡以西、至東南亞。庭園樹木維持在樹高2公尺以下，也有可以盆栽觀賞的品種。單瓣品種的果實也成為觀賞對象。移植、修剪容易。可簡單地透過扦插繁殖。

	1	2	3	4	5	6	7	8	9	10	11	12
生長						開花		花芽分化開始～花芽存在期				
庭園樹木							修剪					
			施肥（1次）			施肥（1次）						
				種植、移植						種植、移植		
盆栽							修剪					
			施肥（1次）			施肥（1次）						
			種植、移植							種植、移植		

肥料 含氮元素多的化學合成肥料。
繁殖方法 5月中旬～8月扦插。

栽培環境

庭園樹木 不適宜寒冷地區。稍微日陰的地方也可以生長，不過應盡量種植在日照好的地方。對土質不挑剔，但不適宜容易乾燥的土壤，稍微潮濕的土壤為佳。

盆栽 **放置場所** 日照好的地方。

用土 單用非黏質土的園土、赤玉土、鹿沼土、細粒桐生砂等均可。

至開花所需時間

種植後矮性品種2～3年，高性品種3～5年。

不開花的主要原因

❶過度修剪，尤其是秋季至冬季進行了修剪。
❷天蛾幼蟲引起的蟲害。

修剪的基本方法

枝越老，修剪後的萌芽情況越不好。花芽、花蕾、花朵全年均存在於枝端，修剪必定會損失花芽。

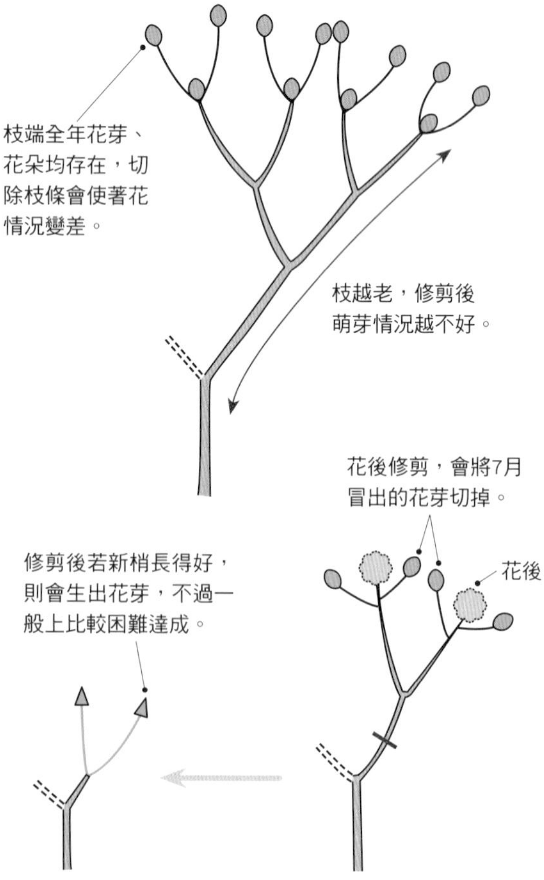
枝端全年花芽、花朵均存在，切除枝條會使著花情況變差。
枝越老，修剪後萌芽情況越不好。
花後修剪，會將7月冒出的花芽切掉。
花後
修剪後若新梢長得好，則會生出花芽，不過一般上比較困難達成。

梔子花

單瓣梔子的果實秋天成熟，呈橙色。

庭園樹木的修剪

樹形不會長得太亂，所以可以放任生長。樹木長得太高，不得不進行修剪時，可在花後盡量輕度修剪。

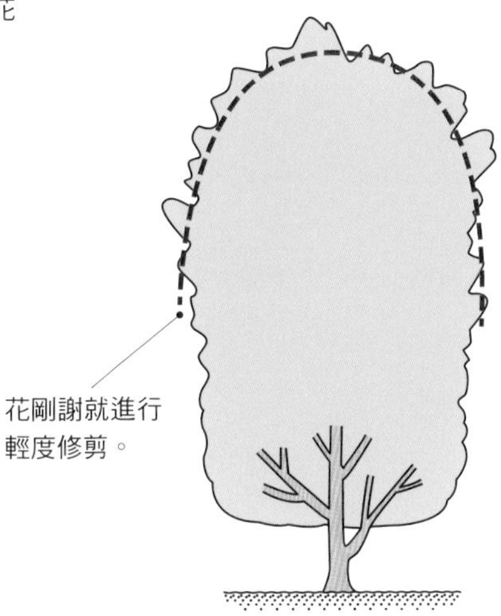
花剛謝就進行
輕度修剪。

盆栽的修剪

將長枝疏去以降低植株高度。雖然矮性品種也可以在花謝後一齊修剪，但是著花容易變差。

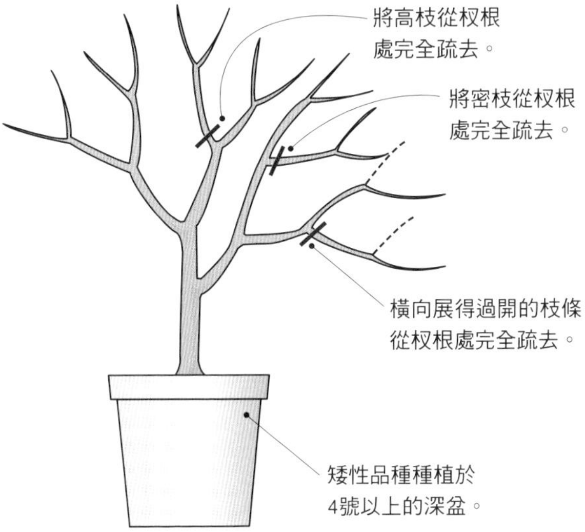
將高枝從杈根
處完全疏去。
將密枝從杈根
處完全疏去。
橫向展得過開的枝條
從杈根處完全疏去。
矮性品種種植於
4號以上的深盆。

花芽的生發方式

新梢的前端生出花芽。標準的成長過程為一年生發兩次新梢，兩次均生出花芽。這些分化期不同的花芽，次年夏天會同時開花；而受品種、溫度條件的影響，早先生出的花芽會在秋季開花。

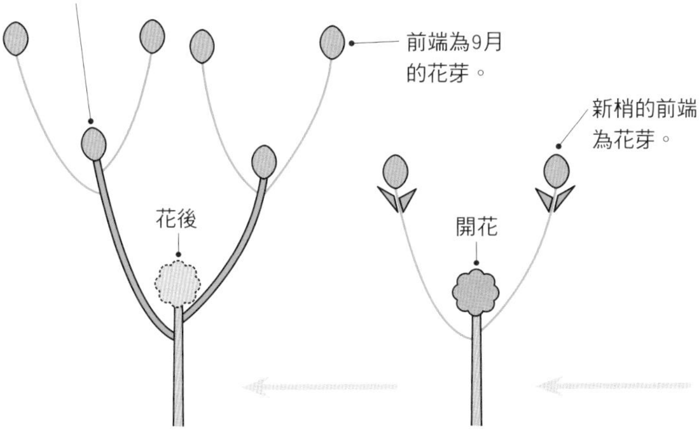
7月的花芽。不過，未必都會發育完全並開花。
四季開花品種也會在秋季開花。
前端為9月
的花芽。
新梢的前端
為花芽。
花後
開花
花芽
9月～冬
7月
冬

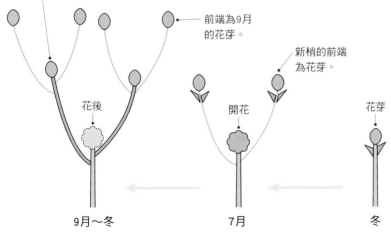

黃櫨

黃櫨

Cotinus coggygria

別名：煙樹
漆樹科黃櫨屬的落葉喬木

分佈於南歐至印度北部，及中國西南部的山區。有眾多的園藝品種，矮性品種也可以作為盆栽觀賞。庭園樹木適宜維持在樹高2～3公尺。修剪後萌芽好，也可扦插。

肥料　氮元素、磷酸、鉀元素等量的化學合成肥料。
繁殖方法　壓條、扦插。
※花芽分化期不詳。

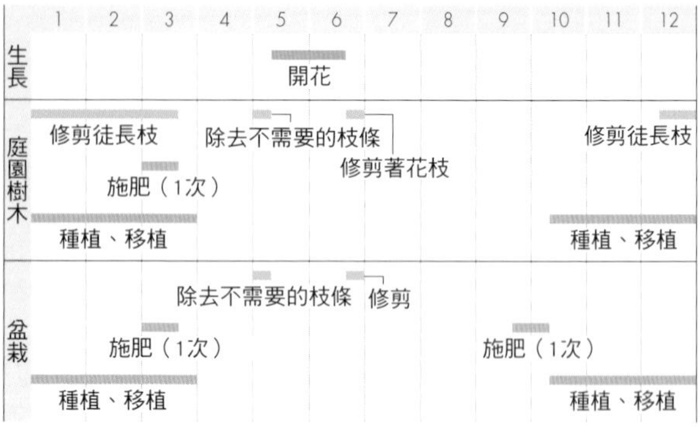
1
2
3
4
5
6
7
8
9
10
11
12
生長
開花
庭園樹木
修剪徒長枝
除去不需要的枝條
修剪著花枝
修剪徒長枝
施肥（1次）
種植、移植
種植、移植
盆栽
除去不需要的枝條
修剪
施肥（1次）
施肥（1次）
種植、移植
種植、移植

栽培環境

庭園樹木 日照好的地方，喜好排水良好的土壤。

盆栽 **放置場所** 日照好的地方。

用土 使用排水良好的土壤。

至開花所需時間 2～3年。

不開花的主要原因

❶嚴重成長不良。
❷日照不足。
❸秋季之後進行了修剪。

修剪的基本方法

欲抑制樹高和樹枝張幅，可將徒長枝切除或剪短，修剪開過花的枝條。細的1年枝盡量不要修剪。

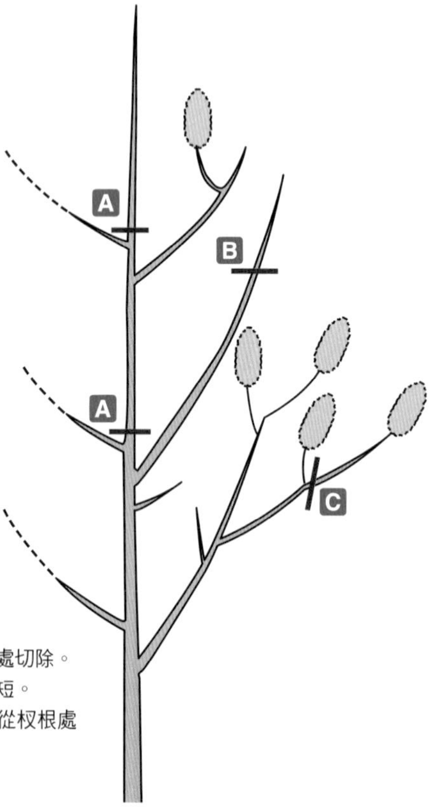
A
B
A
C

A＝長太高的枝條從杈根處切除。
B＝將欲保留的徒長枝剪短。
C＝橫向展得過開的枝條從杈根處切除。

庭園樹木的修剪

徒長枝是不需要的樹枝，應切除，不過修剪時要盡量保留一部分以產生分枝。未開過花的枝條不要切除。也可以僅修剪長得過大的樹。

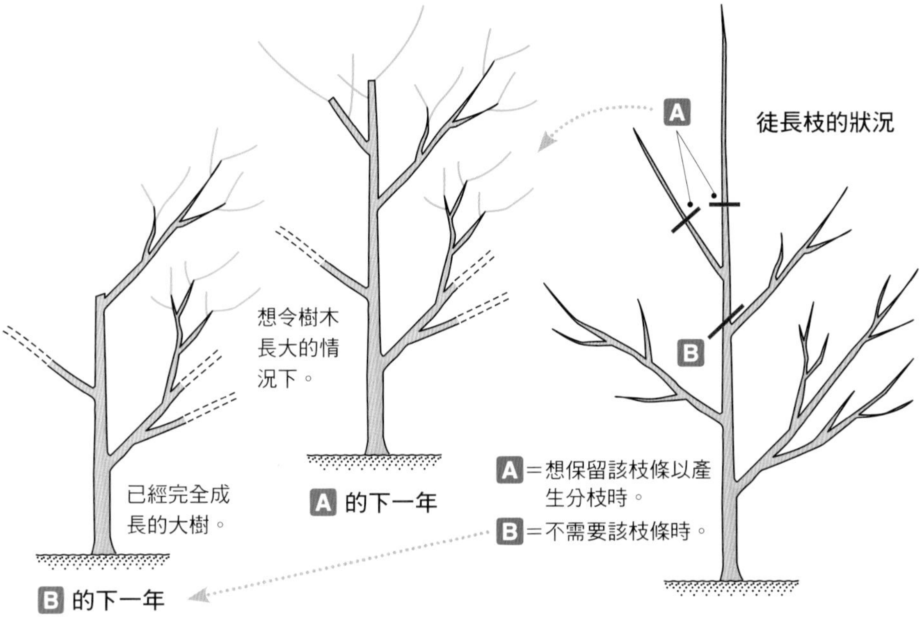
徒長枝的狀況
A
B
想令樹木長大的情況下。
已經完全成長的大樹。
A 的下一年
B 的下一年
A＝想保留該枝條以產生分枝時。
B＝不需要該枝條時。

盆栽的修剪

植株大小長得超出個人喜好的範圍再進行修剪。大小超出必要的範圍時，在2年枝以上的粗枝處修剪。

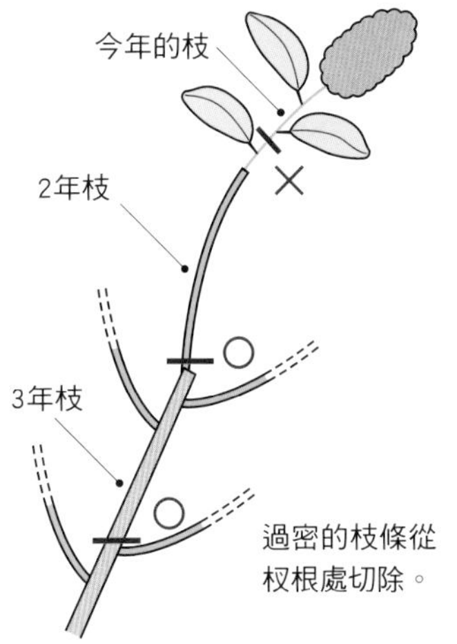
今年的枝
2年枝
3年枝
過密的枝條從杈根處切除。

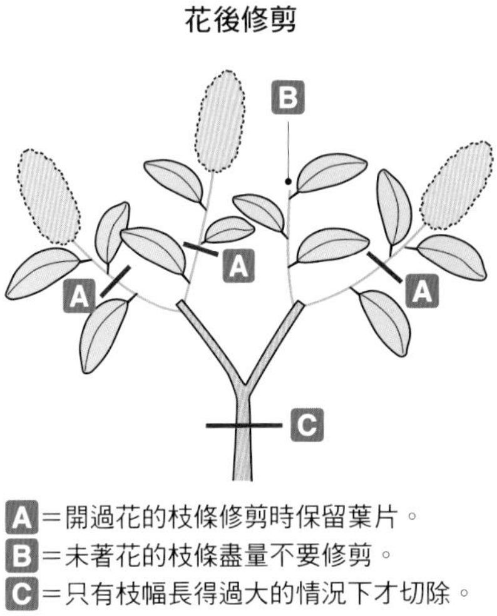
花後修剪
A
B
C
A＝開過花的枝條修剪時保留葉片。
B＝未著花的枝條盡量不要修剪。
C＝只有枝幅長得過大的情況下才切除。

花芽的生發方式

新梢的前端生出花芽，但徒長枝上不生花芽，而且不是所有的短枝上都會生出花芽。

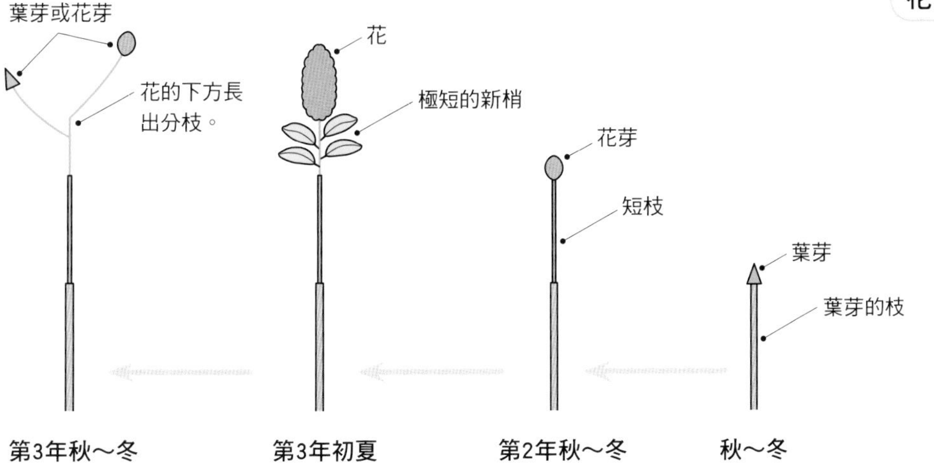
葉芽或花芽
花的下方長出分枝。
花
極短的新梢
花芽
短枝
葉芽
葉芽的枝
第3年秋～冬
第3年初夏
第2年秋～冬
秋～冬

花石榴【Amashibori】

肥料 ①、③為苦土石灰。②、④、⑤為含氮元素少的化學合成肥料。
繁殖方法 3月中旬～7月扦插。3月中旬～4月播種（10～11月採種）。

石榴

Punica granatum

石榴科石榴屬的落葉小喬木

分佈於伊朗至喜瑪拉雅。有果樹用品種與觀賞用的花石榴，也有灌木品種。除了作為庭園樹木，也可盆栽。移植、修剪容易。透過扦插繁殖，也有實生品種。

	1	2	3	4	5	6	7	8	9	10	11	12
生長						開花	花芽分化開始（?）～花芽存在期					
庭園樹木			修剪									
	①施肥（1次）		②施肥（1次）									
			種植、移植							種植、移植		
盆栽			修剪									
	③施肥（1次）			④施肥（1次）				⑤施肥（1次）				
			種植、移植							種植、移植		

栽培環境

庭園樹木 日照好的地方，避免多濕的土壤。

盆栽 **放置場所** 日照好的地方。冬季期間移至不會凍傷的場所。

用土 園土4、珍珠岩4、纖維草炭2的混合土。

至開花所需時間

苗木的大小與生長狀況不同，開花時間也會不同，不過一般種植後大約3～5年。盆栽花開要遲些。

不開花的主要原因

❶樹木尚未成熟。
❷肥料過多、強剪導致徒長枝過多。

修剪的基本方法

枝端部分生出花芽，所以不可以將枝端剪短。若是強剪會使徒長枝再次生長，著花變差。

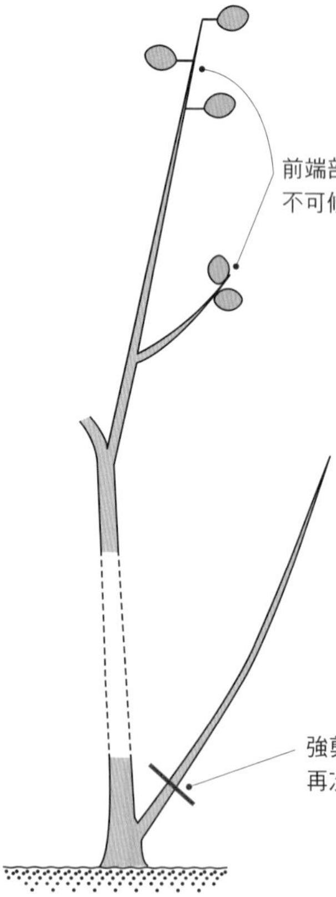
前端部分有花芽，
不可修剪。
強剪徒長枝會
再次徒長。

石榴的果實

庭園樹木、盆栽的修剪

原則上不進行修剪。只將不需要的樹枝切除。越修剪越會損害著花。然而，跟庭木比起來，盆栽則有必要將不需要的枝條及長枝疏去，雖然花數會減少，但可以限制樹高。

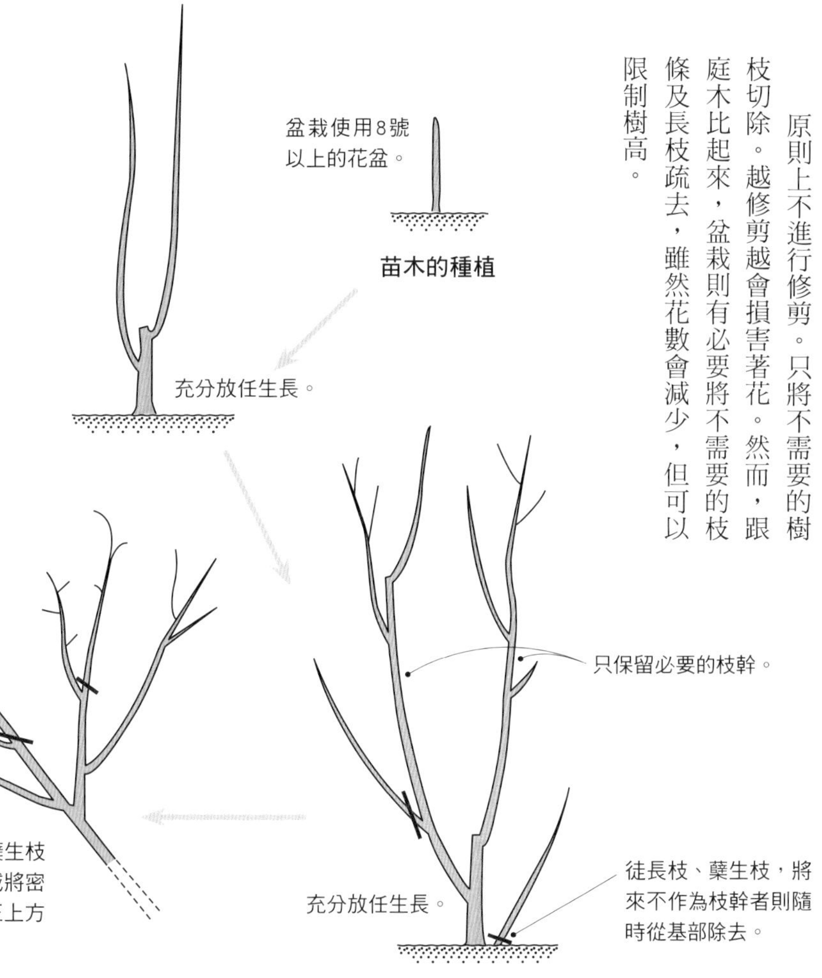
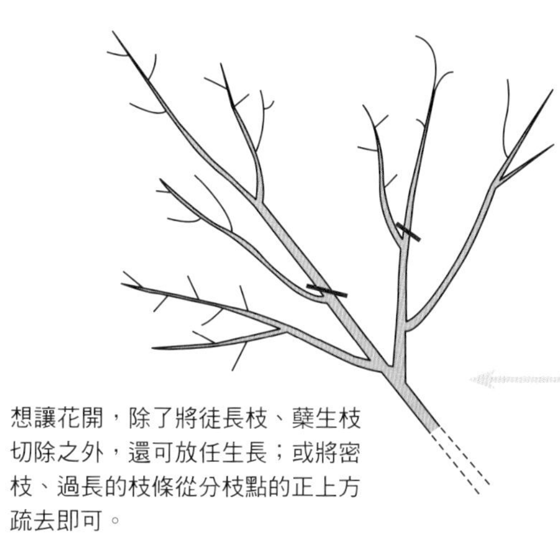

盆栽使用8號
以上的花盆。
苗木的種植
充分放任生長。
只保留必要的枝幹。
徒長枝、蘖生枝，將
來不作為枝幹者則隨
時從基部除去。
充分放任生長。
想讓花開，除了將徒長枝、蘖生枝
切除之外，還可放任生長；或將密
枝、過長的枝條從分枝點的正上方
疏去即可。

花芽的生發方式

徒長枝上不生花芽。而且，細而病弱的小枝上也很難生出花芽。通常於粗短枝、短枝上生出花芽。花芽萌發後，長出極短枝，其前端開花，該枝以後變成短枝。

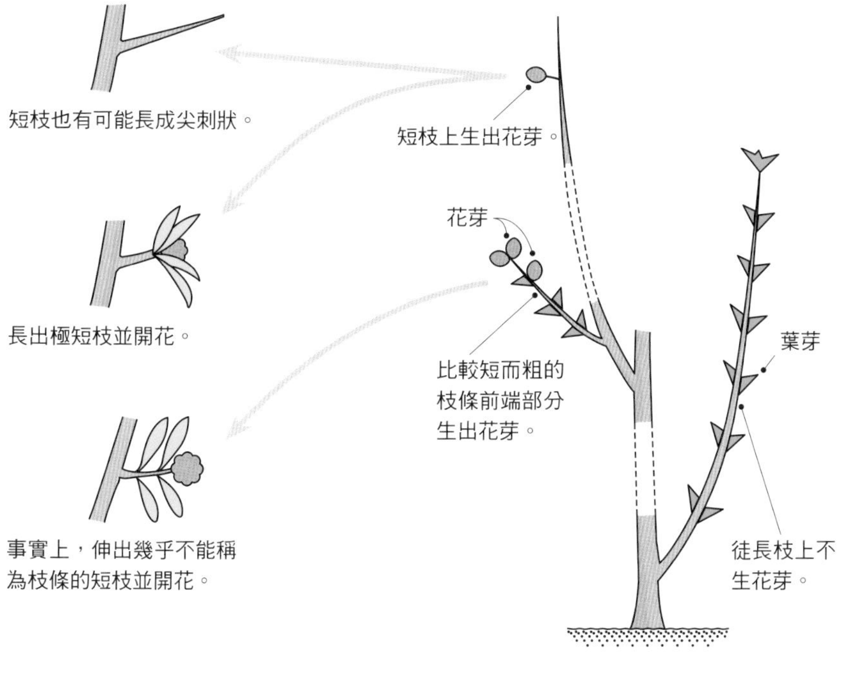

短枝也有可能長成尖刺狀。
短枝上生出花芽。
花芽
長出極短枝並開花。
比較短而粗的
枝條前端部分
生出花芽。
葉芽
事實上，伸出幾乎不能稱
為枝條的短枝並開花。
徒長枝上不
生花芽。

【八尺鏡】

皋月杜鵑

Rhododendron

別名：サツキツツジ
杜鵑花科杜鵑花屬的常綠灌木

通常被稱為皋月杜鵑的大多數是與近緣種的雜交品種，有眾多的園藝品種。除了作為盆栽、庭園樹木，還可剪整成形，美化園林。移植、修剪容易。扦插繁殖。

肥料 ①、②、③、④為油渣2：骨粉1。
繁殖方法 7～8月扦插。3月、10～11月中旬分株。

	1	2	3	4	5	6	7	8	9	10	11	12
生長					開花			花芽分化開始～花芽存在期				
庭園樹木					修剪							
					①施肥（1次）			②施肥（1次）				
			種植、移植									
盆栽					修剪							
		液體肥料（一週1次）			③施肥（1次）			④施肥（1次）				
			種植、移植		移植（修剪後）					種植、移植		

栽培環境

庭園樹木 日照好的地方為佳，明亮的半日陰處也生長良好。喜好有機質多、排水良好的土壤，不適宜乾燥地。

盆栽 **放置場所** 置於日照好的地方，盛夏移至半日陰處。平常放在明亮的半日陰處也可以。

用土 單用鹿沼土。

至開花所需時間

通常，著花苗在市場上有售，種植後可以立即開花。

不開花的主要原因

❶修剪時間過晚。特別是開花期遲的晚生品種，由於等待最後的花期終了而延誤了最佳修剪時期。至於最晚什麼時候修剪，與該地方的溫度、日照條件、樹木生長狀態、栽培管理等均有關，但6月中旬以後再修剪，情況會比較不利。

❷夏季之後進行了修剪。但如果只是稍加修剪，由於未修剪的枝條上花芽還在，所以還是會少量開花。

❸由食心蟲（玫斑鑽夜蛾的幼蟲）引起的枝端部分蟲害，新枝乾枯。

❹食心蟲蠶食花蕾。

❺通風差。

❻肥料（特別是氮元素肥料）過多，澆水充足，新梢發育過好。

❼盆栽，根過密，或極度乾燥、排水不良等原因致使未抽新梢。

花芽的生發方式

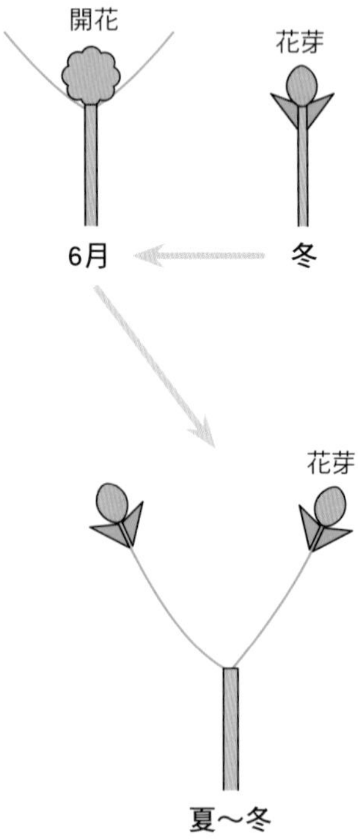

新梢的前端生出花芽。

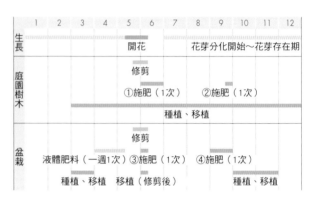

修剪的基本方法

開花期與花芽分化期間隔很短，而且僅在新梢的前端生出花芽，所以可以修剪的時間很短，應特別注意。老枝也容易生不定芽，所以在任意枝上修剪，都會萌芽並抽新梢。

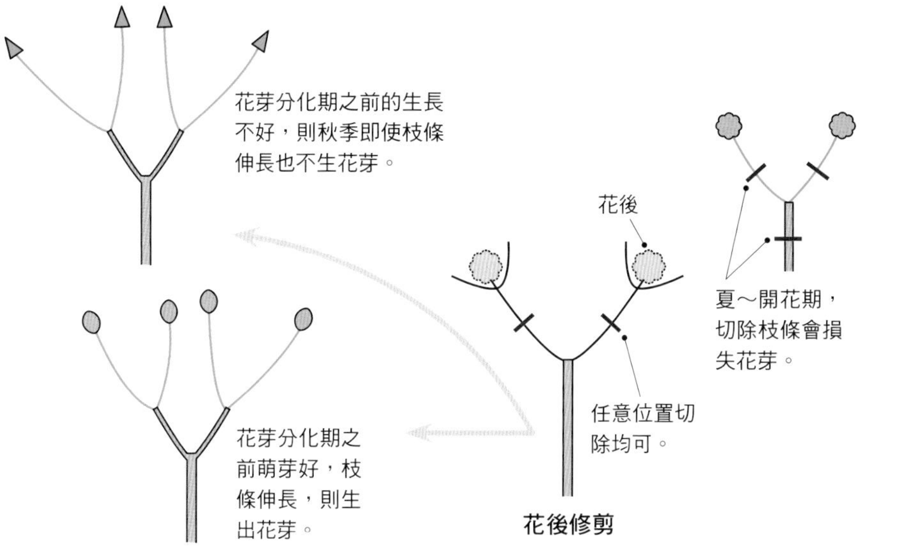
花芽分化期之前的生長不好，則秋季即使枝條伸長也不生花芽。
花後
夏～開花期，切除枝條會損失花芽。
任意位置切除均可。
花芽分化期之前萌芽好，枝條伸長，則生出花芽。
花後修剪

庭園樹木的修剪

通常，修剪成形以美化園林。花後進行修剪。特別是想令表面整潔時，可進一步在秋季進行輕度修剪，僅修剪到的部分花會減少。

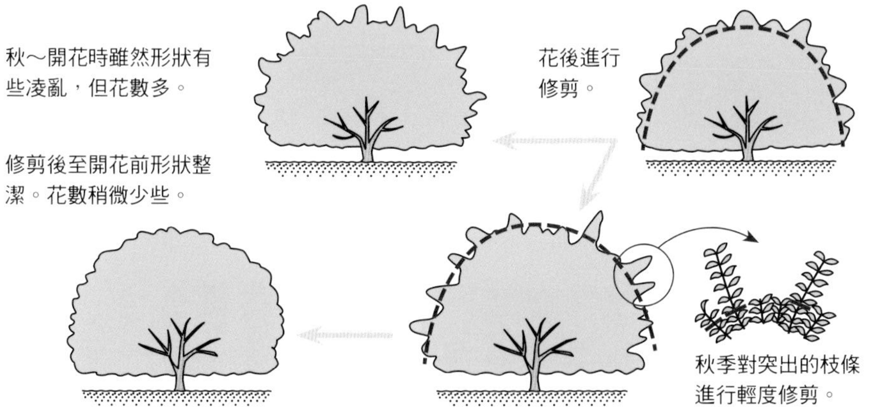
秋～開花時雖然形狀有些凌亂，但花數多。
花後進行修剪。
修剪後至開花前形狀整潔。花數稍微少些。
秋季對突出的枝條進行輕度修剪。

盆栽的修剪

通常為了欣賞花朵，可以與庭木一樣只修剪成圓形。製作盆景基本上需進行修剪，而為了塑造樹形也要進行疏剪。皐月杜鵑在任何位置修剪都容易出芽，所以易於整形、更新。

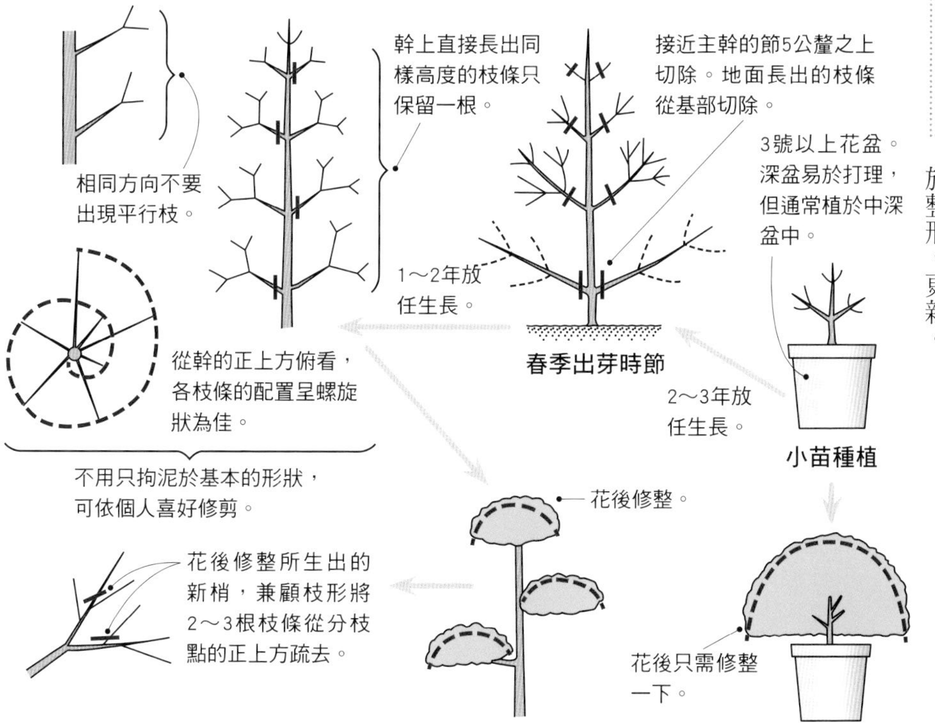
幹上直接長出同樣高度的枝條只保留一根。
接近主幹的節5公釐之上切除。地面長出的枝條從基部切除。
3號以上花盆。深盆易於打理，但通常植於中深盆中。
相同方向不要出現平行枝。
1～2年放任生長。
從幹的正上方俯看，各枝條的配置呈螺旋狀為佳。
春季出芽時節
2～3年放任生長。
小苗種植
不用只拘泥於基本的形狀，可依個人喜好修剪。
花後修整。
花後修整所生出的新梢，兼顧枝形將2～3根枝條從分枝點的正上方疏去。
花後只需修整一下。

紫薇

肥料　含氮元素多的化學合成肥料。
繁殖方法　3月中旬～4月上旬扦插。3～4月上旬、10月中旬～11月分株。4月中旬～5月中旬播種（11月採種）。

紫薇

Lagerstroemia indica

別名：百日紅
千屈菜科紫薇屬的落葉喬木或灌木

原產於中國中部至南部。落葉樹，喜溫暖氣候，不適宜寒冷地區和乾燥地區。通常作為庭園樹木，也有可小盆栽種欣賞的品種。移植、修剪容易，可簡單地透過扦插繁殖。

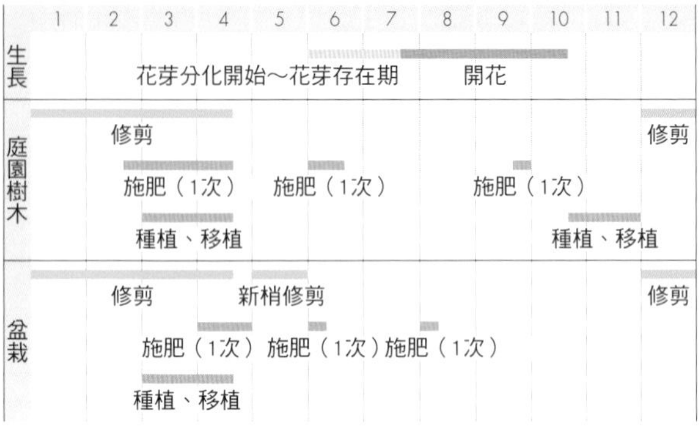
1 2 3 4 5 6 7 8 9 10 11 12
生長
花芽分化開始～花芽存在期
開花
庭園樹木
修剪
修剪
施肥（1次）
施肥（1次）
施肥（1次）
種植、移植
種植、移植
盆栽
修剪
新梢修剪
修剪
施肥（1次）施肥（1次）施肥（1次）
種植、移植

栽培環境

庭園樹木　不適宜寒冷地區。選擇日照好的地方。只要不太乾，對土質不挑剔。不過，種植苗木時應避免黏性土質。

盆栽　小盆選擇一年生品種。

放置場所　日照好的地方。

用土　園土7、砂3的混合土。

至開花所需時間

一年生品種通常當年開花。高性一般品種2～3年以內開花，有的品種晚1～2年。

不開花的主要原因

❶對於植株來說花盆太大了。
❷水、肥料過多。
❸日照不足。

修剪的基本方法

徒長的新梢上容易著花，應進行修剪以促進徒長枝生長。修剪新梢還能使枝上2次開花。但是，受氣候、樹木生長狀態、栽培管理條件的影響，也有可能新梢修剪後產生分枝卻不著花。一般，整個6月是進行新梢修剪的時期。

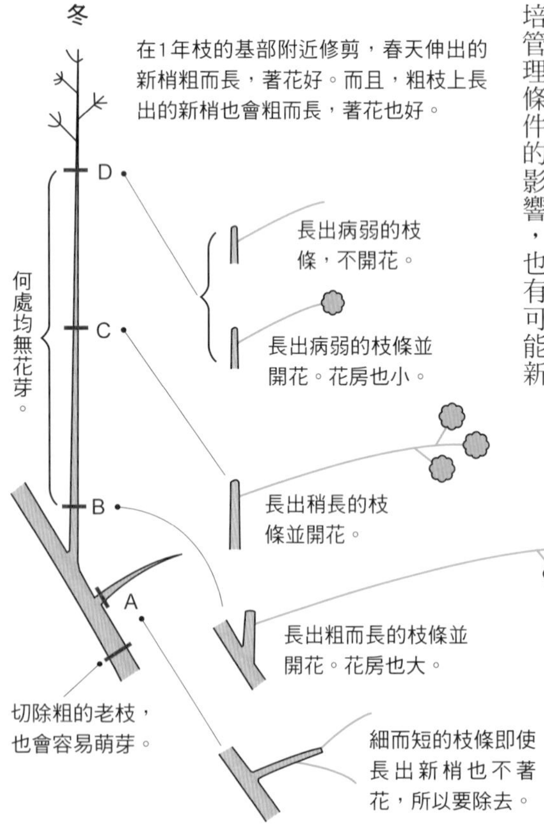
冬
在1年枝的基部附近修剪，春天伸出的新梢粗而長，著花好。而且，粗枝上長出的新梢也會粗而長，著花也好。
D
C
B
A
何處均無花芽。
長出病弱的枝條，不開花。
長出病弱的枝條並開花。花房也小。
長出稍長的枝條並開花。
長出粗而長的枝條並開花。花房也大。
切除粗的老枝，也會容易萌芽。
細而短的枝條即使長出新梢也不著花，所以要除去。

庭園樹木的修剪

通常不進行新梢修剪。冬季修剪1年枝，苗木培育過程中要兼顧樹形、枝條姿態，塑造出喜愛的形狀。不管樹枝粗細，不論任何部分都可以切除。一旦理想的樹高、枝條姿態形成，以後每年都將1年枝從杈根附近切除。

從苗木開始的培育過程

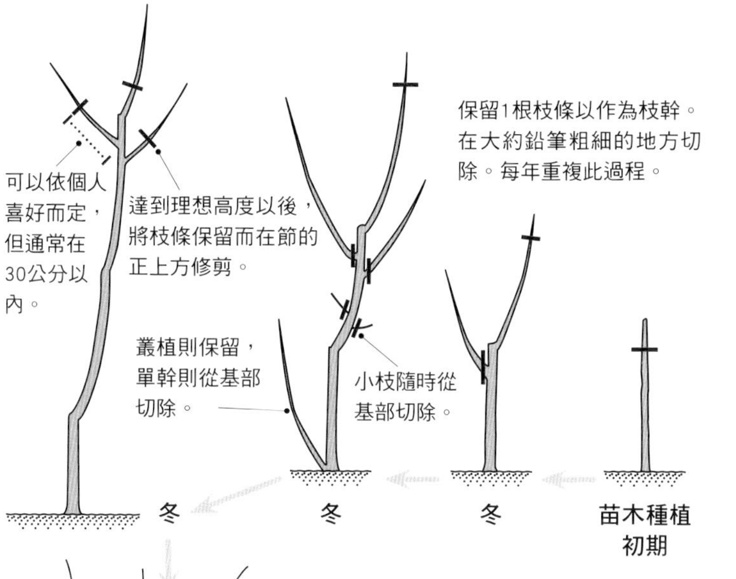

保留1根枝條以作為枝幹。在大約鉛筆粗細的地方切除。每年重複此過程。
可以依個人喜好而定，但通常在30公分以內。
達到理想高度以後，將枝條保留而在節的正上方修剪。
叢植則保留，單幹則從基部切除。
小枝隨時從基部切除。
冬
冬
冬
苗木種植初期

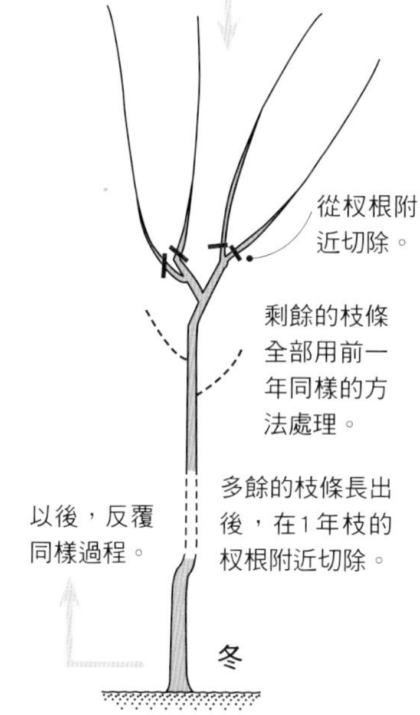

從杈根附近切除。
剩餘的枝條全部用前一年同樣的方法處理。
多餘的枝條長出後，在1年枝的杈根附近切除。
以後，反覆同樣過程。
冬

花芽的生發方式

新梢的前端生出花芽，直至開花。基本上都是四季開花，溫暖地區2次枝也會著花。特別是開花早的品種，1次枝開花後進行修剪，則2次枝很容易開花。

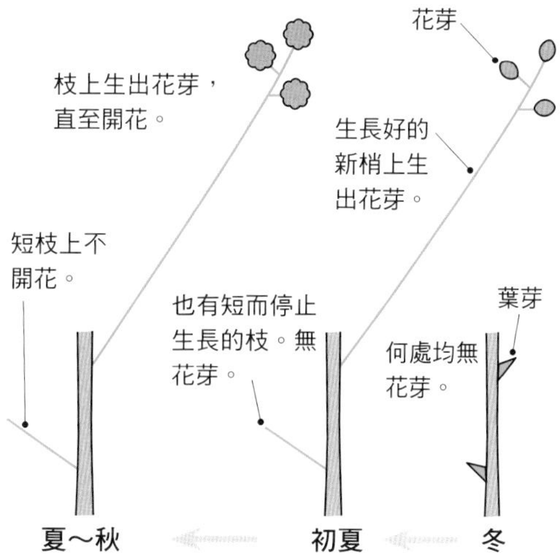

花芽
枝上生出花芽，直至開花。
生長好的新梢上生出花芽。
短枝上不開花。
也有短而停止生長的枝。無花芽。
葉芽
何處均無花芽。
夏～秋
初夏
冬

盆栽的修剪

苗木種植的當年開始對1年枝進行強剪，尤其不要留下類似枝幹的結構。即使這樣，經過長年的栽培，會自然而然地形成類似枝幹的結構，可以藉此塑造盆栽樹形。將一般的高性品種盆栽時，要進一步在5～6月對新梢進行修剪，抑制新梢的長度，使樹形更好。

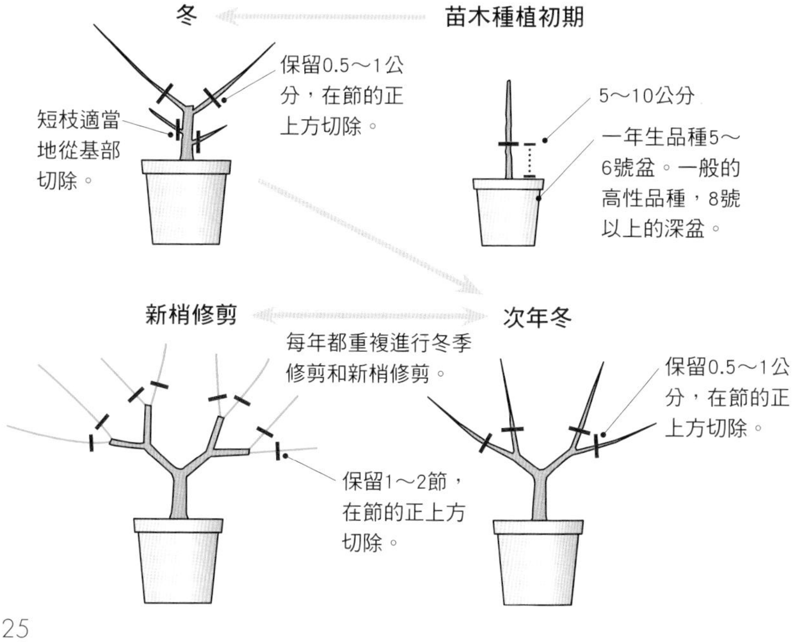

冬
苗木種植初期
保留0.5～1公分，在節的正上方切除。
短枝適當地從基部切除。
5～10公分
一年生品種5～6號盆。一般的高性品種，8號以上的深盆。
新梢修剪
次年冬
每年都重複進行冬季修剪和新梢修剪。
保留0.5～1公分，在節的正上方切除。
保留1～2節，在節的正上方切除。

貫月忍冬

貫月忍冬

Lonicera sempervirens

忍冬科忍冬屬的常綠藤本

分佈於北美東部至南部的藤本。花朵附近1～2對葉的基部合生，看起來彷彿莖貫穿葉，因而得名。在寒冷地區會落葉。

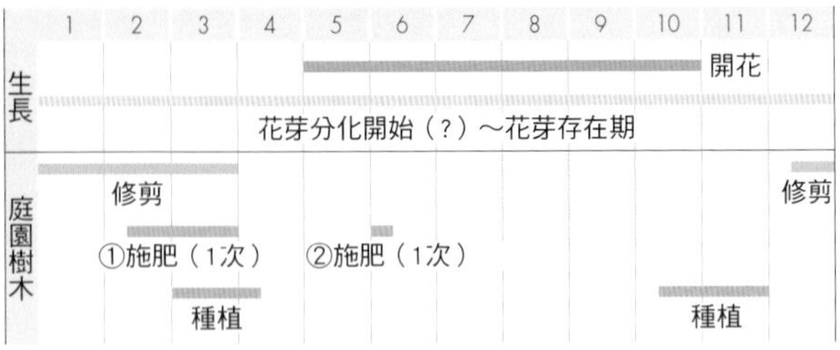
1 2 3 4 5 6 7 8 9 10 11 12
生長
開花
花芽分化開始（?）～花芽存在期
庭園樹木
修剪
①施肥（1次）
②施肥（1次）
修剪
種植
種植

肥料　①為含氮元素多的化學合成肥料。②為含氮元素少的化學合成肥料。
繁殖方法　4～8月扦插。

栽培環境

庭園樹木　選擇日照好的地方。對土質不挑剔，須避免過度乾燥的地方。

盆栽　不適合。

至開花所需時間　種植後2～3年。有的需要5年。

不開花的主要原因

❶藤還未伸長。

❷日照不足。

花芽的生發方式

關於花芽的分化、形成尚不清楚，但從開花的狀況來看，可以了解萌芽後新梢的前端生出花芽，直至開花。不生花芽的新梢，繼續伸長，成為藤。而且沒有開花的花芽，度過冬天後，次年春天開花。

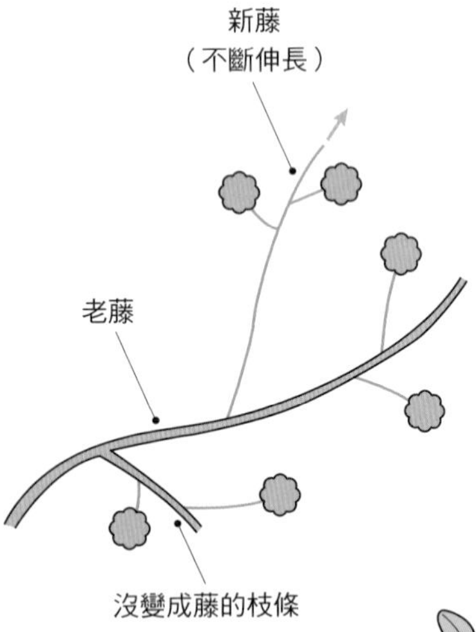
新藤
（不斷伸長）
老藤
沒變成藤的枝條

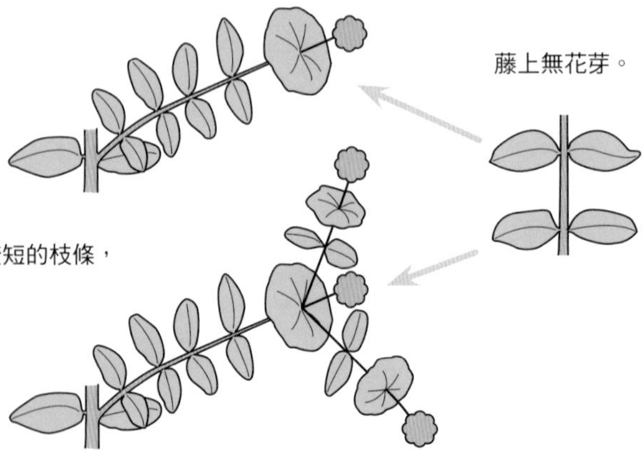
藤上無花芽。
藤上長出比較短的枝條，
其前端著花。

修剪的基本方法

與枝、藤的新舊無關，修剪後都容易萌芽。萌芽後，不是變成藤，就是變成開花枝。

【金色火焰】（園藝品種）

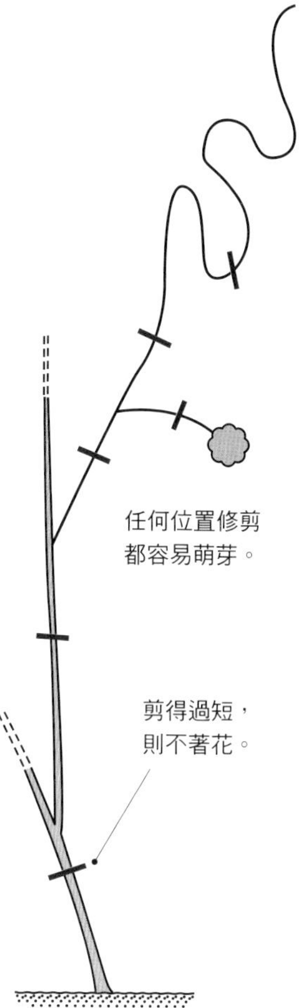
任何位置修剪
都容易萌芽。
剪得過短，
則不著花。

庭園樹木的修剪

攀緣於籬笆之上，只須將嚴重突出的藤切除。冬季期間修剪之外，隨時都可以修剪。

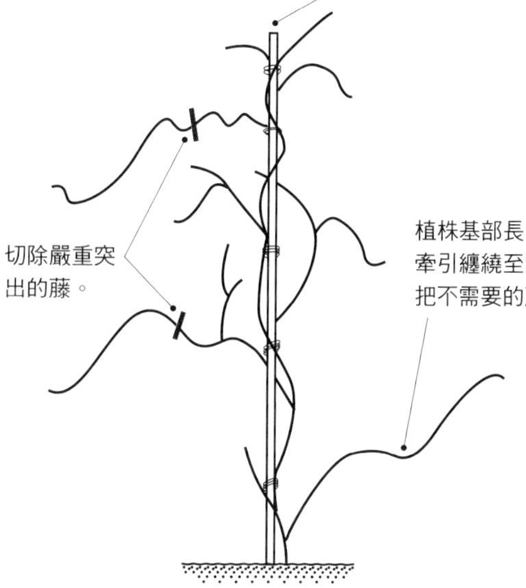
籬笆、竿子等
切除嚴重突
出的藤。
植株基部長出的藤，
牽引纏繞至籬笆上，
把不需要的藤切除。

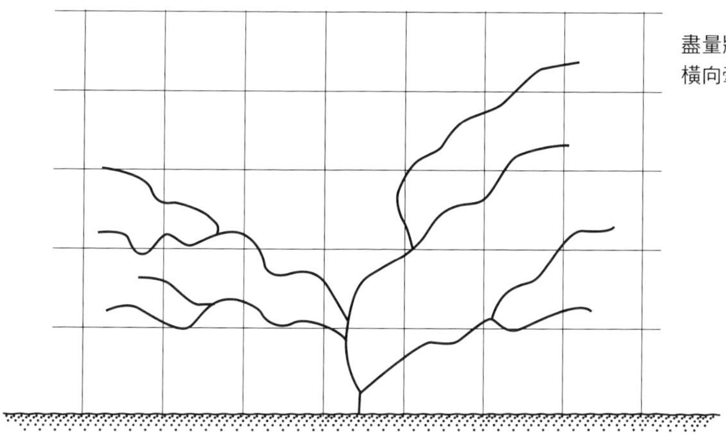
盡量將藤
橫向牽引。

紫葳

紫葳

Campsis grandiflora

紫葳科紫葳屬的落葉藤本

該品種分佈於中國的陝西省、山東省以南，有的品種分佈於北美東南部。是代表性的攀緣花木，牽引於籬笆、牆面之上可以增添樂趣。靠扦插、埋根繁殖。

		1	2	3	4	5	6	7	8	9	10	11	12
生長			花芽分化開始～花芽存在期					開花					
庭園樹木	修剪	修剪	修剪	修剪									修剪
	施肥（1次）		施肥（1次）	施肥（1次）									
	種植			種植	種植						種植	種植	

肥料　含氮元素多的化學合成肥料。
繁殖方法　3～4月上旬，6～7月上旬扦插。3～4月埋根。

栽培環境

庭園樹木 落葉樹，但適合稍微溫暖的地方。氣生根長出後會附著在有濕氣的東西上，家庭種植多纏繞於籬笆、藤架上。適宜日照好的地方。對土質不挑剔，在不太乾燥的砂質土中生長旺盛。

盆栽 不太適合。

至開花所需時間

購買的現成植株，當年開花。種植小苗則大約花費3年時間。

不開花的主要原因

有可能是嚴重的發育不良，但先不考慮這個因素。最有可能是放任生長，根本沒有修剪，致每一枝的花數減少。

修剪的基本方法

冬季無花芽，可在任一部位修剪，而且都容易萌芽。修剪位置越接近基部，越容易伸出徒長的長藤。

美洲凌霄
（上）紅花（下）黃花

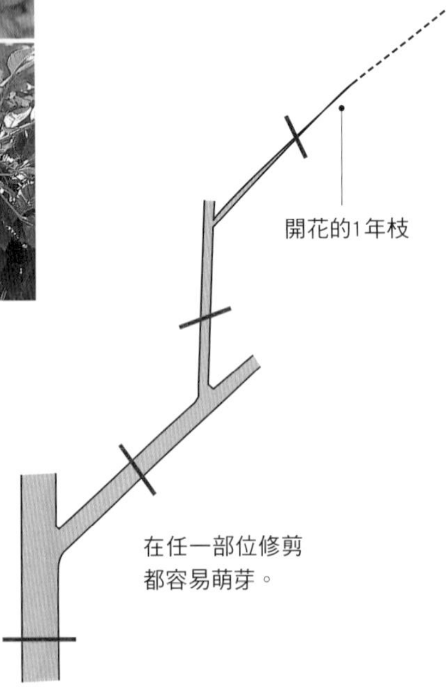

庭園樹木的修剪

只在冬季將1年枝切除。通常，為了避免遮住視線和陽光，對伸得太長的枝條進行強剪，並切除細枝。可以放任生長，但是花會逐年變弱。

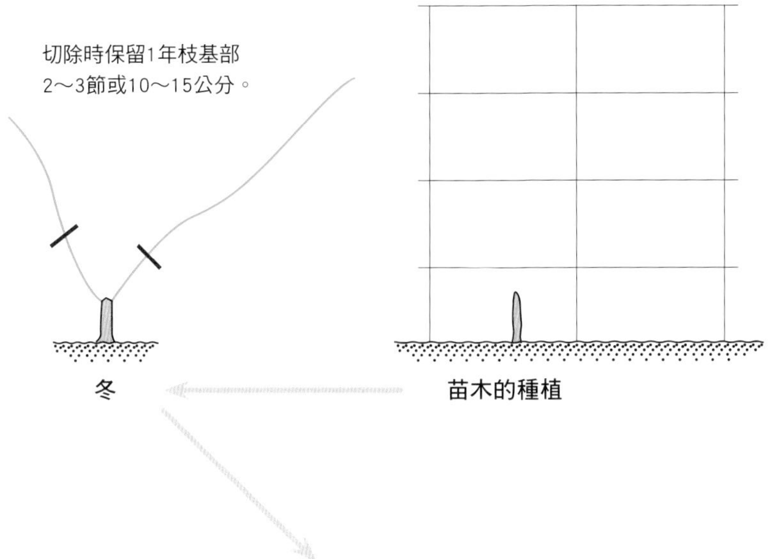

切除時保留1年枝基部
2～3節或10～15公分。
冬
苗木的種植

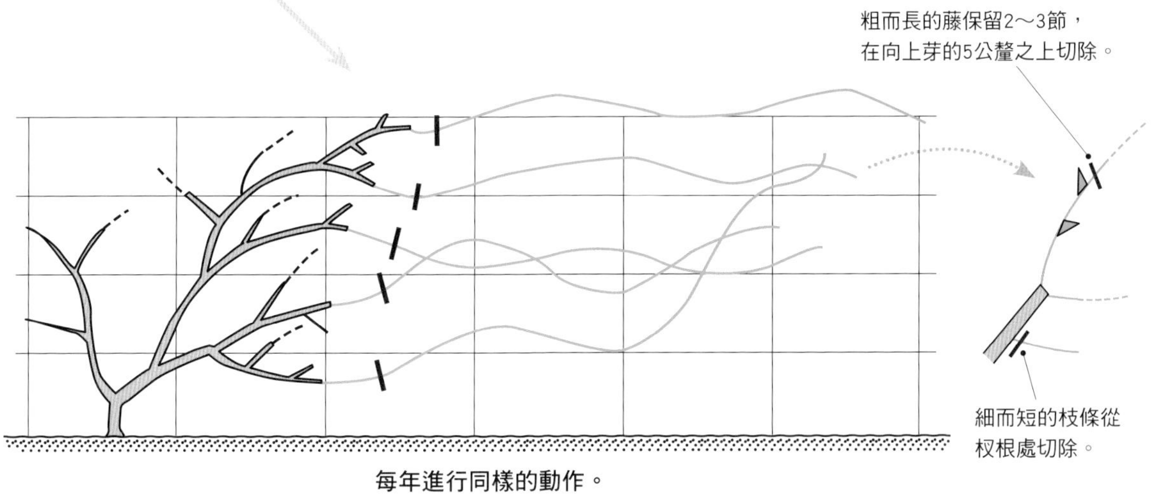

粗而長的藤保留2～3節，
在向上芽的5公釐之上切除。
細而短的枝條從
杈根處切除。
每年進行同樣的動作。

花芽的生發方式

新梢伸長成為藤，前端生出花芽，直至開花。

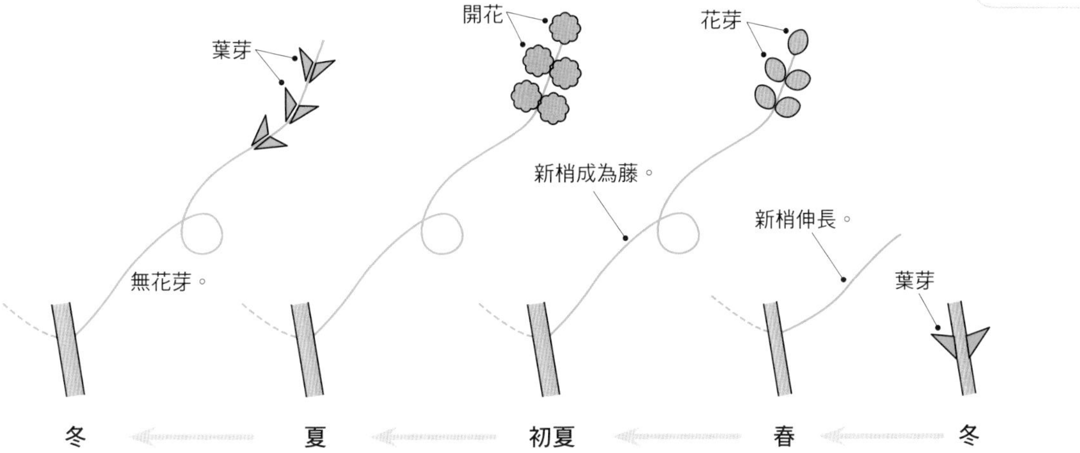

葉芽
開花
花芽
新梢成為藤。
新梢伸長。
無花芽。
葉芽
冬
夏
初夏
春
冬

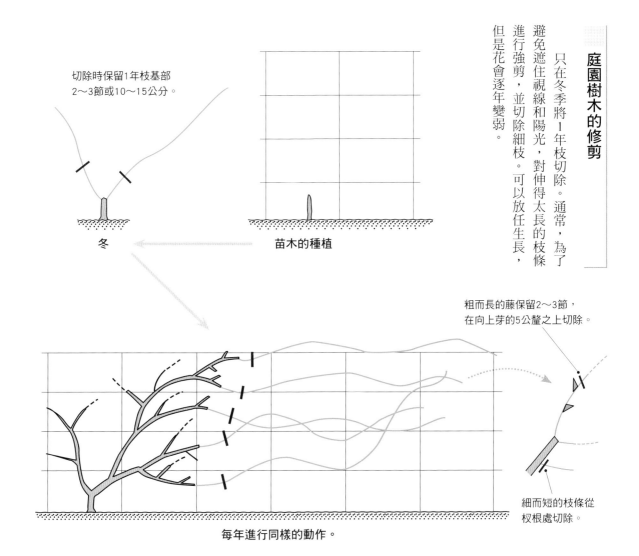

芙蓉

芙蓉

Hibiscus spp.

別名：木芙蓉
錦葵科芙蓉屬的常綠灌木或小喬木

分佈於印度洋至太平洋的熱帶諸島，有各種各樣的雜交品種。因其華麗的花色而成為廣受歡迎的夏季花木，可中盆以上栽培欣賞。移植、修剪容易。多數品種扦插也容易生長。露天越冬困難。

肥料　含氮元素多的化學合成肥料。
繁殖方法　4月中旬～8月扦插。

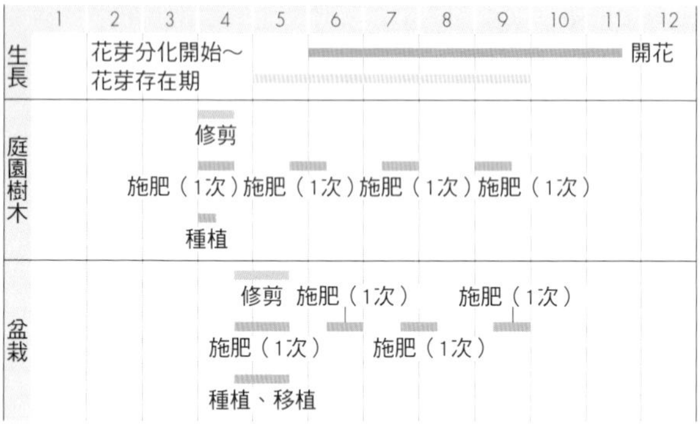
1 2 3 4 5 6 7 8 9 10 11 12
生長
花芽分化開始～
花芽存在期
開花
庭園樹木
修剪
施肥（1次）施肥（1次）施肥（1次）施肥（1次）
種植
盆栽
修剪 施肥（1次） 施肥（1次）
施肥（1次） 施肥（1次）
種植、移植

栽培環境

庭園樹木 由於是熱帶植物，所以即使是無霜地區，也會受溫度影響而引起落葉和地上部分枯死。種植於日照好的地方。對土質不怎麼挑剔。

盆栽 **放置場所** 置於日照好的地方。冬季起碼要避免凍傷，盡量保持在攝氏10度以上。白天要盡量接受日曬。

用土 園土4、砂3、纖維草炭3的混合土，或赤玉土6、砂1、纖維草炭3的混合土。

至開花所需時間 與溫度有關，而通常當年即開花。

不開花的主要原因

A枝條生長良好卻不開花…❶日照不足。❷該品種的枝條需長到比現在長才會開花。

B枝條生長不好且不開花…❶水、肥料不足。❷郵購的小苗，根鬚不發達，成長不佳而導致當年不開花。❸小苗種植晚，沒來得及充分生長便進入冬天，當然當年不會開花。這些情況次年會開花。

修剪的基本方法

僅將超出必要範圍的伸長枝條剪短。除了沖繩等極暖地區，通常1年的伸長量並不怎麼多，一般1年進行1次修剪即可。

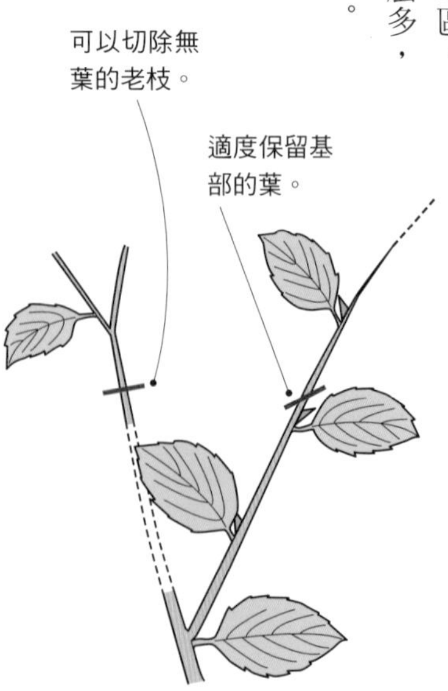
可以切除無葉的老枝。
適度保留基部的葉。

庭園樹木的修剪

在枝條不斷伸長的時期，想修剪的時候就可以修剪。對於冬季期間地上部分雖然沒有乾枯卻停止生長的地區，以盆栽的修剪為準。而對於冬季期間地上部分完全乾枯的地區，則將枯枝切除。

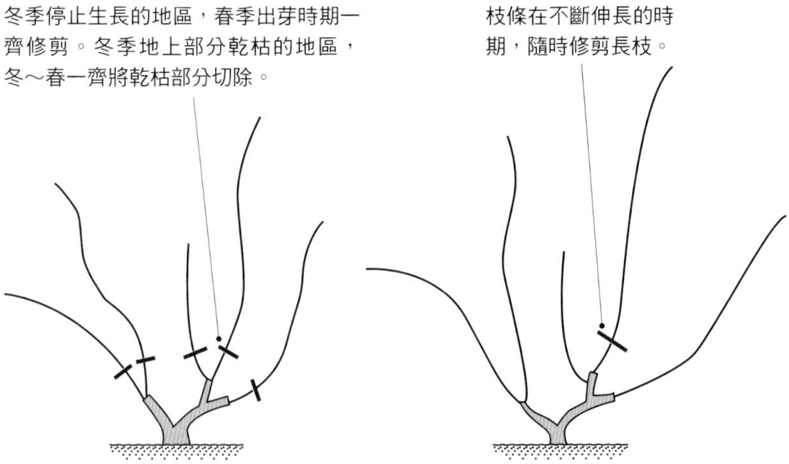
冬季停止生長的地區，春季出芽時期一齊修剪。冬季地上部分乾枯的地區，冬～春一齊將乾枯部分切除。
枝條在不斷伸長的時期，隨時修剪長枝。

盆栽的修剪

如果處於枝條全年都會不斷伸長的地區、應隨時將長枝剪短，或將全部枝條同時剪短。全部枝條同時剪短，當然會暫時停止開花。一般冬季會停止伸長，所以在春季出芽時期一齊修剪。在秋季從戶外移入室內時，長枝會造成困擾，可以將其剪短，但盡可能保留葉片（即盡量不要切掉）。

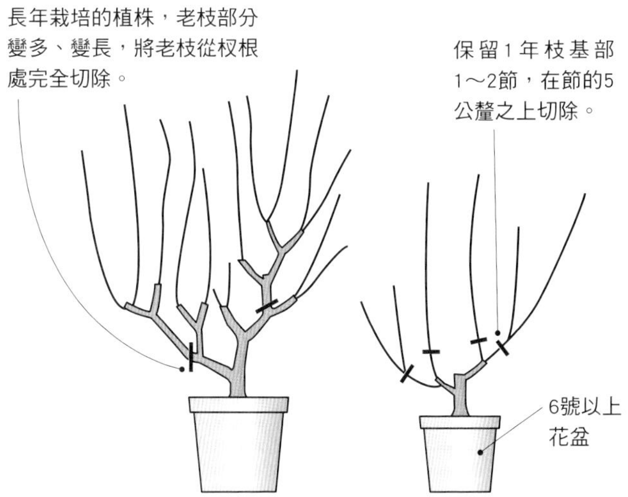
長年栽培的植株，老枝部分變多、變長，將老枝從杈根處完全切除。
保留1年枝基部1～2節，在節的5公釐之上切除。
6號以上花盆

花芽的生發方式

隨著枝條的伸長，節上生出花芽，不斷發育直至開花。氣溫升高枝條就會不斷伸長，花也會不斷開放。即四季開花。

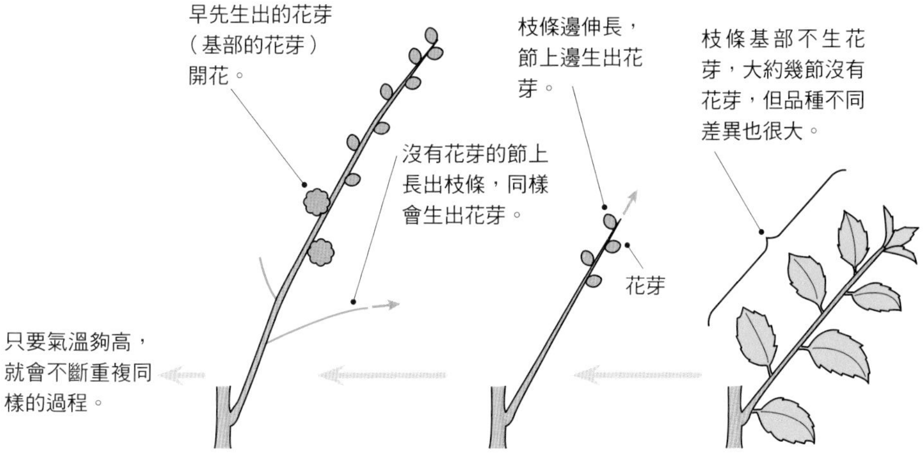
早先生出的花芽（基部的花芽）開花。
枝條邊伸長，節上邊生出花芽。
枝條基部不生花芽，大約幾節沒有花芽，但品種不同差異也很大。
沒有花芽的節上長出枝條，同樣會生出花芽。
花芽
只要氣溫夠高，就會不斷重複同樣的過程。

三角梅

三角梅

Bougainvillea

別名：葉子花
紫茉莉科葉子花屬的藤本

產於南美的種間雜交品種，有眾多的園藝品種。根據越冬的溫度，為常綠性或者落葉性。非常溫暖的地方可以庭園栽種。移植、修剪、扦插容易。

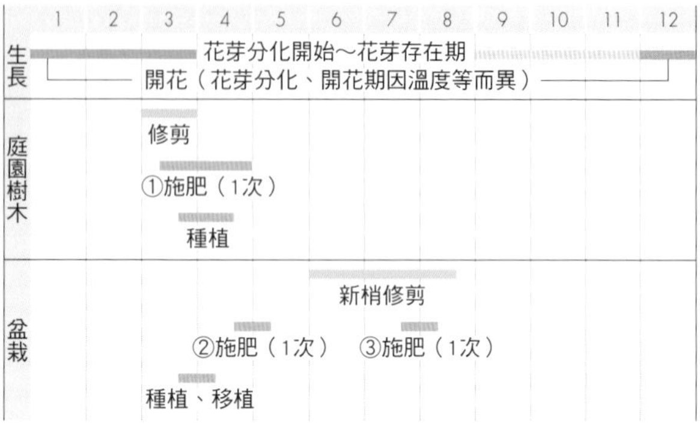
1 2 3 4 5 6 7 8 9 10 11 12
生長
花芽分化開始～花芽存在期
開花（花芽分化、開花期因溫度等而異）
庭園樹木
修剪
①施肥（1次）
種植
盆栽
新梢修剪
②施肥（1次）
③施肥（1次）
種植、移植

肥料 ①為含氮元素多的化學合成肥料。②、③為含氮元素少的化學合成肥料。
繁殖方法 4月中旬～7月扦插。

栽培環境

庭園樹木 只有在極溫暖地區的無霜地帶可能成活。種植於日照好的地方。對土質不怎麼挑剔，砂質土比較容易乾燥，枝條不會過度伸長，正好適合。

盆栽 **放置場所** 日照好的地方。冬季期間也要在白天充分接受日照，夜晚最低溫度應控制在攝氏10度。只要保證能越冬，不使其凍傷即可，不過不容易開花。

用土 砂6～7、纖維草炭3～4的混合土。

至開花所需時間 品種、栽培條件不同，差異也很大。快的話，種植當年開花，條件差的話，一直都不開花。

不開花的主要原因
❶日照不足。
❷枝條生長旺盛。
❸冬期溫度不足。

修剪的基本方法

任意位置修剪都容易萌芽。主要是秋季生出花芽，所以根據修剪的時間和部位，從修剪過後至開花的時間間隔也不同。進而著花枝長度也不同。

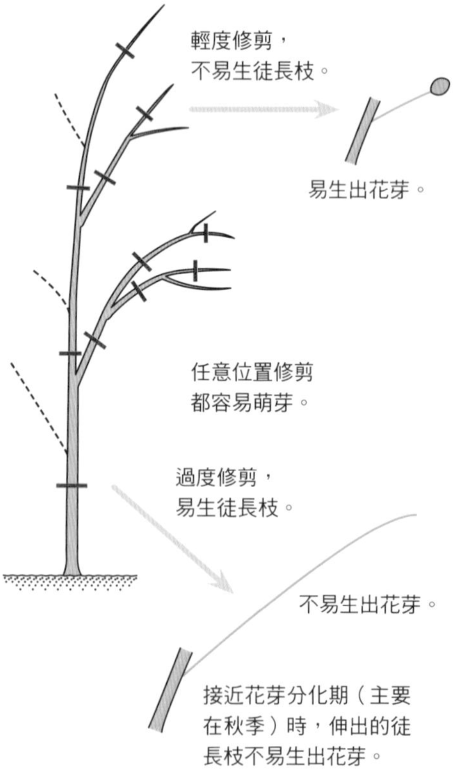
輕度修剪，
不易生徒長枝。
易生出花芽。
任意位置修剪
都容易萌芽。
過度修剪，
易生徒長枝。
不易生出花芽。
接近花芽分化期（主要
在秋季）時，伸出的徒
長枝不易生出花芽。

庭園樹木的修剪

受各地方的溫度影響，冬季期間的乾枯情況也不同。只將乾枯部分切除。或以盆栽為基準，可以透過修剪塑造樹形。

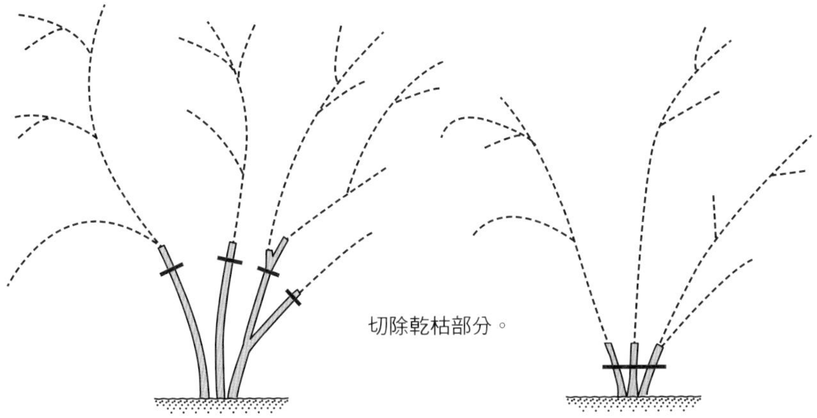
切除乾枯部分。

盆栽的修剪

新梢伸出後，反覆進行修剪。最後只對枝頭修剪以促生著花枝，而時間的選擇是關鍵。太早會長成長的著花枝，太遲而在溫度不夠的情況下，不易生出花芽。修除枝頭的適宜時期以7～8月為大致標準，但各地方的氣候不同，所以最適期也有差別。

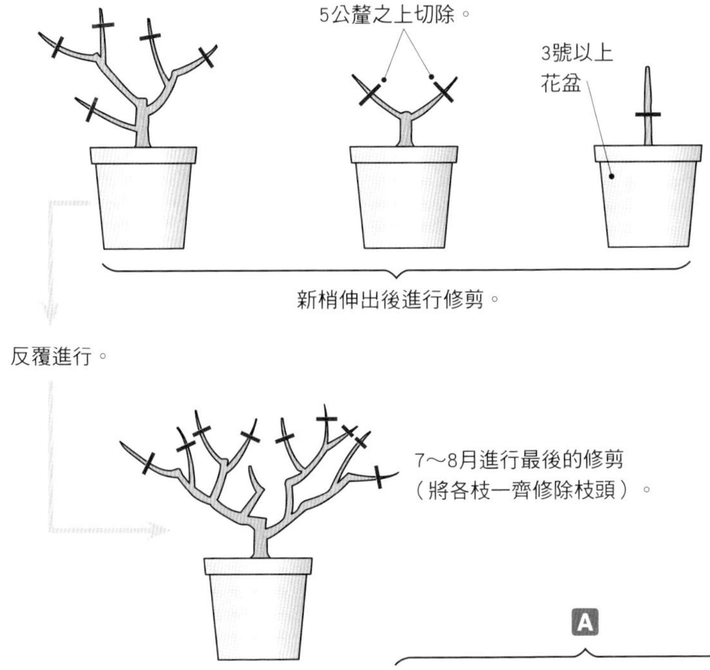
伸出大約10公分後，保留2～3節，在節的5公釐之上切除。
伸出大約10公分後，保留2～3節，在節的5公釐之上切除。
3號以上花盆
新梢伸出後進行修剪。
反覆進行。
7～8月進行最後的修剪（將各枝一齊修除枝頭）。

花芽的生發方式

四季開花，但主要是秋季至冬季生出花芽和開花。不過，該時期一般的地方為低溫期，花芽即使形成也往往沒有開花。花芽在新梢的前端著生，而新梢的成長旺盛，則花芽不易著生。

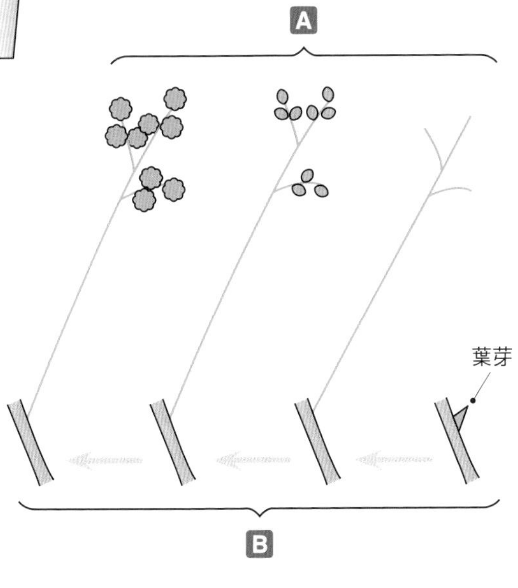
A
葉芽
B

A
新梢伸長到一定程度會生出花芽，花芽不斷發育直至開花，而枝條不斷伸長則不生花芽。

B
高溫則經常會生出花芽，特別是秋季很容易生出花芽。

大葉醉魚草

大葉醉魚草

Buddleja davidii

別名：フサフジウツギ
醉魚草科醉魚草屬的落葉灌木

廣泛分佈於中國陝西省、甘肅省至雲南省。因經常吸引蝴蝶聚集而聞名。通常，庭園樹木保持在樹高3公尺以下，也可以盆栽觀賞。移植、修剪容易，可簡單地透過扦插繁殖。

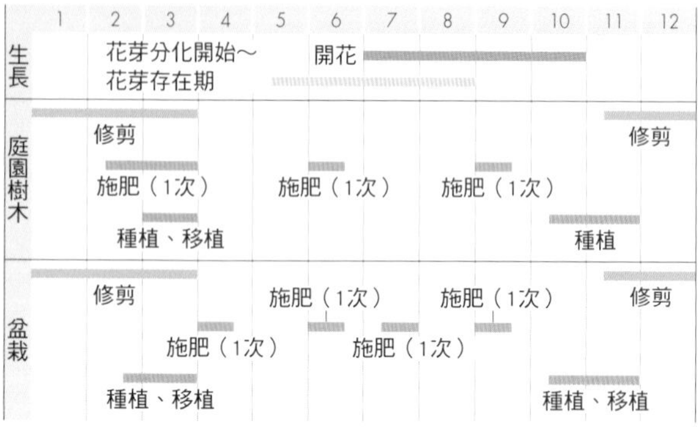
1 2 3 4 5 6 7 8 9 10 11 12
生長
花芽分化開始～
花芽存在期
開花
庭園樹木
修剪
修剪
施肥（1次）
施肥（1次）
施肥（1次）
種植、移植
種植
盆栽
修剪
施肥（1次）
施肥（1次）
修剪
施肥（1次）
施肥（1次）
種植、移植
種植、移植

肥料　含氮元素多的化學合成肥料。
繁殖方法　5～9月中旬扦插。

● 栽培環境

庭園樹木　不適宜寒冷地區。日照好的地方且砂質土有利生長。黏質土成長不佳，枝條張幅不大，但也許對狹窄的庭園較為理想。

盆栽　**放置場所**　日照好的地方。寒冷地區，冬季期間移至不會凍傷植株的地方較為妥當。

用土　園土或者赤玉土單用。

● 至開花所需時間　種植當年，或次年開花。

● 不開花的主要原因　扦插當年以外不太可能不開花。

花芽的生發方式

新梢伸出，其前端生出花芽。接著2次枝、3次枝的枝端上也生出花芽，從早先生出花芽的枝條開始依次開花。只要高溫持續，該過程不斷重複，一直開花。不過，一般地方冬季溫度降低，枝條的形成、伸長停止，所以花芽也無法形成，不會開花。

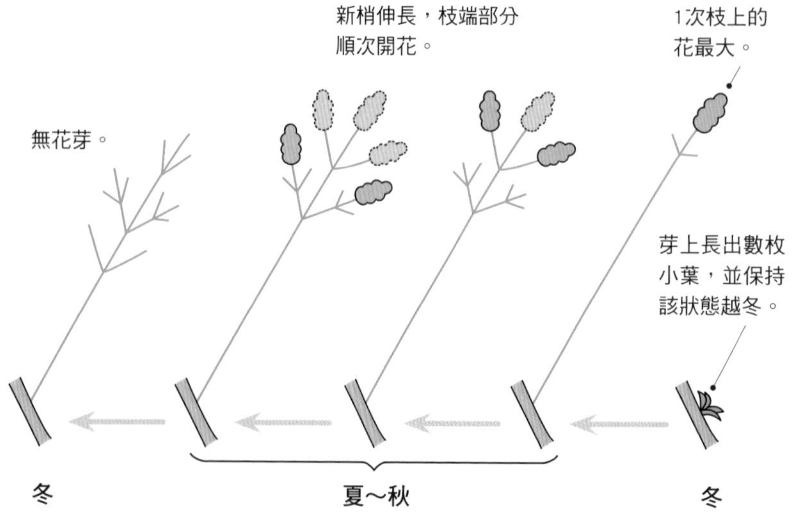
新梢伸長，枝端部分順次開花。
1次枝上的花最大。
無花芽。
芽上長出數枚小葉，並保持該狀態越冬。
冬
夏～秋
冬

修剪的基本方法

不論何時、在任何位置修剪，只要溫度高，就會萌芽、抽新梢並開花。

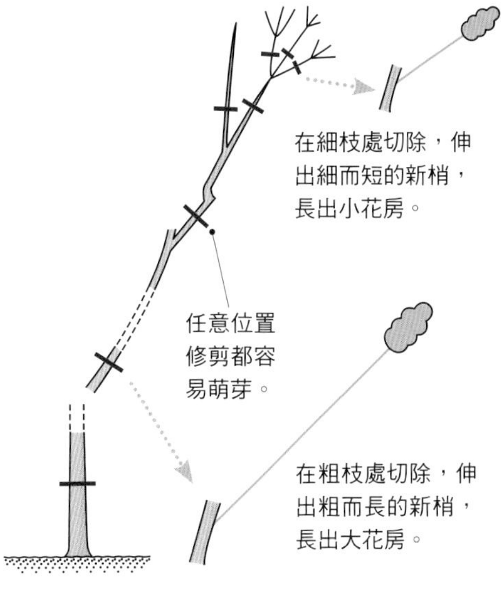
在細枝處切除，伸出細而短的新梢，長出小花房。
任意位置修剪都容易萌芽。
在粗枝處切除，伸出粗而長的新梢，長出大花房。

庭園樹木的修剪

可以不塑造主幹，而使枝條從低處長出，形成叢植的形式；但一塑造出主幹，便可使枝條從高處長出，更適合狹窄的庭園。

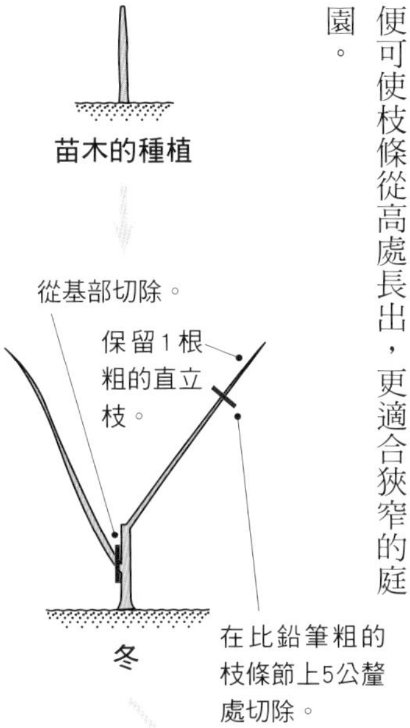
苗木的種植
從基部切除。
保留1根粗的直立枝。
在比鉛筆粗的枝條節上5公釐處切除。
冬

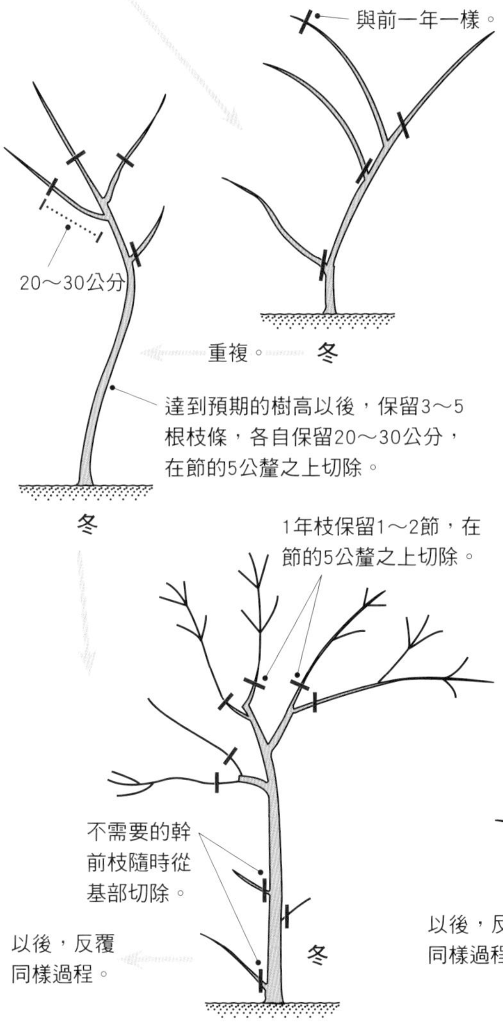
與前一年一樣。
20～30公分
重複。
冬
達到預期的樹高以後，保留3～5根枝條，各自保留20～30公分，在節的5公釐之上切除。
冬
1年枝保留1～2節，在節的5公釐之上切除。
不需要的幹前枝隨時從基部切除。
以後，反覆同樣過程。
冬

盆栽的修剪

冬季修剪，將1年枝保留1～2節，在節的5公釐之上切除，塑造成叢植形式。另外，成長期也進行同樣的修剪，以令1年枝的花開。

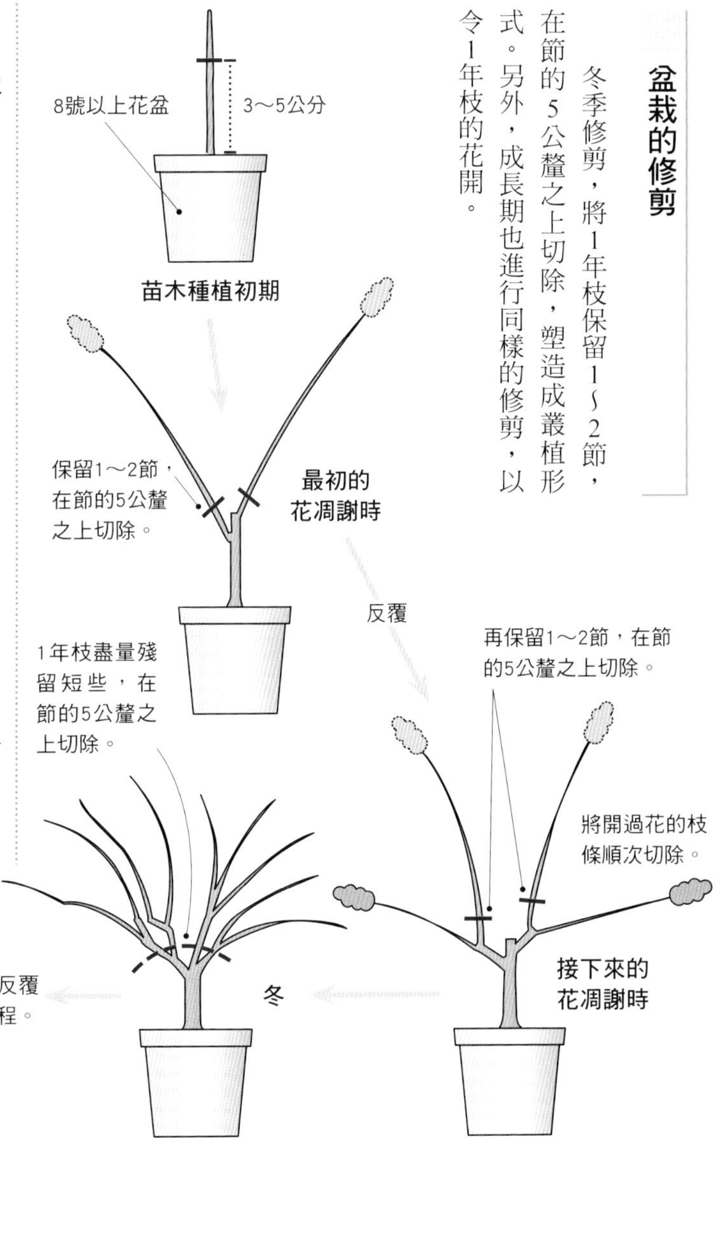
8號以上花盆
3～5公分
苗木種植初期
保留1～2節，在節的5公釐之上切除。
最初的花凋謝時
反覆
1年枝盡量殘留短些，在節的5公釐之上切除。
以後，反覆同樣過程。
冬
再保留1～2節，在節的5公釐之上切除。
將開過花的枝條順次切除。
接下來的花凋謝時

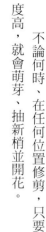

【Lucy】

肥料 含氮元素多的化學合成肥料。
繁殖方法 3～9月中旬扦插。

木槿

Hibiscus syriacus

別名：籬障花
錦葵科木槿屬的落葉灌木

原產於中國，自然分佈不詳。有眾多的園藝品種。一般庭木保持在 3 公尺以下，也有可以小盆栽種的品種。移植、修剪容易。可簡單地透過扦插繁殖。

	1	2	3	4	5	6	7	8	9	10	11	12
生長		花芽分化開始～花芽存在期				開花						
庭園樹木		修剪										修剪
		施肥（1次）				施肥（1次）			施肥（1次）			
		種植、移植									種植、移植	
盆栽		修剪										修剪
			施肥（1次）		施肥（1次）		施肥（1次）		施肥（1次）			
		種植、移植									種植、移植	

栽培環境

庭園樹木 日照好的地方。對土質不怎麼挑剔，但砂質且排水良好的土壤更利於生長。

盆栽 使用矮性品種。

放置場所 日照好的地方。寒冷地區，冬季應採取保溫措施，以免凍傷。

用土 園土5、砂5的混合土，或單用赤玉土。

至開花所需時間 約3～5年以內。矮性品種當年或次年開花。

不開花的主要原因

❶庭木用的一般品種修剪過短。
❷花和葉的蟲害。

修剪的基本方法

冬季無花芽，所以在任意位置修剪都不會損傷花芽，而且容易萌芽。只是修剪位置不同，以後枝條的樣子會變化，而過度修剪，恐怕會導致不開花。

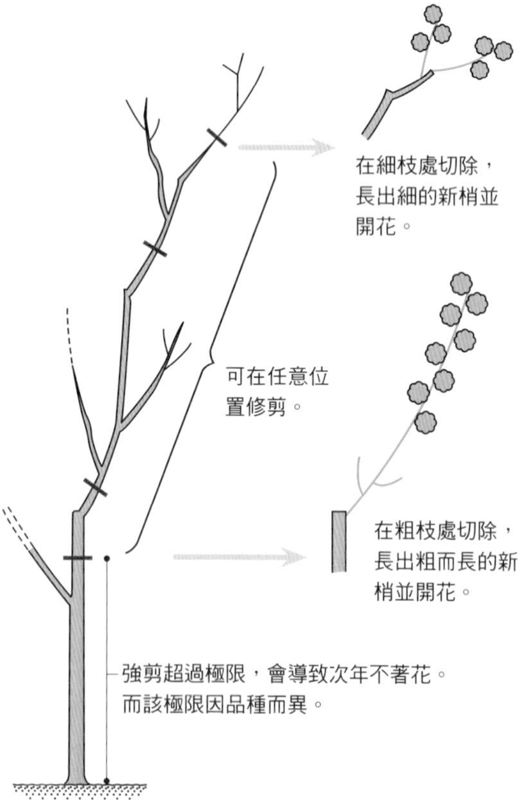
在細枝處切除，長出細的新梢並開花。
可在任意位置修剪。
在粗枝處切除，長出粗而長的新梢並開花。
強剪超過極限，會導致次年不著花。而該極限因品種而異。

庭園樹木的修剪

即使不修剪，也不會長成過大的樹。通常，每年都修剪至大概相同的位置。

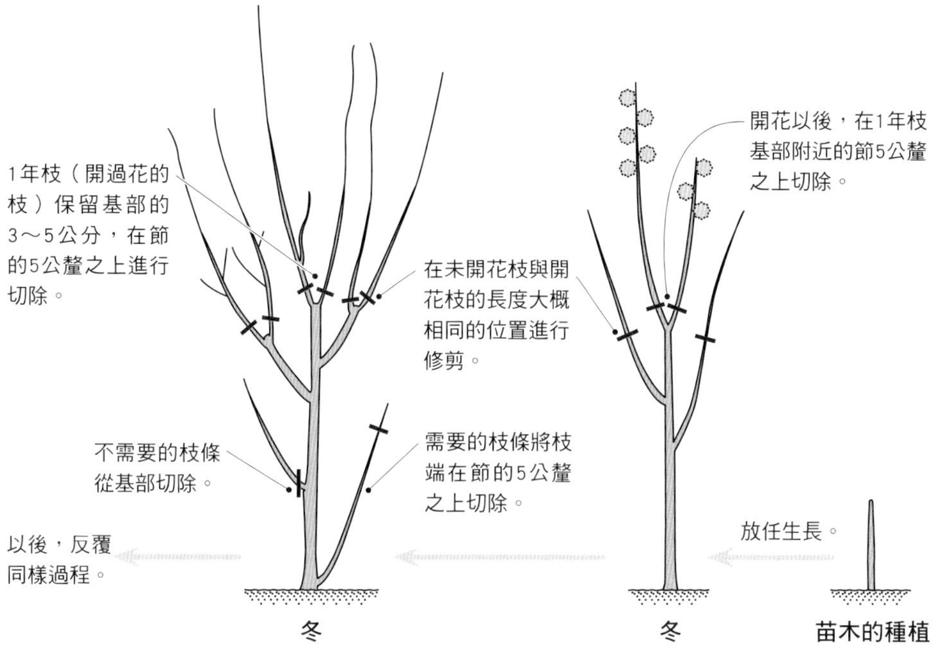
苗木的種植
放任生長。
冬
開花以後，在1年枝基部附近的節5公釐之上切除。
冬
1年枝（開過花的枝）保留基部的3～5公分，在節的5公釐之上進行切除。
在未開花枝與開花枝的長度大概相同的位置進行修剪。
不需要的枝條從基部切除。
需要的枝條將枝端在節的5公釐之上切除。
以後，反覆同樣過程。

盆栽的修剪

想培育成大株，可以放任生長，但一般都需要剪短。切除密枝和細枝，促生粗的新梢。

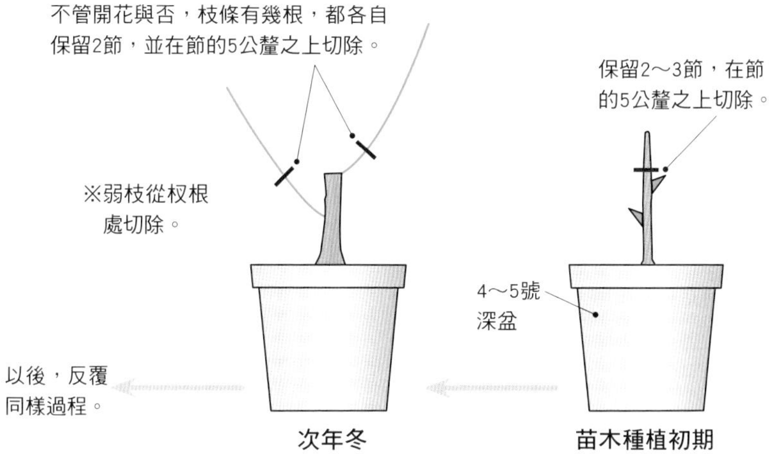
苗木種植初期
保留2～3節，在節的5公釐之上切除。
4～5號深盆
次年冬
不管開花與否，枝條有幾根，都各自保留2節，並在節的5公釐之上切除。
※弱枝從杈根處切除。
以後，反覆同樣過程。

花芽的生發方式

新梢的各節上生出花芽，直至開花。短枝的枝端看起來生出的是花芽，但在只有一個花芽的情況下，實際上枝端生的是花。

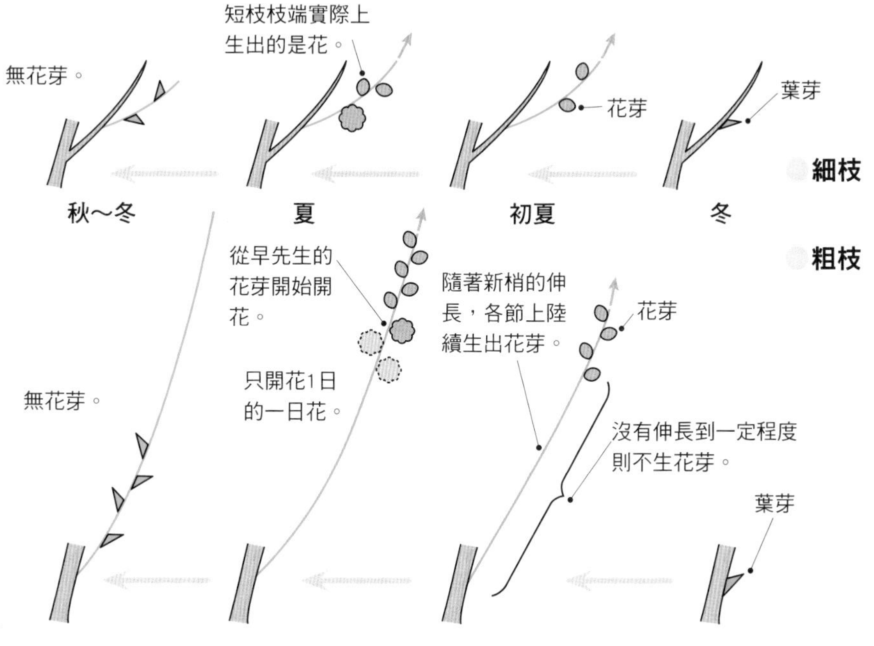
細枝
粗枝
冬
葉芽
初夏
花芽
夏
短枝枝端實際上生出的是花。
秋～冬
無花芽。
葉芽
花芽
隨著新梢的伸長，各節上陸續生出花芽。
沒有伸長到一定程度則不生花芽。
從早先生的花芽開始開花。
只開花1日的一日花。
無花芽。

小知識

修剪時的必要工具

修剪花木、庭木所使用的工具，多數可以在市場上買到，而初學者沒有必要一開始就將這些眾多的工具備齊。一般的修剪作業，只要有修枝剪、小型植木剪及修枝鋸就足夠了。之後的工具，則根據自己的園藝風格，需要時相應地配備就可以了。不過，購買時要選擇品質好的，即使價格稍微高些。另外，所有帶刀刃的工具都一樣，要經常打磨。而且，使用後要擦除污物，去除水氣再保存起來。

高枝剪

可以不用借助梯子、板凳而修剪高處枝條的長柄剪。有握住手頭的把柄移動刀刃的類型，及牽拉繩子移動刀刃的類型。使用盡量輕的工具，不易使人疲勞。另外，多數還配備可切換式的鋸刃，遇到剪刀不易切斷的粗枝，可以配合使用。

盆栽用小枝剪

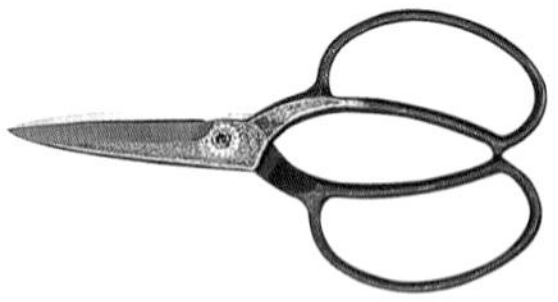

伸入盆景、盆栽花木重疊的枝葉之間的縫隙進行作業，將小枝從分枝點的正上方切除時，很難想像沒有這樣細長的剪刀該怎麼辦。

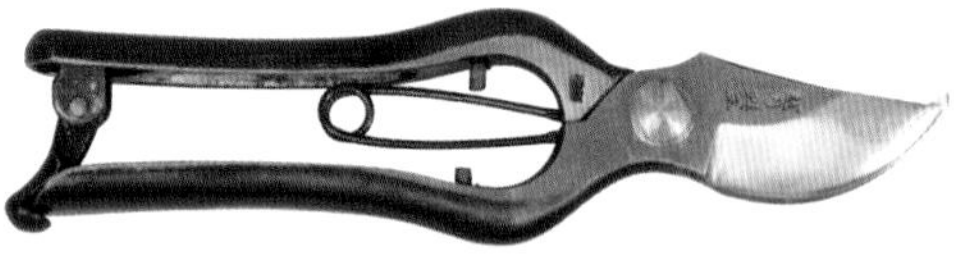

修枝剪

大多數枝條的處理，有此物足矣。原本是果樹修剪用的剪刀，分「受刃」和「切刃」，受刃將枝固定，有彎度的切刃按住切割，兩者配合作業。使用時結合刃的彎度旋轉切割，即使粗枝也能輕易地切斷，但是不適合細部的修剪作業。

植木剪

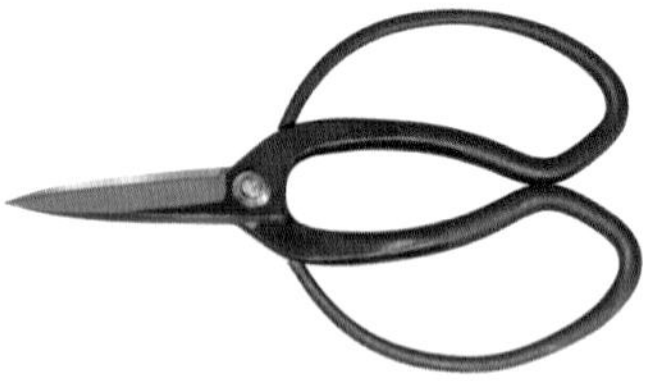

處理密枝，將枝從杈根處完全切除時，植木剪比修枝剪好用（修枝剪受刃厚，總會在杈根處留下殘枝）。但是，稍微粗的枝，需要用力，對初學者來說很難掌控。

灌木剪

將庭木、樹籬等修整成球形、藝術造型時，使用起來非常方便，比起用植木剪一枝一枝修剪效率高。有木柄、輕合金鍛造柄、管制柄等。使用時手持長柄的中部，所以需選擇與使用者手臂長度、腕力相適應的工具。

修枝鋸

遇到剪刀很難切斷的粗枝，鋸子就要派上用場了。修枝鋸即使切除生木，粗大的木屑也不會迷眼，使視線不明，因其刀刃深，附有深齒。有的是夾入式，忘記掛固定器有可能導致意外受傷，每次使用都一定要注意。

電動大平剪

可以快速進行修剪作業。修整面積廣的樹籬時非常便利。不過，枝的切口粗，會造成無謂的傷害，很難解決。作業結束後，最好再用植木剪等將傷口明顯的枝條修整一下。

秋冬

開花的花木

山茶【太郎冠者】。別名【有樂】

茶梅、山茶

Camellia

山茶科山茶屬的常綠小喬木～喬木

山茶屬在亞洲有眾多的野生品種，園藝品種的代表種為日本產的山茶（Camellia japonica）。還有秋天開花的茶梅（Camellia sasanqua）也是日本特有種。

月	1～6月	7～12月
生長	開花（根據品種）	花芽分化開始～花芽存在期　開花（根據品種）
庭園樹木	修剪 ①施肥（1次） 種植、移植	修剪 ②施肥（1次） 種植（溫暖地區）
盆栽	修剪 ③施肥（1次） 種植、移植	修剪 ④施肥（1次） 種植、移植

肥料　①為含氮元素多的化學合成肥料。②、③、④為含氮元素少的化學合成肥料。
繁殖方法　4～8月扦插。3月中旬～6月嫁接。10月播種。

●栽培環境

庭園樹木　山茶不適合極寒冷地區。而茶梅更加懼寒，不能在寒冷地區露天種植。適合明亮的全日陰至半日陰地方。排水良好的砂質土為佳。

盆栽　**放置場所**　半日陰雖然也可以，但還是盡量接受日照。寒冷地區，冬季應移至屋內或不易結冰的地方。

用土　園土4、砂3、纖維草炭3的混合土。

●至開花所需時間

通常市面上賣的就是著花株。

●不開花的主要原因

❶植株尚未成熟。
❷夏季再萌芽（水、肥料過多）。
❸嚴重的水分不足等，新梢不伸長（盆栽）。

修剪的基本方法

可以在有葉的節間任意修剪。切除無葉的老枝，植株若有生長力還會出芽，但也恐怕會乾枯，應盡量避免。

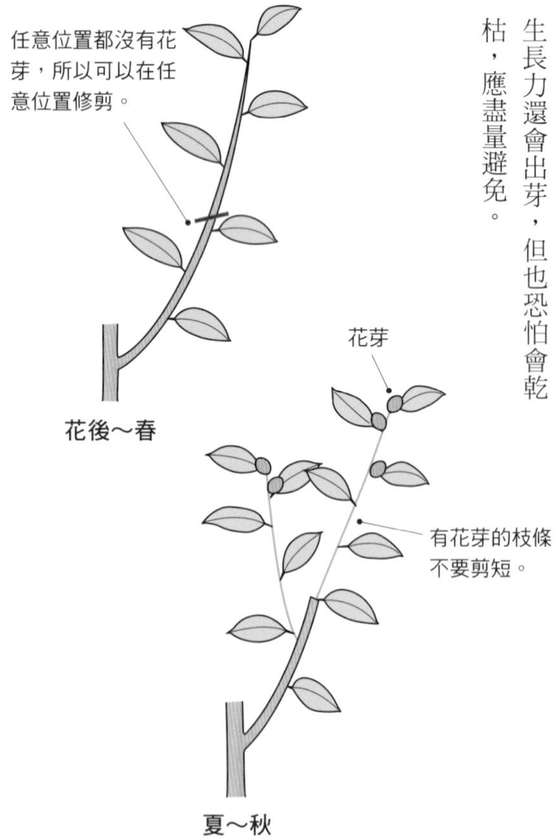
任意位置都沒有花芽，所以可以在任意位置修剪。
花後～春
花芽
有花芽的枝條不要剪短。
夏～秋

庭園樹木的修剪

茶梅可以修剪成圓形，及造型樹、樹籬等。3～4月為最佳修剪時期。山茶也可以進行同樣的修剪，如果重視花數，可以等到花凋謝之後，再用剪刀一枝一枝修剪。

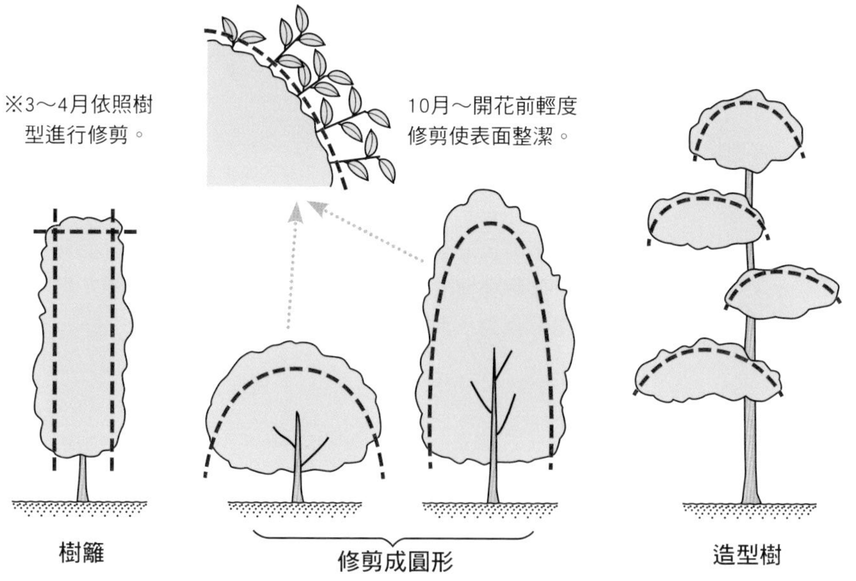
※3～4月依照樹型進行修剪。
10月～開花前輕度修剪使表面整潔。
樹籬
修剪成圓形
造型樹

盆栽的修剪

花後或3～4月對1年枝進行修剪，10月對開花芽進行整形。初冬開花的品種，溫暖地區花後（冬季期間）進行修剪也無妨，而寒冷地區等到春季（3月底～4月上旬）再進行修剪較為穩妥。

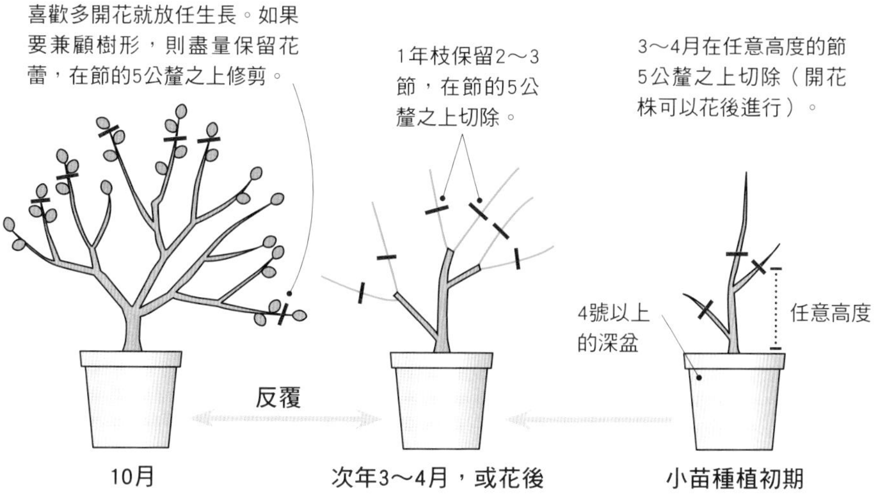
喜歡多開花就放任生長。如果要兼顧樹形，則盡量保留花蕾，在節的5公釐之上修剪。
1年枝保留2～3節，在節的5公釐之上切除。
3～4月在任意高度的節5公釐之上切除（開花株可以花後進行）。
4號以上的深盆
任意高度
反覆
10月
次年3～4月，或花後
小苗種植初期

花芽的生發方式

新梢的節上生出花芽，而主要是在前端部分著生。花芽在6月停止伸長的枝條上著生，夏季伸長的部分不生花芽。

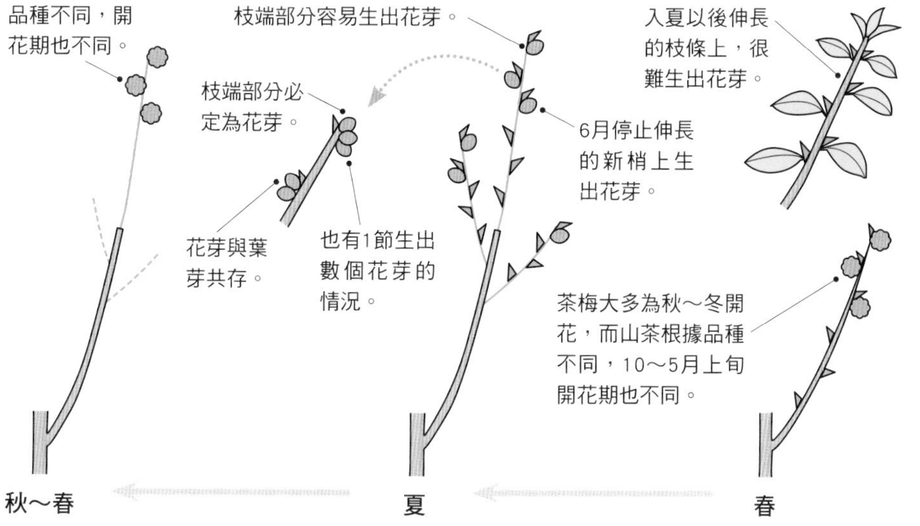
品種不同，開花期也不同。
枝端部分容易生出花芽。
枝端部分必定為花芽。
花芽與葉芽共存。
也有1節生出數個花芽的情況。
6月停止伸長的新梢上生出花芽。
入夏以後伸長的枝條上，很難生出花芽。
茶梅大多為秋～冬開花，而山茶根據品種不同，10～5月上旬開花期也不同。
秋～春
夏
春

日本胡枝子

胡枝子

Lespedeza

豆科胡枝子屬的落葉灌木

分佈於日本全國、朝鮮半島，有眾多的園藝品種。通常作為庭園樹木，也有可以盆栽觀賞的品種。移植、修剪容易。靠扦插、分株繁殖。

	1	2	3	4	5	6	7	8	9	10	11	12
生長		花芽分化開始～花芽存在期						開花（不同品種多少會有差異）				
庭園樹木		修剪			新梢修剪							修剪
		①施肥（1次）										
		種植、移植										種植、移植
盆栽		修剪			新梢修剪							修剪
					液體肥料（一月2～3次）							
		種植、移植										種植、移植

肥料　①為含氮元素少的化學合成肥料。
繁殖方法　2月中旬～3月中旬、11月中旬～12月中旬分株。5月下旬～6月中旬扦插。

花芽的生發方式

春天開始伸長的新梢前端生出花芽，直至開花。冬天無花芽。

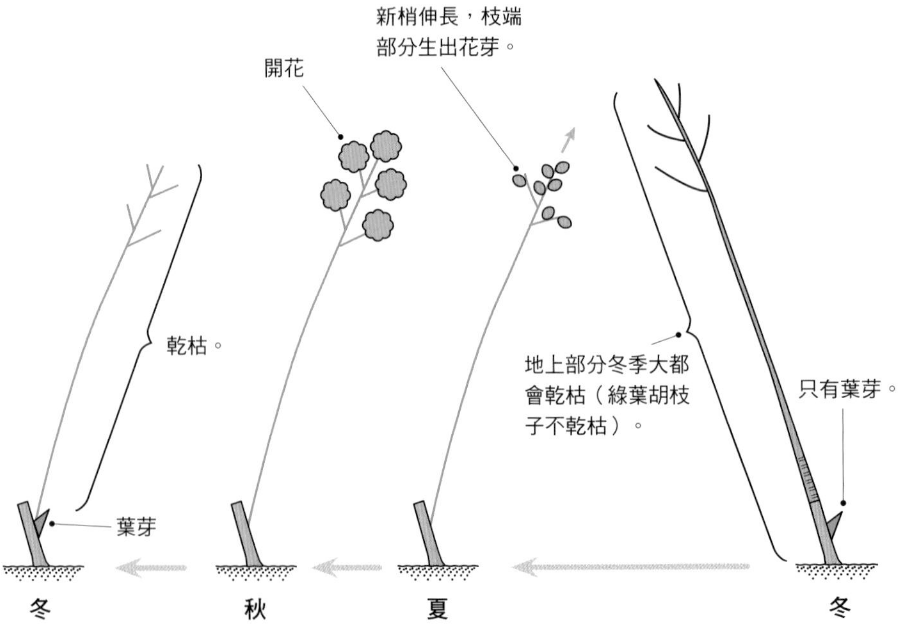
新梢伸長，枝端部分生出花芽。
開花
乾枯。
葉芽
地上部分冬季大都會乾枯（綠葉胡枝子不乾枯）。
只有葉芽。
冬
秋
夏
冬

●栽培環境

庭園樹木　種植於日照好的地方。只要不多濕，對土質不怎麼挑剔。

盆栽　放置場所　日照好的地方。

用土　園土7、砂3的混合土。

●至開花所需時間　種植當年開花。

●不開花的主要原因　嚴重日照不足。

修剪的基本方法

除了綠葉胡枝子，一般胡枝子冬天地上部分都會乾枯，然後春天從基部開始萌芽。所以冬季的修剪實際上是處理枯枝。

另外，初夏對新梢進行修剪，再萌發短枝，並開花。修剪的時間和位置，怎樣長度的枝條會開花，根據條件的不同，並沒有一定的標準，只要是6月底之前修剪，就不會損害著花。不過，新梢修剪後，開花會推遲一些。

庭園樹木·盆栽的修剪

修剪方法與「修剪的基本方法」裡所述相同。而盆栽的情況，如果不進行新梢修剪，相對於花盆的大小來說，枝條伸得過長就會造成困擾。

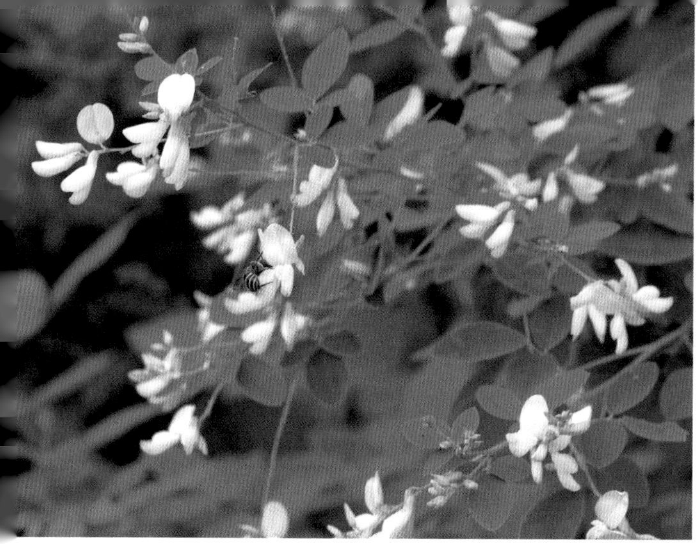

白胡枝子

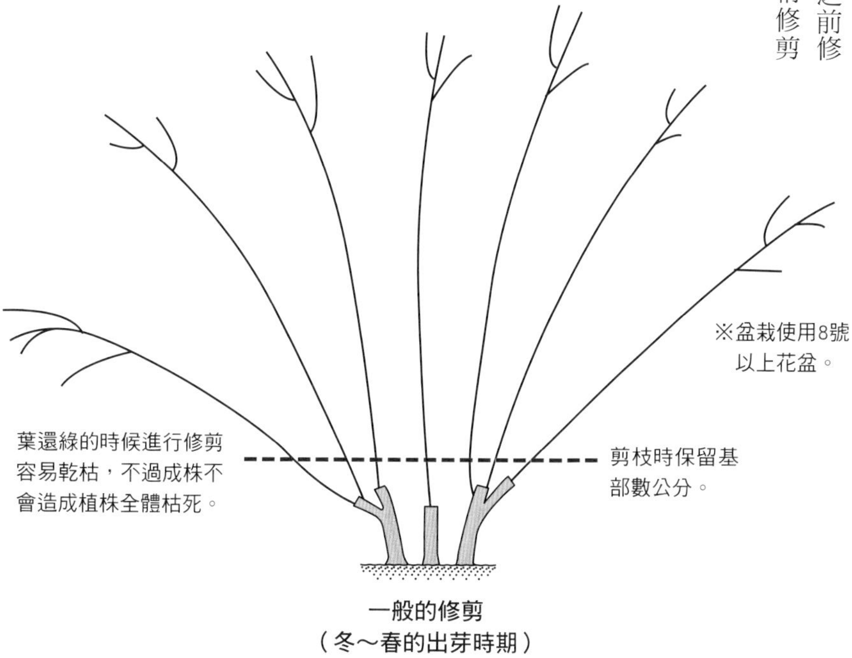
※盆栽使用8號
以上花盆。
葉還綠的時候進行修剪
容易乾枯，不過成株不
會造成植株全體枯死。
剪枝時保留基
部數公分。
一般的修剪
（冬～春的出芽時期）

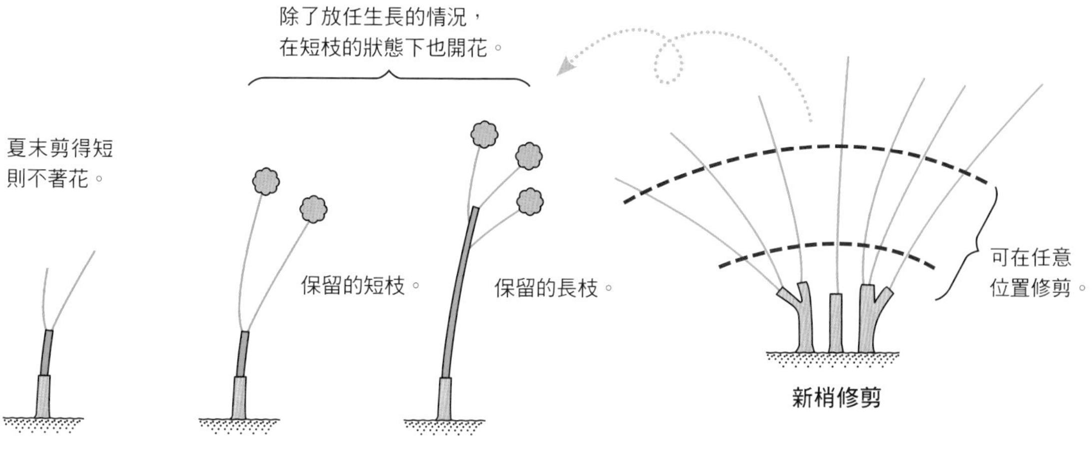
除了放任生長的情況，
在短枝的狀態下也開花。
夏末剪得短
則不著花。
保留的短枝。
保留的長枝。
可在任意
位置修剪。
新梢修剪

荔莓

Arbutus unedo

別名：イチゴノキ、ストロベリーツリー
杜鵑花科楊梅屬的常綠灌木

基本種為分佈於歐洲南部的常綠喬木，本種為矮性種。盆栽樹高50公分，庭園樹木維持在樹高3公尺左右。修剪容易，而移植稍嫌困難。扦插可以很容易得到小苗。

荔莓的花和果實

肥料　氮元素、磷酸、鉀元素等量的化學合成肥料。
繁殖方法　5月利用修剪過的枝條扦插。

	1	2	3	4	5	6	7	8	9	10	11	12
生長	開花		花蕾存在期（花芽分化、存在不詳）								果實	
庭園樹木					修剪							
			施肥（1回）									
			種植、移植								種植	
盆栽					修剪							
			施肥（1次）							施肥（1次）		
			種植、移植									

● **栽培環境**
庭園樹木　選擇日照好的地方種植。但是，不喜乾燥地。
盆栽 **放置場所**　日照好的地方。
用土　耐輕微多濕環境，所以用保水土質。

● **至開花所需時間**　苗木種植後2~3年。

● **不開花、不結果的主要原因**
❶秋、冬的低溫。
❷幼樹只栽培了一棵。

修剪的基本方法

一年中枝端部分總有花、花芽或果實，所以任何時間修剪都會損傷花或果實。只需將礙事的枝條切除，盡量不進行修剪。

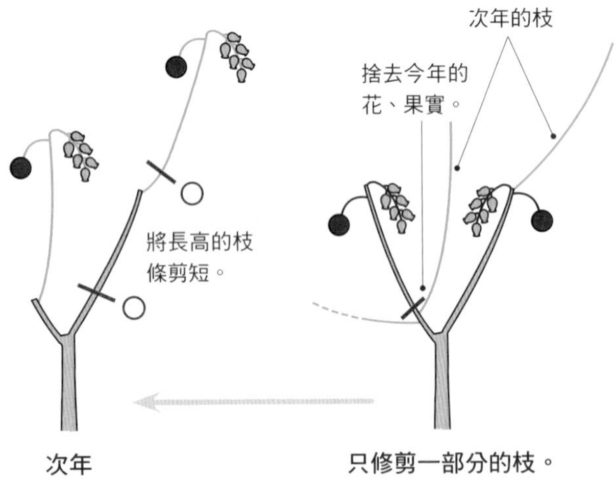
次年的枝
捨去今年的花、果實。
將長高的枝條剪短。
次年
只修剪一部分的枝。

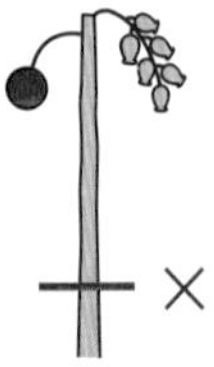

通常枝端有花芽、花或果實，修剪後當年的花、果實就沒有了。

庭園樹木的修剪

避免將枝條從中段切除。只選擇伸得過長而影響美觀、礙事的枝條，從杈根處切除。

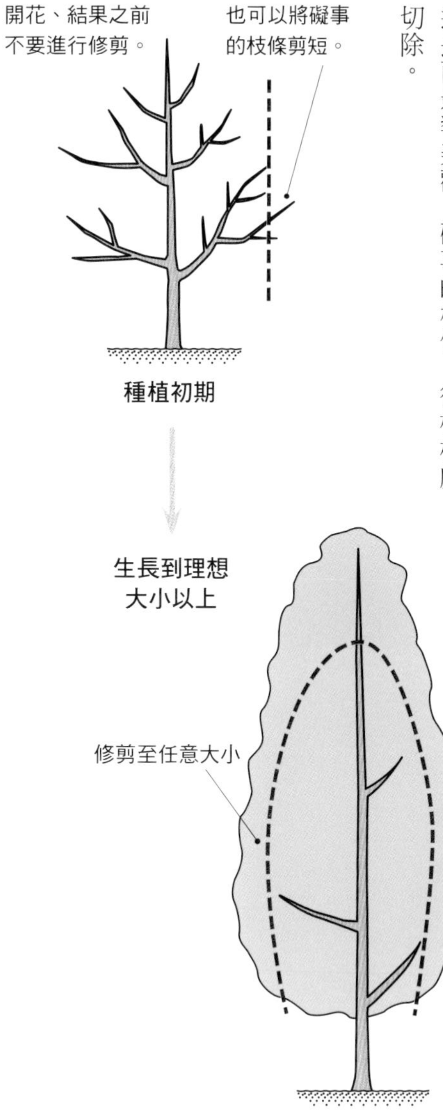
開花、結果之前
不要進行修剪。
也可以將礙事
的枝條剪短。
種植初期
生長到理想
大小以上
修剪至任意大小

盆栽的修剪

以庭園樹木為基準，長得過高的枝條，雖然一年中會開花、結果，但也可以從中段切除。

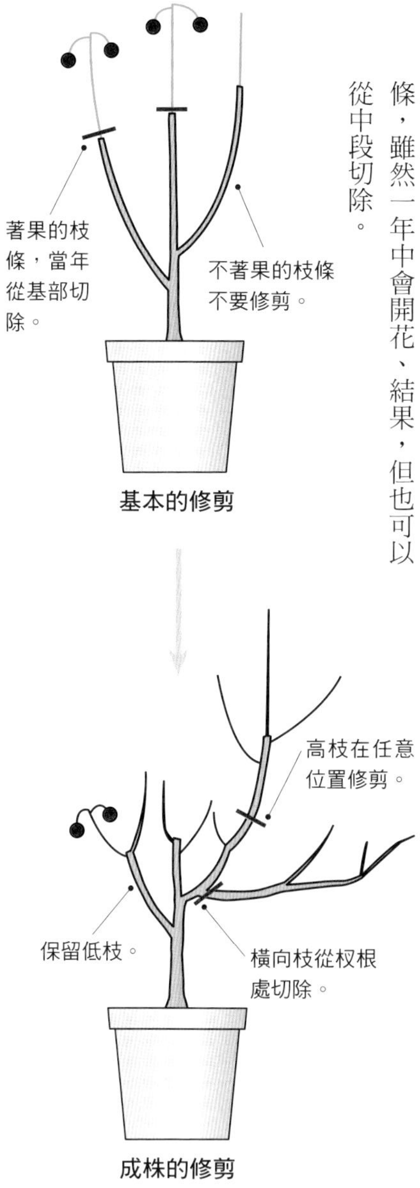
著果的枝
條，當年
從基部切
除。
不著果的枝條
不要修剪。
基本的修剪
高枝在任意
位置修剪。
保留低枝。
橫向枝從杈根
處切除。
成株的修剪

花芽的生發方式

新梢的前端生出花芽，其分化期卻不清楚。5月出花蕾，初冬開花，花的下方產生分枝，或不產生分枝而再次伸出新梢。該新梢次年著花。根據生長狀態，伸長、開花會一年反覆數次。

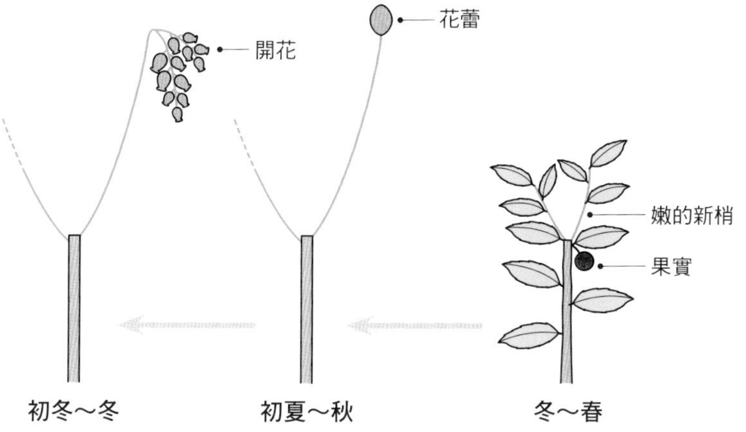
開花
花蕾
嫩的新梢
果實
初冬～冬
初夏～秋
冬～春

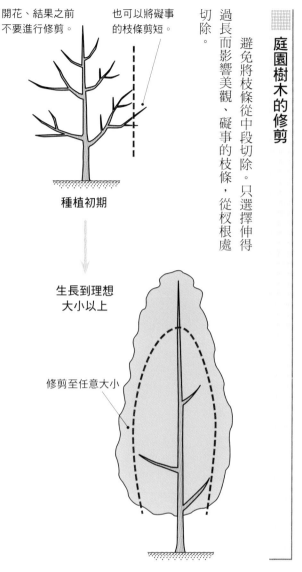

銀桂

桂花

Osmanthus fragrans

別名：銀桂
木樨科木樨屬的常綠小喬木

分佈於中國南部。變種有金桂、丹桂。庭園樹木除了修整成圓筒形，還可作為樹籬。移植、修剪容易。透過扦插繁殖，但稍嫌困難。

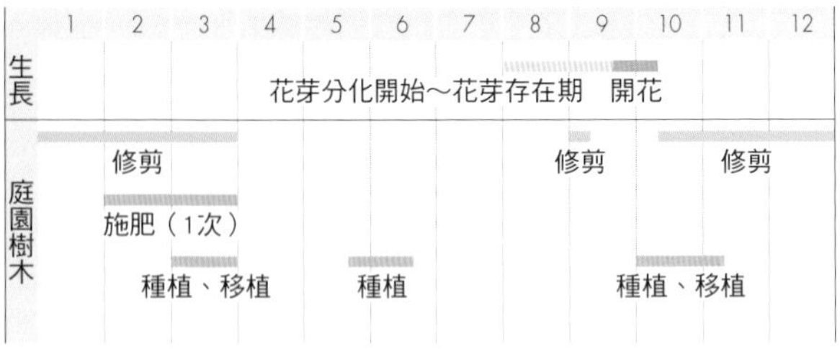
1 2 3 4 5 6 7 8 9 10 11 12
生長
花芽分化開始～花芽存在期
開花
庭園樹木
修剪
修剪
修剪
施肥（1次）
種植、移植
種植
種植、移植

肥料　含氮元素少的化學合成肥料。
繁殖方法　5～8月扦插（密閉）。

花芽的生發方式

夏季仍然伸長的徒長枝上不生花芽。4～5月停止伸長的新梢節上生出花芽。另外，2年枝處於花芽分化期，也會在有葉的節上生出花芽。雖然罕見，但無葉的老枝上也有可能生出花芽。

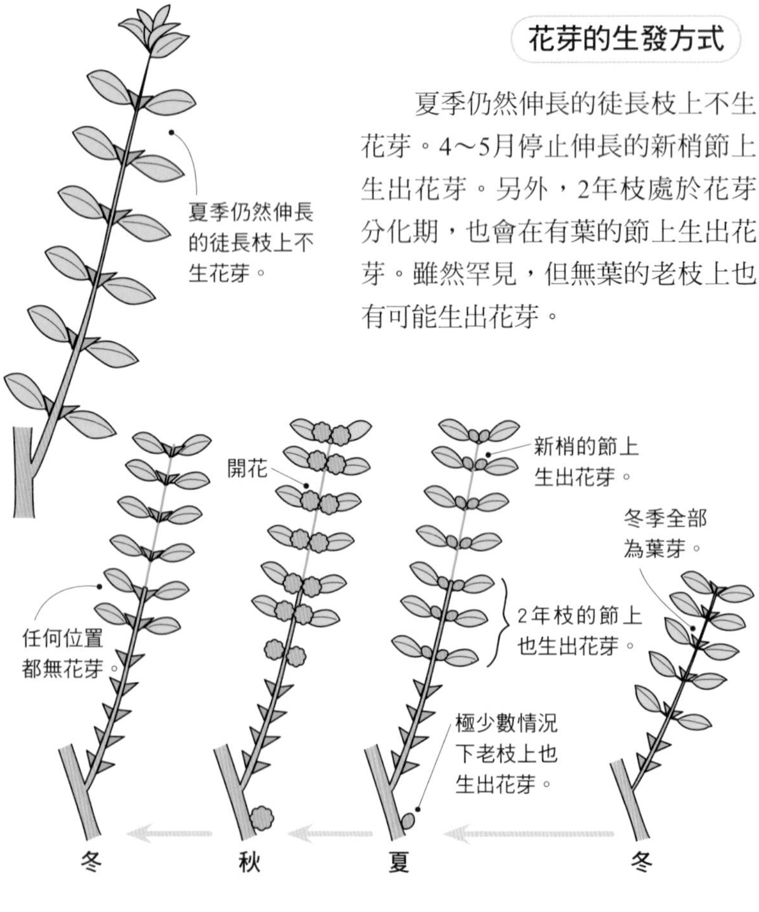
夏季仍然伸長的徒長枝上不生花芽。
開花
新梢的節上生出花芽。
冬季全部為葉芽。
2年枝的節上也生出花芽。
任何位置都無花芽。
極少數情況下老枝上也生出花芽。
冬
秋
夏
冬

●栽培環境

庭園樹木 不適宜寒冷地區。可耐受稍微的日陰，盡量接受日照有利著花。排水良好的砂質土為佳。

盆栽 不適宜。

●至開花所需時間　因苗木的大小和栽培條件而有很大差別。店面出售的苗木，需花費3～5年或更長的時間。

●不開花的主要原因

A花完全沒有開…❶樹木尚未成熟。特別是由於水、肥料充足而導致枝條生長旺盛，徒長枝過多。❷進行了過度的修剪。

B花數少…❶嚴重日照不足。❷初夏至秋季進行修剪。

修剪的基本方法

修剪後的出芽情況非常好，但枝條變老以後就不易萌芽。花芽形成期與開花期之間若進行強剪，花數會減少。花後與萌芽期之間進行修剪，不會直接使次年的著花變差。不過，寒冷地區應避免以少葉的狀態越冬，所以春季進行修剪（溫暖地區修剪時間不限）較恰當。萌芽期以後與花芽形成期之間，修剪越遲則著花越差。

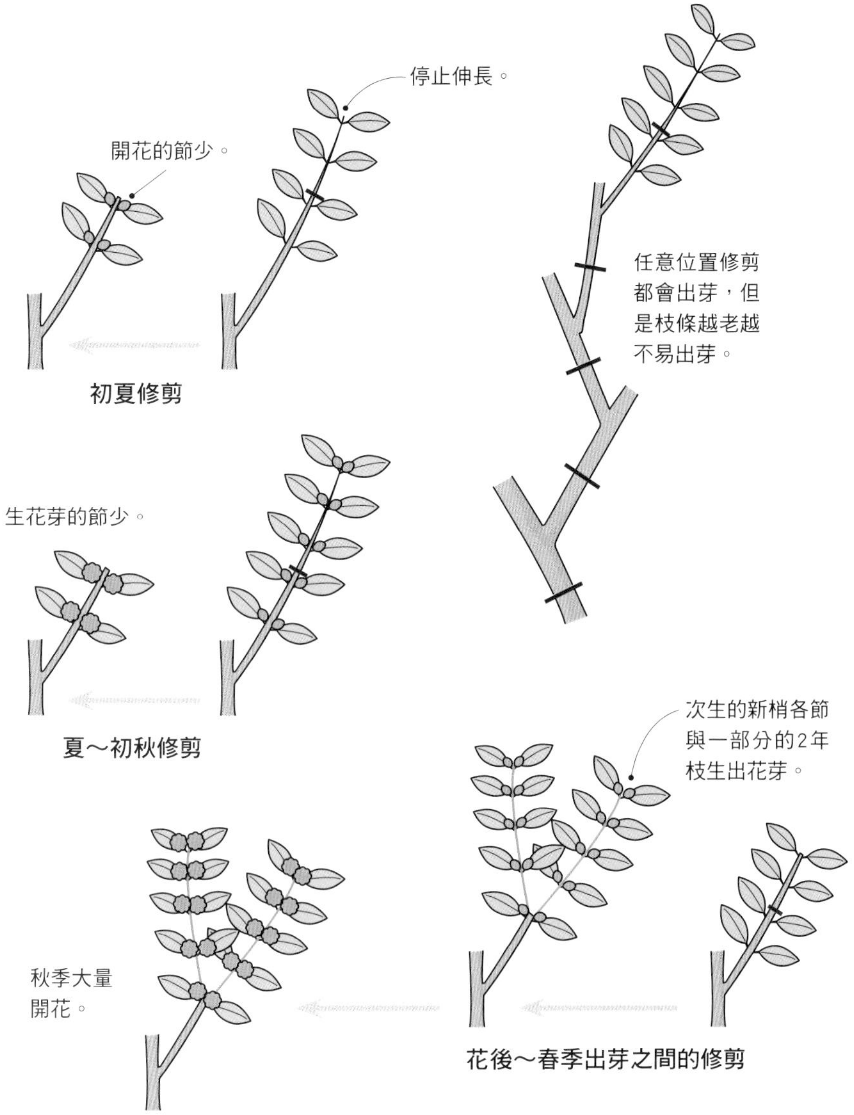
停止伸長。
開花的節少。
任意位置修剪都會出芽，但是枝條越老越不易出芽。
初夏修剪
生花芽的節少。
夏～初秋修剪
次生的新梢各節與一部分的2年枝生出花芽。
秋季大量開花。
花後～春季出芽之間的修剪

庭園樹木的修剪

即使不修剪也會自然地長成圓形，而通常為了令樹冠表面整潔和限制樹木大小，需要進行修剪。將著花當成重點，則花後與萌芽之間進行修剪，重視樹形，則可以隨時進行修剪。

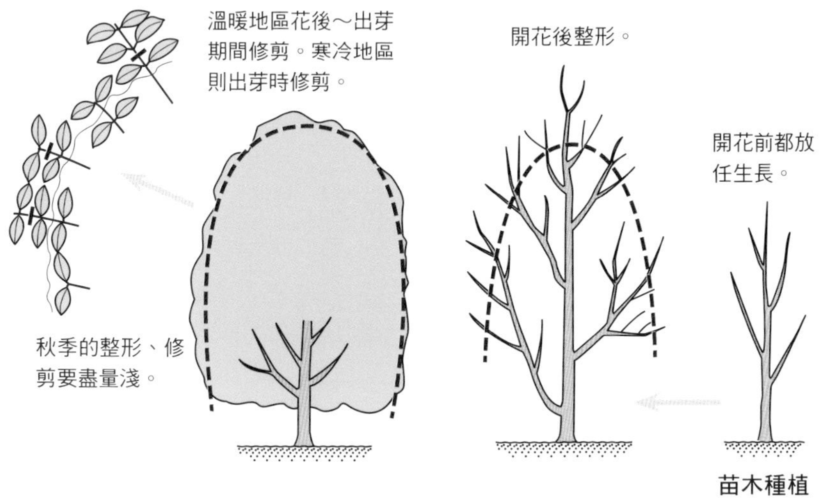
溫暖地區花後～出芽期間修剪。寒冷地區則出芽時修剪。
開花後整形。
開花前都放任生長。
秋季的整形、修剪要盡量淺。
苗木種植

【見鶯】

【紅千鳥】

梅花

Prunus mume

薔薇科櫻花屬的落葉喬木

分佈於中國。在日本自古以來也受到喜愛，有眾多的園藝品種。一般庭園樹木保持在樹高5公尺以下，也可以盆栽或製作盆景。修剪、移植容易。靠嫁接繁殖。

月份 1～12	前半年	後半年
生長	開花（不同品種多少會有差異） 花芽分化開始～花芽存在期	花芽分化開始～花芽存在期
庭園樹木	不著花枝的修剪 花後修剪（著花枝） ①施肥（1次）②施肥（1次） 種植、移植	不著花枝的修剪 整形修剪（著花枝） ③施肥（1次） 種植、移植
盆栽	不著花枝的修剪 花後修剪（著花枝） ④施肥（1次） 種植、移植	不著花枝的修剪 整形修剪（著花枝） ⑤施肥（1次） 種植、移植

肥料 ①對苗木施含氮元素多的化學合成肥料。對成年樹施含氮元素少的化學合成肥料。②、③只對苗木施含氮元素多的化學合成肥料。④對苗木、成年樹都施含氮元素少的化學合成肥料。⑤對苗木、成年樹都施含氮元素多的化學合成肥料。

繁殖方法 2月中旬～3月上旬嫁接。

●栽培環境

庭園樹木 選擇日照好的地方。對土質要求不嚴，但要避免過濕。

盆栽 **放置場所** 日照好的地方。寒冷地區冬季須移至室內。

用土 單用砂質土或排水良好的培養土。

●至開花所需時間 嫁接1年苗種植後，庭園樹木5年左右，盆栽2～3年。

●不開花的主要原因

A 生長旺盛：

❶樹木尚未成熟。

❷水、肥料充足。

❸冬季期間進行了強剪。

❹盆栽的花盆相對於植株來說太大。或移植時將根切得過短。

B 花芽分化期無葉：

❶日照不足。

❷極端乾燥。

❸病蟲害，特別是春季蚜蟲引起的縮葉與落葉。

修剪的基本方法①

基本上不進行以促生花芽為目的的修剪。放任生長是最好、最確實促生花芽的方式。修剪完全是為了塑造樹形而進行。

而且，花芽分化前的新梢修剪，如果調整妨礙再萌芽的其他條件（如樹齡、植株的健康、枝條的徒長性、水、肥料），就不會成為徒長枝，所以能夠生出花芽。

修剪時要注意，盡量不要將粗枝從中段切斷，細枝一定要在有葉芽的節上切除。

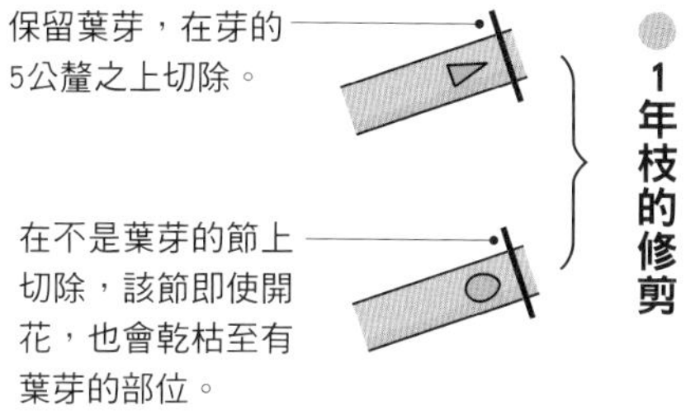
1年枝的修剪
保留葉芽，在芽的5公釐之上切除。
在不是葉芽的節上切除，該節即使開花，也會乾枯至有葉芽的部位。

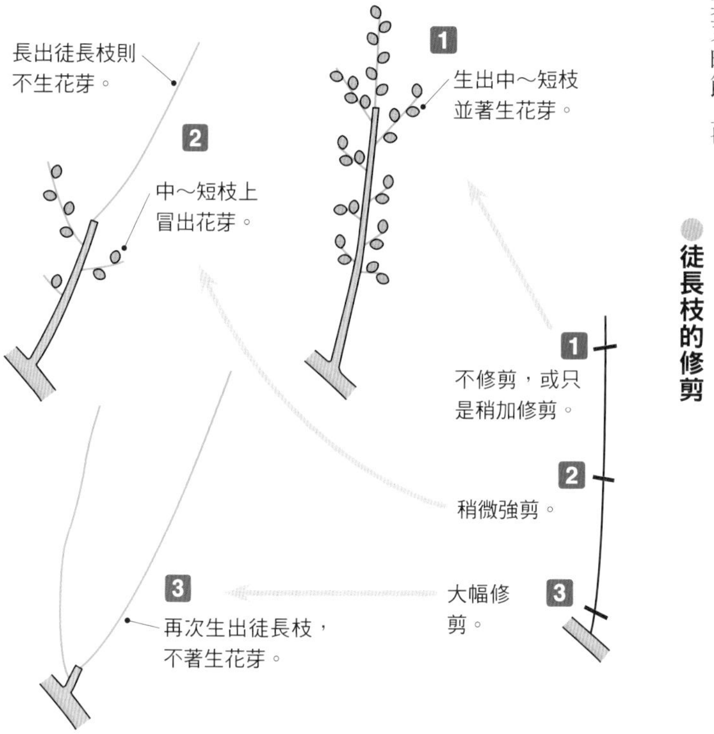
徒長枝的修剪
1
不修剪，或只是稍加修剪。
2
稍微強剪。
3
大幅修剪。
1
生出中～短枝並著生花芽。
2
長出徒長枝則不生花芽。
中～短枝上冒出花芽。
3
再次生出徒長枝，不著生花芽。

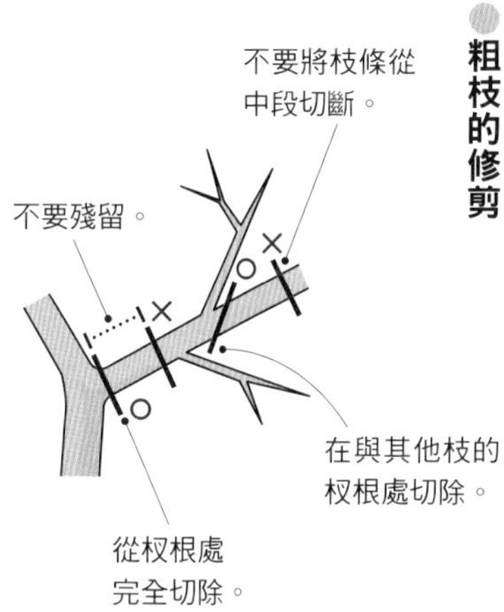
粗枝的修剪
不要將枝條從中段切斷。
不要殘留。
在與其他枝的杈根處切除。
從杈根處完全切除。

花芽的生發方式

徒長枝上幾乎不生花芽。中～短枝的各節上生出花芽。總之，7月花芽分化之前，停止伸長的枝上會生出花芽。

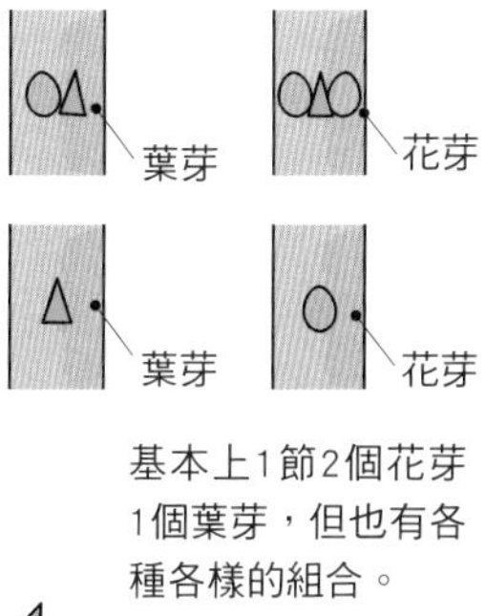
葉芽
花芽
葉芽
花芽
基本上1節2個花芽1個葉芽，但也有各種各樣的組合。

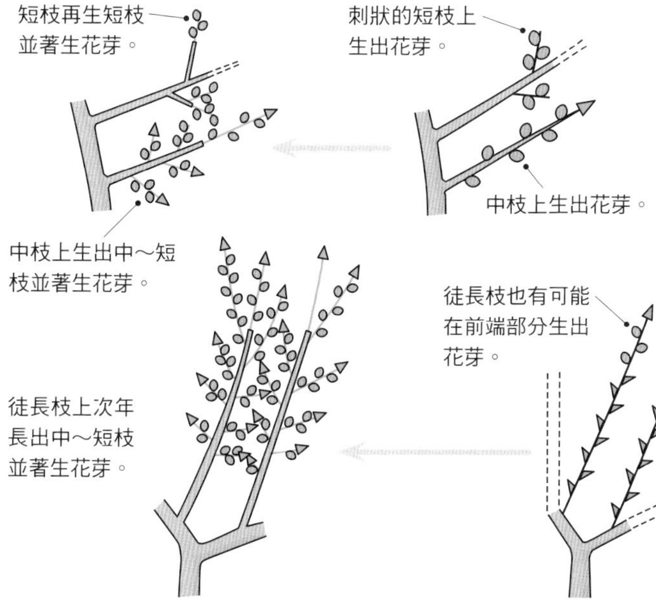
短枝再生短枝並著生花芽。
刺狀的短枝上生出花芽。
中枝上生出花芽。
中枝上生出中～短枝並著生花芽。
徒長枝也有可能在前端部分生出花芽。
基本上徒長枝不生花芽。
徒長枝上次年長出中～短枝並著生花芽。

修剪的基本方法②

開花前的整形修剪

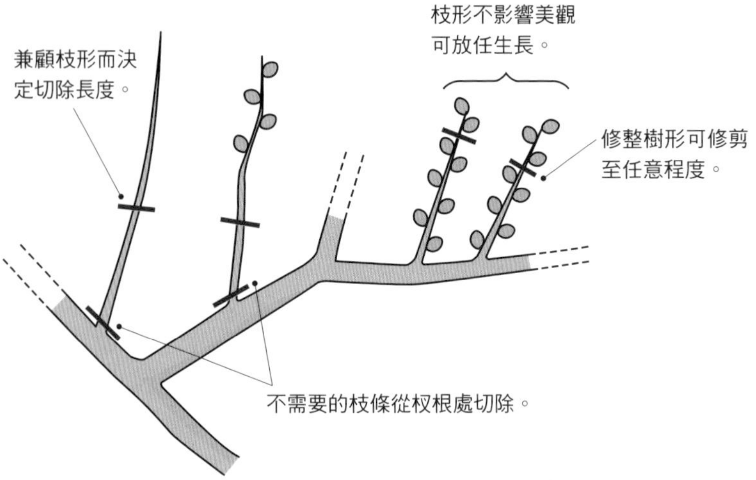
兼顧枝形而決定切除長度。
枝形不影響美觀可放任生長。
修整樹形可修剪至任意程度。
不需要的枝條從杈根處切除。

花後修剪

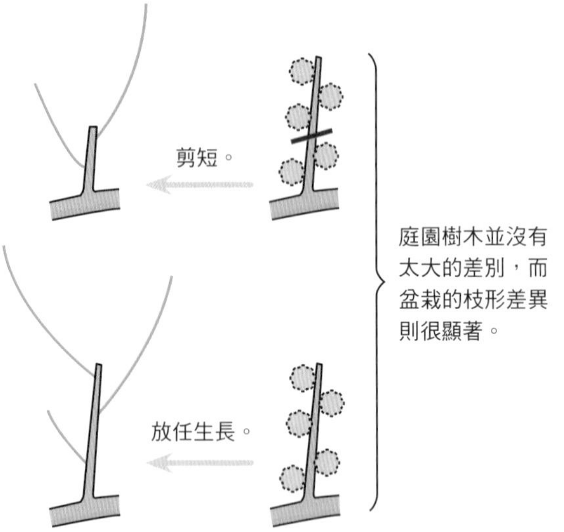
剪短。
放任生長。
庭園樹木並沒有太大的差別，而盆栽的枝形差異則很顯著。

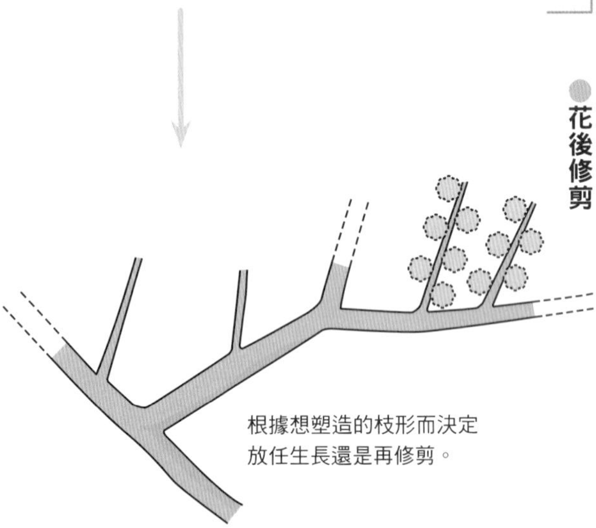
根據想塑造的枝形而決定放任生長還是再修剪。

【豐後】

【白瀧枝垂】

庭園樹木的修剪

最簡單的方法是，開花前都放任生長，只將樹形上不需要的枝條切除、剪短即可。但一般來說，首先不考慮著花，反覆進行修剪以塑造枝形。由於並不是全體一齊開花，所以，開花枝作為開花枝處理，不開花枝作為不開花枝處理。著花枝會年年增加。

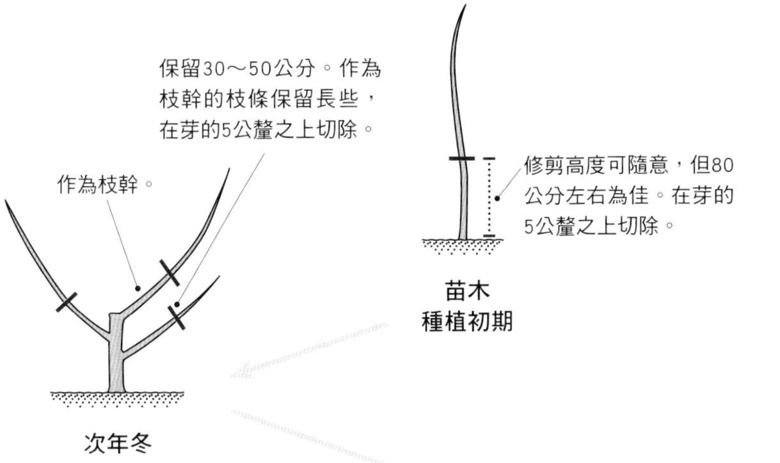

保留30～50公分。作為枝幹的枝條保留長些，在芽的5公釐之上切除。
作為枝幹。
次年冬
修剪高度可隨意，但80公分左右為佳。在芽的5公釐之上切除。
苗木
種植初期

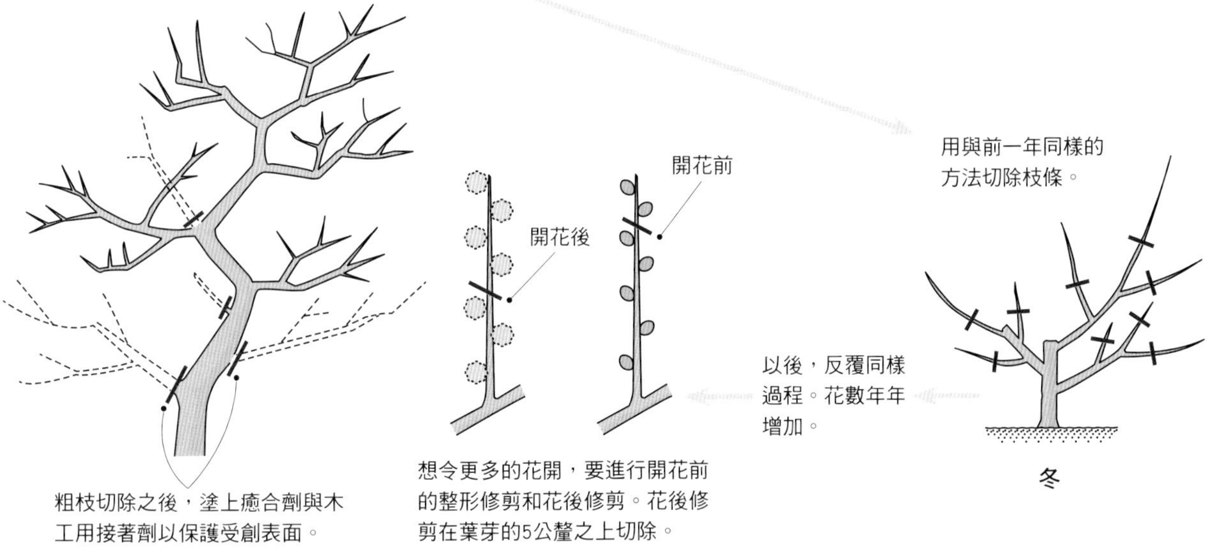

用與前一年同樣的方法切除枝條。
冬
以後，反覆同樣過程。花數年年增加。
開花前
開花後
想令更多的花開，要進行開花前的整形修剪和花後修剪。花後修剪在葉芽的5公釐之上切除。
粗枝切除之後，塗上癒合劑與木工用接著劑以保護受創表面。

盆栽的修剪

苗木一開始就盆栽。須注意，不要形成徒長枝，則當年會生出花芽。不過，跟庭園樹木比起來，枝幹的成長要緩慢得多，所以要塑造成真正的盆栽也得花費數年時間。

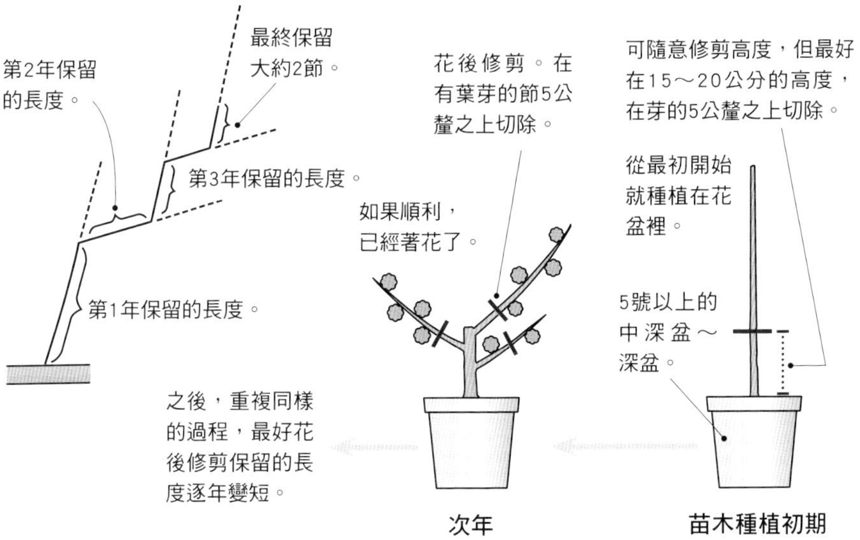

可隨意修剪高度，但最好在15～20公分的高度，在芽的5公釐之上切除。
從最初開始就種植在花盆裡。
5號以上的中深盆～深盆。
苗木種植初期
花後修剪。在有葉芽的節5公釐之上切除。
如果順利，已經著花了。
次年
之後，重複同樣的過程，最好花後修剪保留的長度逐年變短。
最終保留大約2節。
第2年保留的長度。
第3年保留的長度。
第1年保留的長度。

木瓜

木瓜

Choenomeles speciosa

別名：文冠果
薔薇科木瓜屬的落葉灌木

分佈於日本及中國。有眾多的園藝品種。除了作為庭園樹木，還可以小盆栽種或製作成盆景。修剪、移植容易。靠扦插繁殖，也有可以分株繁殖的品種。

	1	2	3	4	5	6	7	8	9	10	11	12
生長					開花							
生長	花芽分化開始～花芽存在期					花芽分化開始～花芽存在期					開花	
庭園樹木					新梢修剪					修剪		
庭園樹木		①施肥（1次）			②施肥（1次）							
庭園樹木			種植、移植							種植、移植		
盆栽					新梢修剪					修剪		
盆栽		③施肥（1次）			④施肥（1次）				⑤施肥（1次）			
盆栽		種植、移植									種植、移植	

肥料　①、②、③、④為含氮元素多的化學合成肥料。⑤為含氮元素少的化學合成肥料。
繁殖方法　2月中旬～3月中旬、10月中旬～12月中旬分株。3月、6～7月中旬、10～11月中旬扦插。

● 栽培環境

庭園樹木 適合日照好的地方，可耐受輕微的日陰。避免容易乾燥的地方與黏質土。

盆栽 **放置場所** 日照好的地方。不過，夏季要避開午後的陽光。

用土 單用赤玉土、鹿沼土、桐生砂等。

● 至開花所需時間

通常，市面上有售著花株，所以可以立即欣賞到花。

● 不開花的主要原因

❶秋季進行了強剪。
❷赤星病導致的夏季落葉。
❸夏季乾燥引起落葉。

修剪的基本方法

同一個節上花芽與葉芽不共存，不易生不定芽，所以修剪時只保留花芽會引起枯枝。不過，並不會導致相連的其他枝條乾枯。新梢修剪後會在8月之前再萌芽。

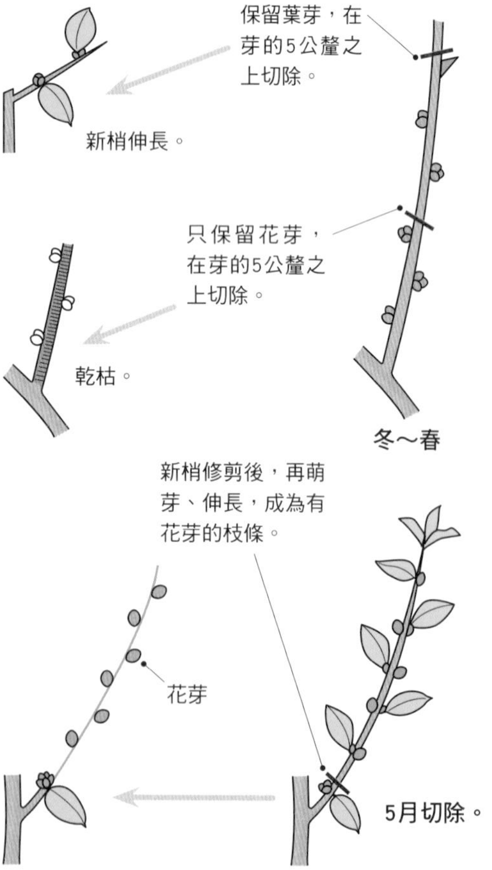
保留葉芽，在芽的5公釐之上切除。
新梢伸長。
只保留花芽，在芽的5公釐之上切除。
乾枯。
冬～春
新梢修剪後，再萌芽、伸長，成為有花芽的枝條。
花芽
5月切除。

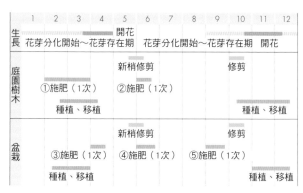

庭園樹木的修剪

不一定有修剪的必要，而修剪時要確認花芽並將葉芽保留。對於不是太擁擠的蘖生枝可以保留，以塑造成叢植形式。

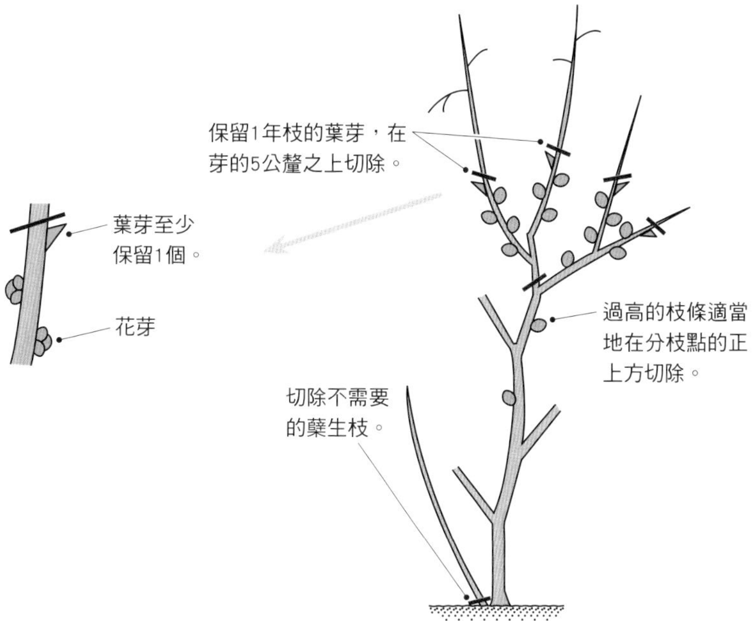
保留1年枝的葉芽，在芽的5公釐之上切除。
葉芽至少保留1個。
花芽
過高的枝條適當地在分枝點的正上方切除。
切除不需要的蘖生枝。

盆栽的修剪

以庭園樹木為基準，由於要保持低的植株高度，所以需配合切除高枝的作業進行修剪。

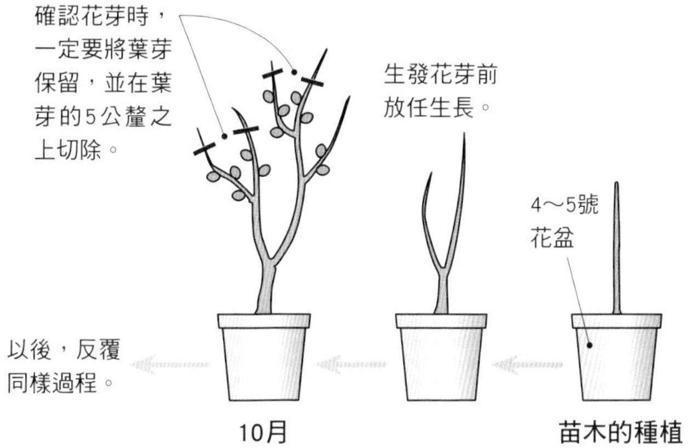
確認花芽時，一定要將葉芽保留，並在葉芽的5公釐之上切除。
生發花芽前放任生長。
4～5號花盆
以後，反覆同樣過程。
10月
苗木的種植

★防治赤星病的修剪

赤星病的發病期在5月（有的年份在6月），所以新梢上如果出現病斑，保留1～2節進行新梢修剪。保留的節上葉也發病的話，則切除。之後伸出的枝條不發病。

花芽的生發方式

新梢的節上生出花芽，但比較容易集中在基部。2年枝或更老的枝上也生出花芽，仔細觀察會發現形成了微小的短枝。蘖生枝原則上不生花芽。也有的品種秋季開始開花，嚴寒期中斷，春季剩餘的花再開。另有只在春季開花的品種。

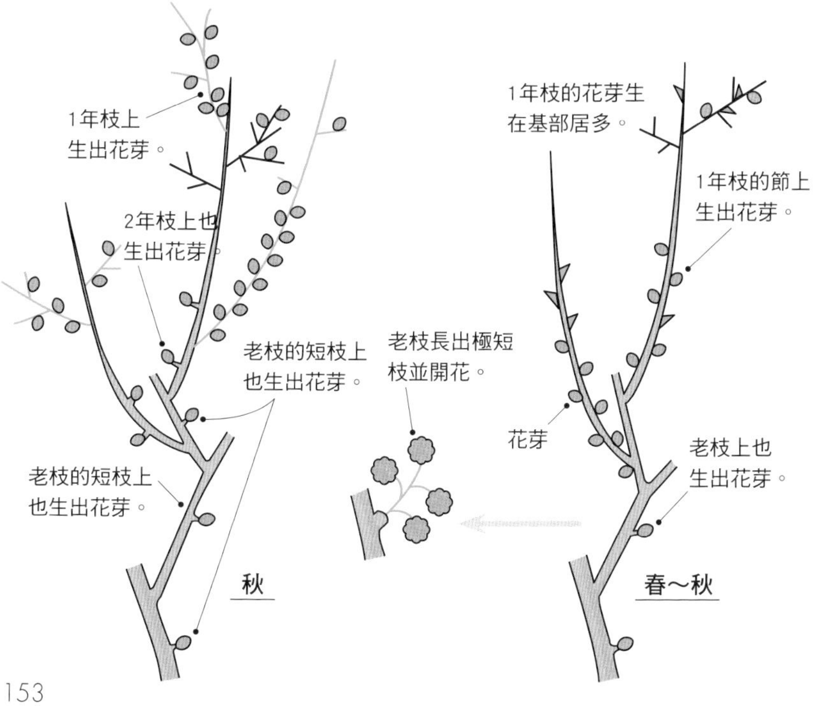
1年枝的花芽生在基部居多。
1年枝的節上生出花芽。
花芽
老枝上也生出花芽。
春～秋
老枝長出極短枝並開花。
1年枝上生出花芽。
2年枝上也生出花芽。
老枝的短枝上也生出花芽。
老枝的短枝上也生出花芽。
秋

【Arnold promise】（園藝品種）

肥料　含氮元素多的化學合成肥料。
繁殖方法　2月中旬～3月上旬嫁接。

金縷梅

Hamamelis

金縷梅科金縷梅屬的落葉灌木～小喬木

中國、日本分佈著不同的品種，也有種間雜交品種。多數作為庭園樹木，也可以盆栽。有的品種冬季期間葉枯而不掉落，繼續殘留在枝上。移植、修剪容易。扦插稍嫌困難。

		1	2	3	4	5	6	7	8	9	10	11	12
生長			開花	開花		花芽分化開始～花芽存在期	花芽分化開始～花芽存在期	花芽分化開始～花芽存在期	花芽分化開始～花芽存在期	花芽分化開始～花芽存在期	花芽分化開始～花芽存在期	花芽分化開始～花芽存在期	花芽分化開始～花芽存在期
庭園樹木	修剪			修剪									
	施肥			施肥（1次）						施肥（1次）			
	種植、移植		種植、移植	種植、移植								種植、移植	種植、移植
盆栽	修剪			修剪									
	施肥			施肥（1次）		施肥（1次）				施肥（1次）			
	種植、移植		種植	種植								種植、移植	種植、移植

栽培環境

庭園樹木　不適合極暖地區。種植於日照好的地方。只要是不太乾燥的地方，對土質要求不嚴。

盆栽　**放置場所**　日照好的地方。

用土　排水好的園土，單用赤玉土也可以。

至開花所需時間

購入的小苗通常種植當年或翌年開花。

不開花的主要原因

❶嚴重日照不足。
❷盆栽除了上述原因，還有可能嚴重乾燥、肥料不足。

修剪的基本方法

冬季至早春開花，所以只能在花後進行修剪。不過，不著花枝冬季期間任何時候修剪都無妨。花後殘留的芽全部為葉芽，花後修剪時，沒有必要特別注意花芽與葉芽。

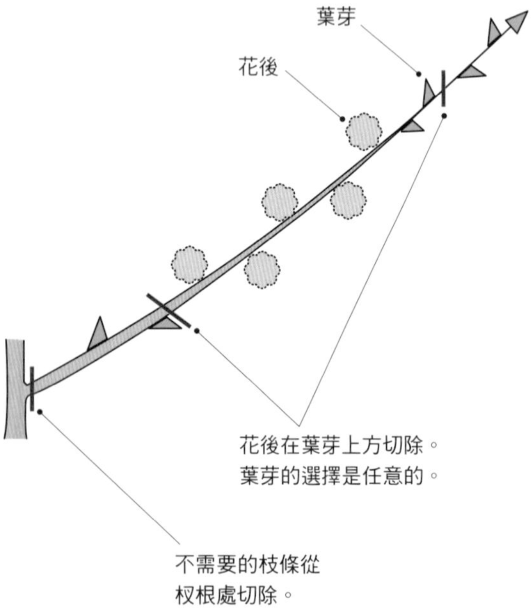
葉芽
花後
花後在葉芽上方切除。
葉芽的選擇是任意的。
不需要的枝條從
杈根處切除。

庭園樹木的修剪

通常沒有必要進行修剪。枝的高度和幅度超出個人喜好範圍時，可進行疏剪。地面附近長出的徒長枝不必切除，以培育成叢植形式，否則花數寥寥，樹木全體也不熱鬧。

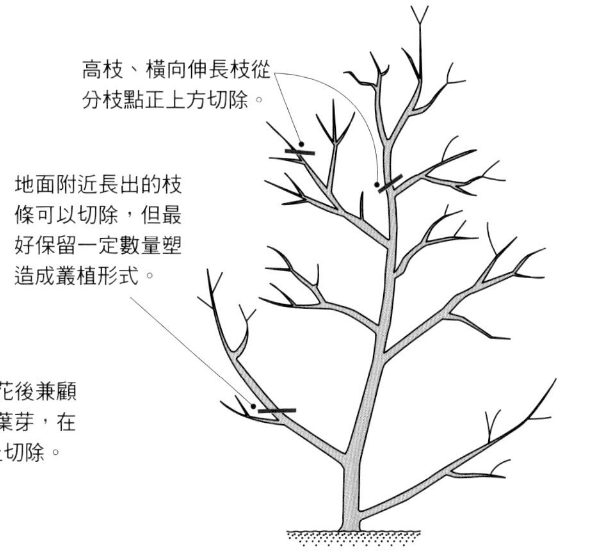
高枝、橫向伸長枝從分枝點正上方切除。
地面附近長出的枝條可以切除，但最好保留一定數量塑造成叢植形式。

盆栽的修剪

樹木從非常幼小的時候就開始著花，所以修剪成任意大小都會著花。長到理想的大小後，開始修剪1年枝。

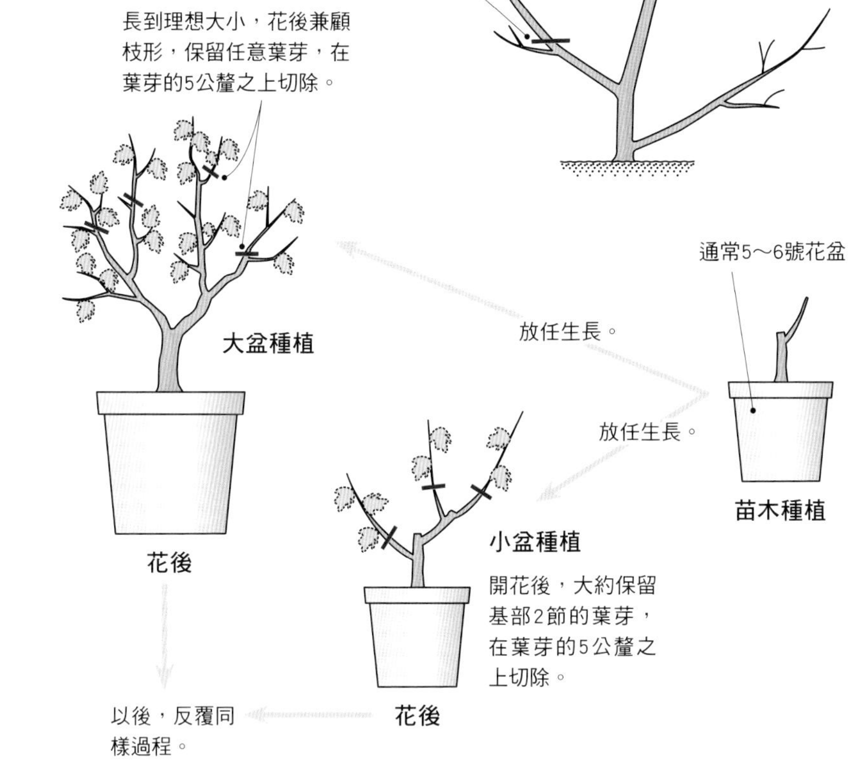
長到理想大小，花後兼顧枝形，保留任意葉芽，在葉芽的5公釐之上切除。
通常5～6號花盆
大盆種植
放任生長。
放任生長。
苗木種植
小盆種植
開花後，大約保留基部2節的葉芽，在葉芽的5公釐之上切除。
花後
花後
以後，反覆同樣過程。

花芽的生發方式

新梢的節上生出花芽。短枝、長枝均生出花芽，但粗而強健的枝上著生更多。1個花芽包含數朵花（雙花木為2朵花）。花芽與葉芽不在同一節上共存。

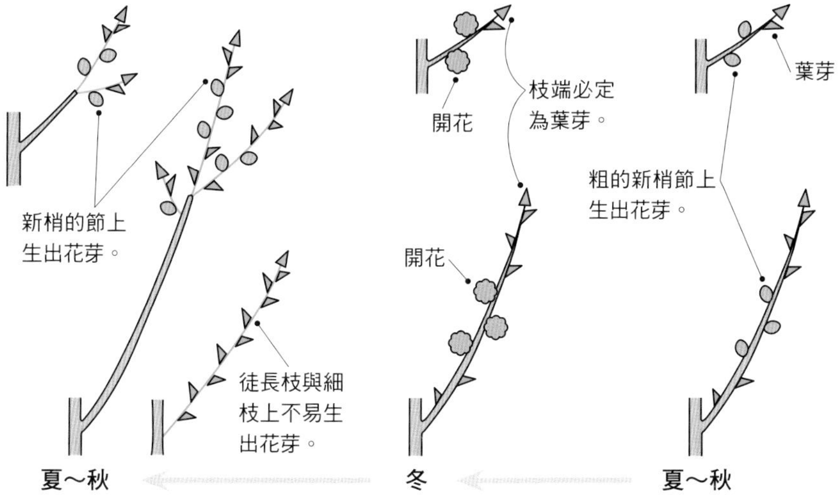
葉芽
枝端必定為葉芽。
開花
開花
粗的新梢節上生出花芽。
新梢的節上生出花芽。
徒長枝與細枝上不易生出花芽。
夏～秋
冬
夏～秋

素心梅

臘梅

Chimonanthus praecox

臘梅科臘梅屬的落葉灌木

分佈於中國中部。變種有唐梅、素心梅，園藝品種不多見。盆栽於中盆以上。移植容易，甚至細枝修剪後也容易出芽。靠實生和嫁接繁殖。

	1	2	3	4	5	6	7	8	9	10	11	12
生長	開花	開花				花芽分化開始～花芽存在期	花芽分化開始～花芽存在期	花芽分化開始～花芽存在期	花芽分化開始～花芽存在期	花芽分化開始～花芽存在期	花芽分化開始～花芽存在期	花芽分化開始～花芽存在期
庭園樹木			修剪									
			①施肥（1次）									
			種植、移植								種植、移植	種植、移植
盆栽			修剪									
				②施肥（1次）	③施肥（1次）				④施肥（1次）			
			種植、移植								種植、移植	種植、移植

肥料 ①、②、③為含氮元素多的化學合成肥料。④為含氮元素少的化學合成肥料。
繁殖方法 2月中旬～3月中旬嫁接。3月播種（11～12月採種）。

栽培環境

庭園樹木 日照好的地方。成年樹對土質要求不嚴，苗木需深植於砂質土且排水良好的地方。

盆栽 **放置場所** 日照好的地方。

用土 園土6、砂2、腐葉土2的混合土。

至開花所需時間

實生苗5～10年，嫁接苗開花早。小苗種植於花盆中，肥料培育不好則很難開花。

不開花的主要原因

❶樹木尚未成熟。

❷樹齡足夠，但水、肥料不足，枝太細（特別是盆栽）。

修剪的基本方法

短枝上容易生出花芽，所以不修剪最有利於著花。

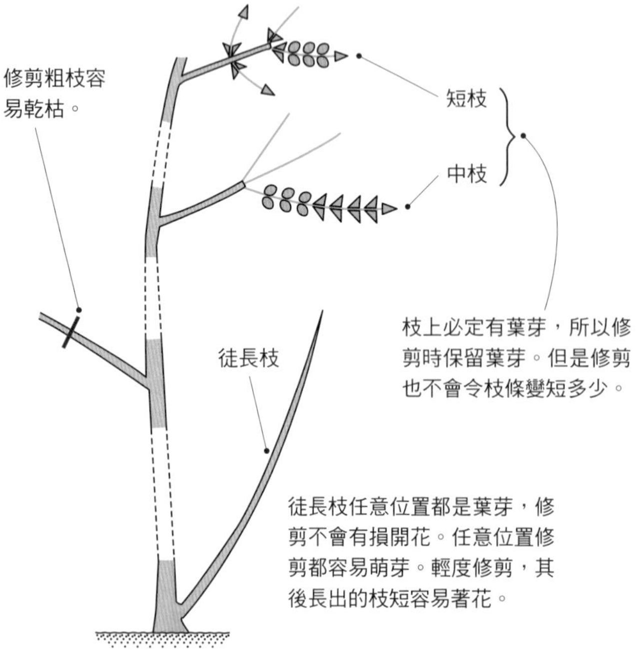
修剪粗枝容易乾枯。
短枝
中枝
枝上必定有葉芽，所以修剪時保留葉芽。但是修剪也不會令枝條變短多少。
徒長枝
徒長枝任意位置都是葉芽，修剪不會有損開花。任意位置修剪都容易萌芽。輕度修剪，其後長出的枝短容易著花。

庭園樹木的修剪

不需要為了促進著花而修剪，修剪只是為了調整樹形。而無用枝的切除與徒長枝的處理相同。

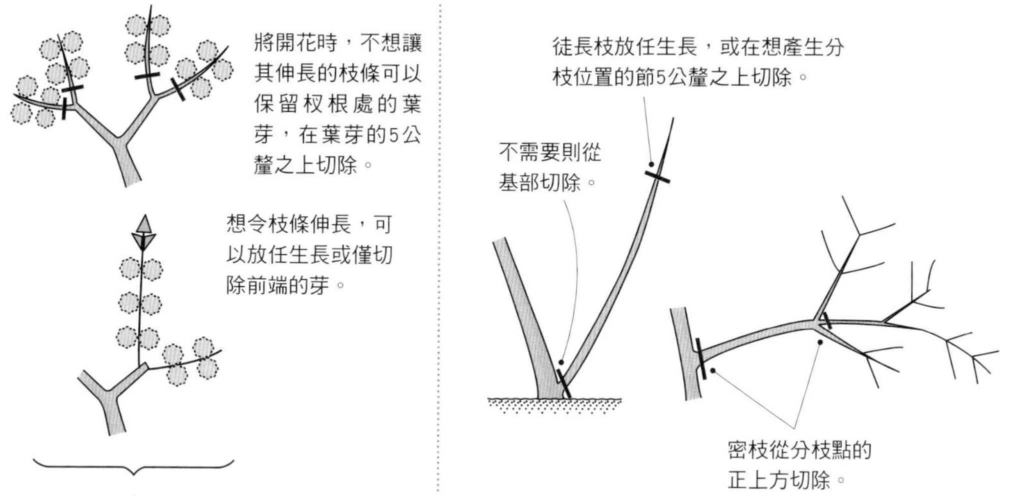
將開花時，不想讓其伸長的枝條可以保留杈根處的葉芽，在葉芽的5公釐之上切除。
想令枝條伸長，可以放任生長或僅切除前端的芽。
徒長枝放任生長，或在想產生分枝位置的節5公釐之上切除。
不需要則從基部切除。
密枝從分枝點的正上方切除。

盆栽的修剪

著花前反覆進行1年枝的修剪與密枝的整理。最初不植於盆中，而是地栽培育，待主幹長到大拇指以上粗細，再移植於盆中，效果較好。

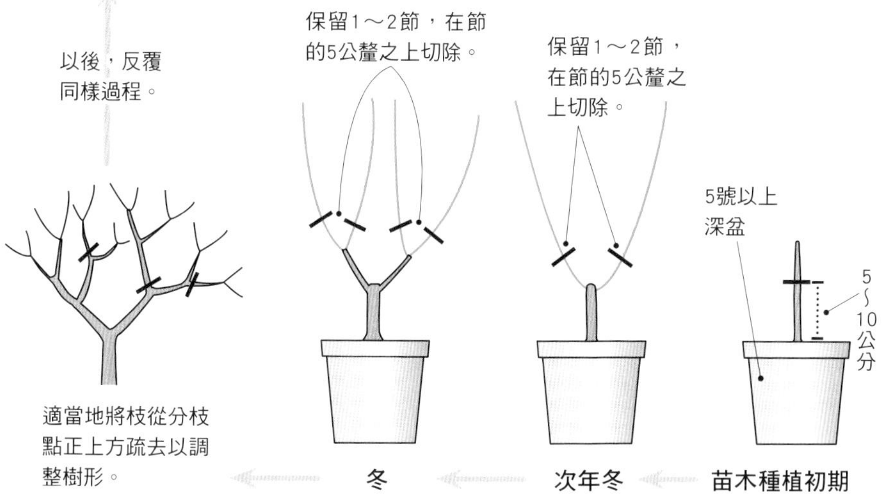
以後，反覆同樣過程。
保留1～2節，在節的5公釐之上切除。
保留1～2節，在節的5公釐之上切除。
5號以上深盆
5～10公分
適當地將枝從分枝點正上方疏去以調整樹形。
冬
次年冬
苗木種植初期

花芽的生發方式

徒長枝上不生花芽，短枝上容易生出花芽。相同的節上花芽與葉芽不共存，由於葉對生，實際上1個節上存在2個芽，一方為花芽、一方為葉芽的情況也有。

低溫下容易開花，隆冬季節盛開，但根據當時的溫度，開始開花的時間也會變動。

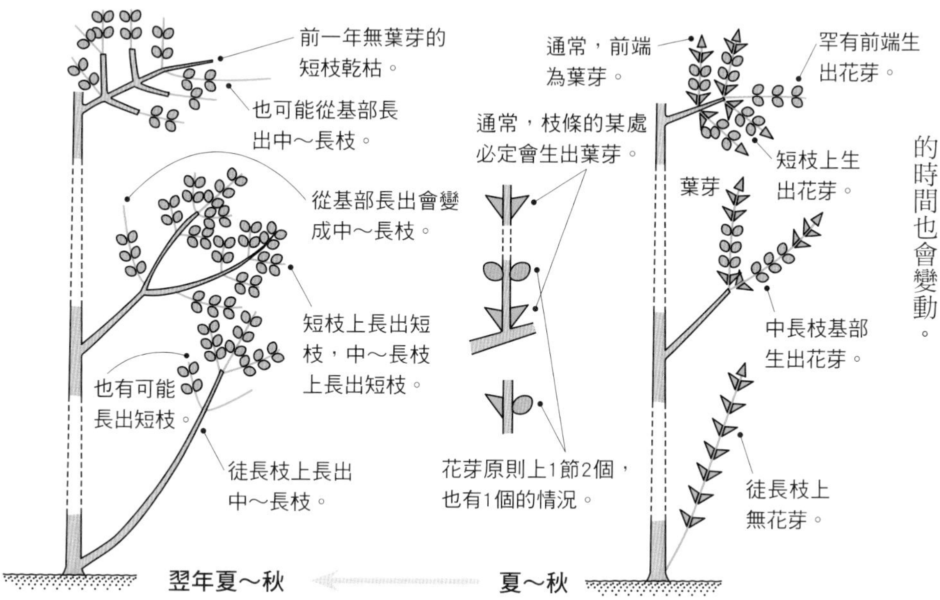
前一年無葉芽的短枝乾枯。
也可能從基部長出中～長枝。
從基部長出會變成中～長枝。
短枝上長出短枝，中～長枝上長出短枝。
也有可能長出短枝。
徒長枝上長出中～長枝。
通常，前端為葉芽。
罕有前端生出花芽。
通常，枝條的某處必定會生出葉芽。
短枝上生出花芽。
葉芽
中長枝基部生出花芽。
花芽原則上1節2個，也有1個的情況。
徒長枝上無花芽。
翌年夏～秋
夏～秋

洋金花……108
珍珠花……90
珍珠梅……48
紅千層……110
紅花山楂……34
紅花日本杜鵑……96
紅花四照花……89
紅花馬醉木……16
紅花繼木……44
紅瓶刷樹……110
美洲月桂……24
美國淩霄……128
美隆藤……72
胡枝子……142

十劃

唐桃……62
唐梅……156
唐棣……38
桂花……146
海仙花……54
海棠花……56
狹葉十大功勞……70
皋月杜鵑【八尺鏡】……122
皋月杜鵑【大杯】……6
皋月杜鵑……122
素心梅……156
荔莓……144
茶梅……140
馬醉木……16

十一劃

曼陀羅……108
梅花【八重寒紅】……7
梅花【白瀧枝垂】……150
梅花【見驚】……148
梅花【紅千鳥】……148
梅花【豐後】……150
梅花……98,148
梔子花……6,116
貫月忍冬……6,126
連翹【Linwood】……94
連翹……94
麻葉繡線菊……30
梫木……16

十二劃

備中莢蒾……4,42
傘房決明……106
單葉連翹……94
寒櫻……32
富士櫻……32
富貴花……80
朝鮮連翹……94
棣棠……86,87
棉花柳……50
絨毛花楸果……38
紫玉蘭……5
紫荊……4,58
紫葳……128
紫薇……124
菊桃……62
雲南迎春……20
黃杜鵑……4
黃櫨……6,118

十三~十五劃

煙樹……118
瑞香……40
葉子花……132
滿條紅……58
碧桃……62
綠葉胡枝子……142,143
銀芽柳……50
銀柳……50
銀桂……146
緋寒櫻……5,32
噴雪花……90
歐洲丁香……92
線葉金合歡……5,84
蔓性風鈴花……102,103
蝴蝶戲珠花……12,22

十六~十七劃

錦帶花……78
錦雞兒……18
薔薇【Aloha】……69
薔薇【Graham Thomas】……64
薔薇【Jacques Cartier】……65
薔薇【Maria Callas】……64
薔薇……64
闊葉山月桂……24

二十劃以上

繡球……22
雙花木……155
攀緣薔薇……69
臘梅……156
櫟葉繡球……39
繼木……44
櫻花【紅枝垂】……32
櫻花……32
蠟瓣花……46
籬障花……136

植物名索引

★紅色文字為該植物專案所在的頁碼。
★按中文筆劃排列。

一劃
一歲桃 62
二劃
八仙花 6,100
八重棣棠 86
八重櫻 32
十大功勞【博愛】 70,71
十大功勞 70
十月櫻 32
三劃
三角梅 132
久留米杜鵑 5,28
大花六道木 104
大葉醉魚草 6,134
小葉丁香 93
小葉瑞木 46,47
山月桂【Osbo Red】 4
山月桂【RUBRA NANA】 25
山月桂 24
山石榴 14
山茄子 108
山荊子 74
山茶【太郎冠者】 140
山茶【有樂】 140
山茶 140
山茱萸【Junior Miss】 60
山茱萸 60
山高粱 48
山楂 34
山藤系白花紫藤 76,77
四劃
丹桂 146
五色海棠 78
文冠果 152
日本山梅花 52
日本毛玉蘭系 82
日本杜鵑 96
日本胡枝子 7,142
日本紫藤 76
木丹 116
木瓜 152
木立性青麻 102
木芙蓉 130
木槿【Lucy】 136
木槿 136
木蘭花【Burgundy】 82
木蘭花 82
五劃
加拿大唐棣 38
台灣馬醉木 16
四照花 88
白玉蘭 83
白花棣棠 87
白胡枝子 143
白棣棠 87
石楠花 5,36
石榴 120
立寒椿（茶梅【勘次郎】） 7
六劃
吊鐘藤 72
多花紫藤 4,76
百日紅 124
百花王 80
西洋石楠花 36
西洋繡球 100,101
七劃
夾竹桃 112
旱連子 94
杜鵑花【Ellie】 14
杜鵑花 14
牡丹【鐮田藤】 80
牡丹 5,80
貝利氏相思樹 84
辛夷 82
里櫻 32
八劃
彼岸櫻 32
芙蓉 130
花石榴【Amashibori】 120
花石榴 6
迎春花 20
金合歡類 84
金桂 7,146
金雀花 18
金絲桃 114
金絲梅 114
金縷梅【Arnold promise】 154
金縷梅 7,154
金鏈花【Bossy】 26
金鏈花 26
青麻 102
九劃
南京桃 62
南迎春 20
垂枝梅 7
垂枝碧桃 62
垂絲海棠 56
扁桃 62
映山紅 14
星木蘭 82
染井吉野 32
洋丁香 92

愛花人必學
67種庭園花木修剪技法（暢銷新裝版）

作　　者／妻鹿加年雄
譯　　者／黃秀娟
發 行 人／詹慶和
總 編 輯／蔡麗玲
執行編輯／李佳穎
編　　輯／蔡毓玲・劉蕙寧・黃璟安・陳姿伶・白宜平
執行美編／陳麗娜
美術編輯／陳麗娜・周盈汝・翟秀美
內頁排版／造　極
出 版 者／噴泉文化館
發 行 者／悅智文化事業有限公司
郵撥帳號／19452608
戶　　名／悅智文化事業有限公司
地　　址／新北市板橋區板新路206號3樓
電　　話／(02)8952-4078
傳　　真／(02)8952-4084
網　　址／www.elegantbooks.com.tw
電子郵件／elegant.books@msa.hinet.net

2015年8月二版一刷　定價／480元

攝　　影／出澤清明・伊藤善規・今井秀治・鈴木康弘
　　　　　関澤正憲・筒井雅之・徳江彰彥・西川正文
　　　　　蛭田有一・福田 稔・丸山 滋
攝影提供／アルスフォト企画・耕作舎
藝術設計／間野 成
版面設計／高木裕子
插　　圖／江口あけみ・佐藤佳雄・高木裕子
校　　對／安藤幹江
排　　版／高木裕子・滝川利宏
編輯協力／耕作舎（高橋貞晴・水沼高利）
企畫編輯／島田 亨
※本書改編自本書作者「花木の剪定・ポケット事典」一書。

KANARAZU SAKASERU KABOKU 67SHU NO SENTEI

Original Japanese edition published in Japan by Japan Broadcast Publishing Co., Ltd.
Chinese (in complex character) translation rights arranged with Japan Broadcast Publishing Co., Ltd. through Keio Cultural Enterprise Co., Ltd.

經銷／高見文化行銷股份有限公司
地址／新北市樹林區佳園路二段70-1號
電話／0800-055-365
傳真／（02）2668-6220

關於作者

妻鹿加年雄（めが・かねお）

1928年生於大阪府。

京都大學農學部農學科專攻花卉園藝學。NHK電視台「趣味園藝」講師，致力於家庭園藝的普及、啟蒙，活躍於園藝誌寫作、演講等領域。原大阪園藝專門學校名譽校長。著書多部。

國家圖書館出版品預行編目資料

愛花人必學：67 種庭園花木修剪技法 / 妻鹿加年雄著 . 黃秀娟譯 . -- 二版 . -- 新北市：噴泉文化館出版：悅智文化發行，2015.08
面； 公分 . --（花之道；14）
ISBN 978-986-91872-4-4（平裝）
1. 園藝學 2. 觀賞植物
435.4　　104014499